中华诗礼家风学术研讨会暨中华孔子学会孔子后裔儒学促进会成立大会合影（2016 年 6 月 25 日摄）

孔德立　主编

诗礼传家

第一辑

《诗礼传家》编委会　编

商务印书馆
创于1897 The Commercial Press
2019年·北京

图书在版编目（CIP）数据

诗礼传家. 第1辑 /《诗礼传家》编委会编. —
北京：商务印书馆，2019
ISBN 978-7-100-16288-3

Ⅰ. ①诗… Ⅱ. ①孔… Ⅲ. ①家庭道德－研究－中国
Ⅳ. ①B823.1

中国版本图书馆CIP数据核字（2018）第140522号

诗礼传家
第一辑
《诗礼传家》编委会　编

商　务　印　书　馆　出　版
（北京王府井大街36号　邮政编码 100710）
商　务　印　书　馆　发　行
三河市尚艺印装有限公司印刷
ISBN 978-7-100-16288-3

2019年8月第1版　　开本 710×1000　1/16
2019年8月第1次印刷　　印张 22 1/2　插页 1

定价：80.00元

《诗礼传家》（第一辑）
编 委 会

发刊词

家是社会的细胞，是国的根基。《大学》云：“修身、齐家、治国、平天下。”《孟子》曰：“天下之本在国，国之本在家，家之本在身。”家是最小国，国是最大家。一个人的出生、成长、终老离不开家。一个人的人格塑造、价值导向与精神追求，也离不开家庭的熏陶。

《中庸》引《诗》云：“妻子好合，如鼓瑟琴。兄弟既翕，和乐且耽。宜尔室家，乐尔妻帑。”家是父母、夫妇、兄弟之间温馨的港湾，是维系中国人伦理亲情的血缘纽带，是通达古今、慎终追远的情感依托。没有家，就没有根。没有家风，文化建设就缺少了依托。以家风为特殊文化标识的传统文化研究具有文化固本的意义。

历史实践证明，好的家训、家规塑造好家风，好的家风带动好的社会风俗。因此，传承优秀家风、重视家风建设是社会道德伦理建设的基础工程。孔子开创的孔氏家族的诗礼家风，自先秦时期始，就成为孔子后裔秉承的传家宝。虽经历史沧桑，但时至今日，仍焕发出时代的生机。

为深入挖掘诗礼家风为代表的中华优秀的传统家风、家训、家规的内涵与价值，为当代文化建设提供借鉴，由孔子后裔发起，邀请中国人民大学孔子研究院等多家学术单位共同主办的中华诗礼家风学术研讨会于 2016 年 6 月在曲阜召开。会议得到了全国范围内诸多著名专家、学者的支持。此外，孔子后裔也积极撰写论文，虚心向专家请教。呈现在读者面前的这本论文集就是研讨会的会议成果之一。

与会期间，专家们与孔子后裔代表共同见证了中华孔子学会孔子后裔儒学促进会（简称“儒促会”）的成立仪式。作为属于中华孔子学会的全国二级社团组织，儒促会由致力于弘扬优秀传统文化的孔子后裔发起，目的是进一步把广大孔子后裔之于传统文化的热情、力量转化为研究成果，进而起到文化传承与普及的作用。

今后，我们还将围绕家谱续修、乡贤故事、家族典范等内容邀请学术界一道，进行深入的研究与整理，争取为文化传承奉献出我们应有的力量。

孔德墉

2018年10月28日

目　录

贺信、致辞

主旨演讲

家风、家规、家训、家教

孔子研究

儒学研究

孔裔谈孔

贺信、致辞

牟钟鉴先生贺信

孔德墉会长暨中华孔子学会孔子后裔儒学促进会同仁：

我衷心祝贺中华孔子学会孔子后裔儒学促进会正式成立，这是中华文化历史传承中的一件大事。我也祝贺中华诗礼家风学术研讨会胜利召开。由中华孔子学会孔子后裔儒学促进会筹委会牵头联合三家孔子研究院来举办中华诗礼家风学术研讨会，又是在圣域曲阜举行，使得这次会议具有了自身鲜明的特色，必为世人所瞩目。

历代孔圣后裔秉承孔子的教诲，仁德济生，诗礼传家，忠厚继世，跨越各个朝代，成为两千多年绵延不绝的最大的中华文化世家，在传承与发扬以儒学为主导的中华优秀传统文化的历史长河中，起到了表率的作用。

2013 年 11 月，习近平总书记到山东曲阜考察，明确表达了对孔子儒学的尊重，高度评价了以儒学为正宗的中华传统美德在中华民族伟大复兴中的精神支撑作用，提出了“国无德不兴，人无德不立”的重要论断，为新时期道德建设指明了方向。道德建设的成果要体现为道德风气的改善，道德风气的改善要依赖一大批有德君子的推动，有德君子群体的形成需要家庭教育、学校教育、社会教育同时发力，才能成功。其中，家庭教育起着人生奠基的作用。把大量家庭造就成一个个小型道德学校，使父母肩负起儿童与青少年健康成长的责任，这是历史上儒家道德教化最成功的经验。如何通过家训、家风和父母的言传身教，使作为社会细胞的家庭形成良好的向上向善家风，我们需要研究和借鉴历史的经验，当然也包括孔府家教的经验。古代家训、家风中有超越时代的普遍性价值，也存在着历史的局限性。当代社会结构和家庭形态都发生了空前剧烈的变化，我们要根据新的时代精神，在继承其优良传统的同时，推陈出新，建设符合今日社会文明发展需求的新家训、新家风，并在不断试验中加以调整推行。我希望中华孔子学会孔子后裔儒学促进会在这项善美事业中起带头作用。我还希望中华孔子学会孔子后裔儒学促进会本着孔子仁和忠恕之道，更广泛地把海内外孔裔精英团结起来，同时用天下一家的大爱感动和团结越来越多的中华儿女，建立与各高等院校、学术研究机构，以及其他多元文化与团体的良性合作关系，大家一起携手为实现中华民族伟大复兴的中国梦做出积极贡献。

我因身体欠佳，不能前来参会，写此贺信，略表一个从事儒学研究学者的心意。

祝研讨会圆满成功！

牟钟鉴

2016 年 6 月上旬

晁福林先生贺信

研讨会筹委会诸先生台鉴：

欣闻盛会将期，时彦云集，凡我学人，无不深幸。

夫欲兴文化认同，必探思想源流，将图民心凝聚，皆赖学者发奋。诗礼者，六艺之重镇，家风者，修齐之始系。燮和邦国，用答孔曾之训，敬修身心，是效思孟之义。诗礼言立，书当传讲，鲤趋庭训，家堪刑仪。庙堂天宪，始称纲目，林薮清议，终倡修齐。前贤躬行，常明达道无外，后学追思，深幸斯文在兹。《诗》云：“既见君子，乐且有仪。”实期稷下，得求嘤鸣，奋铎振聩，发蒙启心。

特信致贺，以颂

会祺

晁福林

2016 年 6 月 8 日

王中江会长致辞

尊敬的孔德墉先生、张立文先生，尊敬的各位领导、各位学者，女士们、先生们：

大家早安！

今天我们会聚一堂，其乐融融，隆重地庆祝中华孔子学会孔子后裔儒学促进会的成立，共同见证这场盛会的召开，共同来探讨儒学对中国人的精神价值的重建所发挥的建设性作用。我谨代表中华孔子学会衷心祝贺孔子后裔儒学促进会的成立。特别对大家光临这次会议表示诚挚的问候！

今天我们在座的大多数都是孔子的后裔，是圣人之后，大家具有特殊的身份和角色，是很高的荣誉。同时，又担负着特殊的使命和责任。中华孔子学会衷心地期望大家在弘扬和光大儒学的精神和价值上做出特殊的贡献。中华孔子学会也非常愿意与大家一道为此而努力。

我们如果来简单讲一下儒家的传统和价值的话，大家有不同的理解，也非常的复杂。但是，我们如果说儒学是代表了一个精神价值丰富多彩的世界的话，儒家里面有不同的传统，一方面有很高的理想主义的价值传统，另一方面也有一些非常基本的道德准则和规范。从我们人的发展来讲，这两种价值都需要去建设。但对于我们当前的中国人来讲，对于中国社会来说，我们首先需要的可能是最基本的这些价值观念和价值规范。有人把这种价值区分为两种，一种是责任伦理，一种是信念伦理。但是我们作为一个社会共同体来讲，可能首先要做到的是责任伦理。

儒家的责任伦理有很多的层次和层面，但是如果我们强调一些基本的东西的话，可以说儒家的价值是朴实地做人的道理，是朴实地做人的道德标准和规范。我们知道汉代人把儒家的价值概括为“游文于六经之中，留意于仁义之际”，特别强调了仁义的价值。

我们也知道，《吕氏春秋》的作者把孔子的思想概括为“贵仁”，儒家的传统在汉代被概括为五常“仁义礼智信”。这些价值我们可以用很高的标准去理解，我们也可以从一个基本的标准去理解。比如说“五常”，我们可以说有爱心、有正义感、有礼貌、有理性、有信用，这可以作为一个基本的责任伦理。我们为什么要强调责任伦理？强调基本的伦理，并不是说放弃更高的理想，因为我们认为基本的责任伦理是基础性的建设。我们已有的传统里面有三教九流这样的传统，有不同的角色，但是我认为儒家的价值是最基本的，和中国人的精神生活、价值观联系是最密切的。

可是我们现在确实遇到了困难，我们失去了很多传统的价值。比如说我们产生了虚伪，我们产生了伪善。根源是什么？可能我们的标准太高，我们做不到。但是我们基本的责任伦理也不能落到实处，这是一个困境。我们陷入到了一种真实的缺失和失真的困境中。所以这样的问题我们都有深切感受，我们如何去解决，这需要我们努力，需要我们重建。

儒家传统里面，除了我们刚才讲的“五常”之外，儒家特别强调“诚”的概念，强调“信”的概念，大家非常熟悉。这次我们会议的主题是关于诗礼家风，关于家庭伦理教育发展的，我觉得非常重要。解决我们的困境和问题，我们有不同的思路，有不同的方式，但是我们如果从小处做起，从我们家庭做起，这是一个非常重要的出发点。这个问题当然涉及中国一个非常大的问题——教育问题。同样大家也知道，我们的教育遇到了一些问题和困难，我们可以列出其中的问题，但是如果我们概括的话，我们可以说中国教育的问题从小学到大学，一个整体的问题是重视知识的教育，相较而言不重视能力的教育。我说的能力包括了实践的能力、行动的能力，包括做事的能力，包括生活的能力。

我们还缺少基本的人格教育。大家都知道我们的教育方针是德智体美全面发展。但是在这四个发展里面，我们知识的教育可能占了中心的地位，我们体育的教育其实也是非常有问题的。缺少一个非常好的身体，缺少了生活的能力，缺少了幸福的能力，那么问题非常明显。如果我们回到人格的教育上来讲，家庭在人格教育里面是最重要的。

有人说孩子生下来都是很好的，但是一到人的手里孩子就变坏了。为什么？孩子到人的手里，首先是到父母的手里，然后走入社会，进入大学接受教育，那就是说我们教育的问题非常明显。教育非常重要，这个重要性首先体现在家庭的教育里面来。可是家庭教育，对孩子的教育，对子女的教育是一个非常困难的课题。如果我们把它称之为一个艺术的话，它是一个最高的艺术，它是一个最困难的艺术，因为它培养的是人，塑造的是人。我们说百年树人，这样的话是有非常深刻的道理的，培养人是最不容易的。所以如何去产生高质量的中国教育？从家庭说起，我们回到传统理念来，确实能找到很多的资源，找到很多的艺术范例和故事。家庭教育，可以说是一个非常复杂的体系，从做人的道理上来谈，父母的身体力行对孩子的影响是非常强烈的，但是我们对孩子肯定不能简单地说教，而是要身体力行，进行故事性教育。家庭教育里面，比如说教导诚实的故事，儒家传统里面有很多这方面的故事。我们会想到曾子的故事，在孩子眼里，他的诚实性是不能采取细论的，大家都知道这个故事，因为小孩子需要判断力，他的判断力的成长是一个过程，道德能力的成长是一个过程，是一个不断地学习的过程。

我们知道在国外有很多这样的故事，比如说有一个国王，要选择王位继承人，有很多王子，怎么去选择，当然也可以有很多标准，但是这个国王采取什么标准？他给他的王子们发了一些种子，说在什么时间内大家培育出非常美丽的花，然后进行挑选和比赛。在限定时间内，王子们纷纷都把自己培育的最美丽的花贡献出来进行选拔，但是有一个王子最后端过来的是一个空空的花盆，为什么？因为他没有养出一朵美丽的花，为什么没有养出一朵美丽的花，这是这个故事的中心。所有养出美丽的花的王子，用的种子都被他们掉换了，因为国王给的花种全是被煮过的，根本不会发芽开花的。最后结果可想而知，国王选择了没有养出美丽的花的王子，因为那个王子是最诚实的。

孩子的教育其实要落到实处，儒家的传统中有很多真实的故事是可以发挥作用的。总之，我们这次的会议主题是诗礼家风，我觉得非常有意义和价值，我也希望在大家的推动下，能够取得非常多的成绩，能够做出重要的贡献。

谢谢大家！

孔德墉会长致辞

尊敬的王中江会长、尊敬的张立文先生、尊敬的各位领导、专家学者、媒体朋友、各位宗亲：

大家上午好！今天上午，经中华孔子学会批准，由孔子后裔发起的社团组织——中华孔子学会孔子后裔儒学促进会正式成立了。我代表儒学促进会对各位领导、各位来宾表示热烈的欢迎！

在促进会成立之际，要特别感谢中华孔子学会的亲切关怀！感谢曲阜市委市政府的大力支持！感谢各位专家学者的积极参与！感谢各级媒体的辛勤付出！感谢孔子故里人民与会务人员的默默奉献！

从组织孔子后裔续修家谱，到创建世界孔子后裔联谊总会，再到今天成立儒学促进会，广大孔子后裔自觉修身立德，团结奋进，以率先垂范先祖孔子的思想的使命担当精神，砥砺前行。儒学促进会的成立，不仅是孔氏家族的一件大事，也是孔氏家族广泛参与传统文化事业的新起点。

今天的成立大会选举产生了促进会第一届理事会及领导机构成员。选举我为会长，这是对我，对各位理事、常务理事的信任，更是一种鞭策。我们将更加自觉地团结各地孔子后裔精英，以更大的热情、更实际的行动，推动家谱续修、家风传承、学术研讨、慈孝之家评选等活动，为社会主义核心价值观植根于中华优秀传统文化做一些实际事情。

我们的目标如何实现？新的组织如何发展？怎样实现学术研究与文化传承的转化？这是摆在我们面前的新任务。

本次大会是我们第一次组织学术研讨会，得到了三家孔子研究院的大力支持。你们给予孔子后裔的学术支持，更加巩固与发展了我们之间的传统友谊，也将鼓舞广大孔子后裔不断进取，以更饱满的热情投身到工作中去。

孔子后裔遍及世界各地，今天来参会的代表遍及25个省级行政区，共130位正式代表，我们应向来自全国各地的专家学者虚心请教，同心协力，不断推进中华优秀传统文化传承创新。

今天的大会主旨演讲与明天的大会学术报告，我们将分享9位著名专家的学术研究成果，下午分组讨论，我们将围绕中华优秀家风、家训、家规等主题展开对40余篇论文的研讨。我相信，中华诗礼家风学术研讨会将是推动中华优秀家风弘扬与传承的新契机，在诸位与社会各界的支持下，在曲阜市领导的关怀下，中华孔子学会孔子后裔儒学促进会将脚踏实地，仰望星空，以弘毅之精神，以仁为己任，在传承与弘扬中华优秀传统文化的伟大事业中取得更大的成绩！

再次感谢诸位专家学者、领导、媒体朋友、广大宗亲的支持。

祝大家在曲阜生活愉快！谢谢大家！

主旨演讲

乡绅、乡规、家规与中国古代社会

张立文

我一直思考这样几个问题：第一个问题，为什么儒学几经挫折而不断，延续至今而不衰亡。第二个问题，为什么有人说中国人没有宗教信仰。中国人到底有没有信仰，因为信仰是一个人的特殊价值的需要。第三个问题，儒学制度化的形式究竟是什么？我今天很有幸能够在这个会议上讲一下我的思考。

我们知道中华儒学文化最有入世性，那么，它之所以成为百姓日用之学，成为中国人民普遍的信仰，遵循的行为规范，几千年维护坚守，即使处在异国异文化异宗教的华侨也能够独立地保持中华儒学文化的传统，表现出儒学顽强的生命力和潜在力。尽管儒学在历史上遭受过打击、挫折甚至严厉的批判，但是仍然永续不断，尤其在广大农村影响不衰。其原因何在，其根源在哪里？我认为之所以如此，有两大支柱：第一个支柱是乡绅之治；第二个支柱是家族的家训、家规和乡训、乡规。为什么这样说？我们就从中国特殊的人文语境谈起。

一、特殊的人文语境（社会背景环境）

中国是一个家国同构的社会，国之本在家，家之本在身。国家和社会、政府与家族、家族与族人，他们的架构中存在张力。张力在于什么呢？在于社会的一种复杂性，政府的一元性和家族的多元性，家族的规范性和家族的多样性的紧张。为了化解这种紧张的发展，协调其间的种种冲突和严重性，采取了国家的社会化，甚至说社会是国家的意志，能够成为社会的意志。政府包容家族，家族不断地发展壮大，家族和家众的利益也能够得到保障。从这点来看，中国广袤的地区和千万的农村之所以能够安定团结、和谐相处、社会有序，就需要沟通和弥合王权和乡权、乡权和族权之间的裂缝，于是便出现了郡县制和乡里制。从秦到隋中叶，中央集权统治的结构，中央王权（皇权）通过中央—郡—县—乡—里的这种乡里制度和乡绅之治控制全国，维持国家社会的安定，为中央集权国家实现社会动员与社会资源的供给提供了保障。

自唐朝恢复乡里制，这种乡村即由当地宗族的首领自行管理。尽管中国朝代的更替，乡绅之治在社会基层治理的作用与功能也有调整，但是始终存在并发挥有效性。乡绅之治成为儒学价值观的核心，以儒学伦理道德为指导，以家规、家训为规范，以乡村平安为目标，不以朝代的变迁为变迁，这是一种特殊形式的制度化，所以儒学的制度化是治理乡村的一种实践。

二、乡绅之治的内涵和特征

儒学之所以能够长期不衰，成为指导人的行为原则和道德规范，有两大支柱：第一个支柱是乡绅之治；第二个支柱是家族的家训、家规和乡训、乡规。这个乡指的什么呢？指的是宗法血缘关系、亲情关系、伦理关系构成的地域行政单位。所以我这里第二个问题就讲乡绅之治的内涵和特征。

《论语·卫灵公》记载“子张书诸绅”。古代这个“绅”是什么意思呢？绅是古代一种服饰，束绅是有身份的一种表现，后来指有身份有权势的人。我们可以看出，乡绅一般来说，是有官职或者中了科举后退居在乡的人。这些人在乡村的身份，是乡村中接受过儒家文化教育的人，有相当程度造诣的人，也可称之为知识精英。他们受民间推选或自然形成，成为乡村治理者或维护乡村秩序的领导人。他们的特征我们可以归为这么几点：

第一，乡绅是国家权力最底层的乡村之治的主体，是国家在乡村治理的负责人。“溥天之下，莫非王土；率土之滨，莫非王臣”，在这种情况下，皇帝的权力很难深入到乡村基层，所以过去我们一般讲天高皇帝远。那么，乡村这个治理空间由谁来填补。恰恰是乡绅之治填补了皇权政府管理的一个空缺，也可以看作是国家治理延伸的一种形式。乡村皇权的空缺，给乡绅之治留下了一个治理乡村的空间。

第二，乡绅既然有文化，当过官员，或者是中过科举的士绅，他们就是乡绅之治实际的管理者、实践者、督导者和建议者。对上他们可以沟通官府，反映民意，协调官府和乡村之间的冲突，维护乡村的稳定。对下则是协调乡村和乡村之间、乡村居民之间的矛盾，辅助行政和法律，所以一般的乡绅都成为本地本籍以至于国家同宗同族或相近血缘、地缘关系具有身份认同感的这样一个人。他们往往站在封建道德的制高点，凭借自身威望和权势，取得了乡村社会的信任。是中国古代社会组织结构的重要环节，是家国同构的一种基本的形式。

第三，乡绅是乡村的精英分子，是乡村精英文化的代表，他们是或出身于诗礼之家，或经过科举后取得功名的才学之士，他们是中华传统文化的承担者，特别是儒学文化的宣传者、教化者、实践者。他们从小就接受儒家思想的教育，从《大学》的“三纲领”、“八条目”到“礼义廉耻，国之四维”，成为“仁义礼智信”五常的信奉者和实践者，成为乡村“观乎天文，以察时变；观乎人文，以化成天下”的儒家教化者。过去由农业国的小农经济的基础决定了这种情况，儒家文化思想、伦理道德价值观念，在百姓日常生活之中，成为百姓的行为指南。风俗习惯成为定式，成为乡村社会百姓生活的伦理和日常生活中的自觉或不自觉的一种行为规则，所以儒家摆脱了其形上性而具有入世性。马克斯·韦伯说过，儒教是真正的熟人伦理。儒教是适应世界及其秩序和习俗。从这点来看，这些人是传承儒学的承担者，在农村起到了非常重要的特殊的作用。

第四，儒家文化之所以传承中有挫折，是与乡绅之治的乡绅文化盛衰相关联的。当乡绅文化由于社会的动乱，比如说农民战争等，而波及乡绅的时候，乡绅文化遭到破坏，而儒家文化也遭到了打击或者边缘化。但乡绅之治像“野火烧不尽，春风吹又生”，尽管遭到了打击，但是没有中断，因此儒家文化得以生生不息，永存发展，这是儒学制度化的一种乡村的基本的存在形式。

三、儒学与乡规、家规的价值

儒家文化生生不息，永存发展，除了乡绅之治的儒学制度化的乡村治理的一种形式以外，另一种形式是中国古代宗族制度下的乡约、乡规、家规、家训。中国是一个以小农经济为基础，以家庭为社会基本细胞的大国，维持大国的社会稳定、统一而不分裂。中央集权的君主专制的郡县制，使皇权不下县，广大的农村如何治理，成为一个大问题。任何社会的动乱往往是从乡村开始，不断蔓延乃至全国。因此，乡绅之治的价值和意义就显得不可或缺和特别重要。乡绅之治也与当地的家族、宗族的族长的家规、家训相结合，成为无孔不入的儒学的治理形式。由家人、族人的讲仁爱、尚和合的精神，唤醒了乡人、族人的向心力和亲和力，这是一种最有效的制度化儒学的乡绅治理的方式。从这点来看，乡绅文化和家族文化在乡绅之治的情况下是融为一体的。乡绅文化覆盖到家族，家族文化也是乡绅文化具体的体现。作为家族文化的国家社会观、伦理道德观、人生价值观，构成了以儒家思想为指导的家族文化的核心灵魂。

自古以来，“商契能和合五教，以保于百姓者也”。“五教”就是指父义、母慈、兄友、弟恭、子孝，以保养百姓，是家族治理与乡绅治理的一种重要方式。

孔氏衍圣公于明万历十一年（1583）制定颁布了《祖训箴规》。从孔氏祖训中可以看到，要慎终追远，祭祀的时候必诚必敬，继承祖宗的道德精神，敬畏祖宗的家训、家规。要诵读中道，好礼上德，必须父慈子孝，兄友弟恭，重义轻利。为士为官，从理从公而断，子孙要读书明理，以祖训、家规、家训为遵照，教训子孙遵守。从这里可以看出来，孔氏祖训包含了“己所不欲，勿施于人”、“己欲立而立人，己欲达而达人”，以及五常的伦理道德。孔氏祖训体现了儒家的一些根本的精神。

我的祖先张璁是明嘉靖初年的首辅，同王阳明的关系比较密切，是明代中兴的改革家。他改革了很多制度，其中有一条是同孔子相关的。他首先提倡要改革祭祀孔子的制度。他曾经向嘉靖皇帝上奏了《议孔子祀典》以及《先师孔子祀典或问》。他说：“臣窃惟先师孔子，有功德于天下万世，天下祀之，万世祀之，其祀典尚有未安者，不可不正。”他认为，从汉平帝追祀孔子为宣尼公，唐玄宗追祀为文宣王，宋真宗、元武宗时追祀为至圣文宣王等，追祀孔子为“公”、“王”，名不正，言不顺。孔子是万民之师，帝王之师，君之所不得而臣也。皇帝应称孔子为至圣先师，尊孔子为人道大伦。“圣人为万世道德之宗主”，“圣人人伦之道也”，故称孔子至圣先师。人们但知“称王为尊孔子，而不思使孔子僭王实诬孔子”。孔子享祀万世，在有王道，而不在有王号。孔子从祀弟子，不应该用公侯伯的封号，而应该改称先贤先儒。当时的世宗嘉靖皇帝接受了张璁的奏议，就祀孔子为先师，后来康熙讲的万世师表就是从这开始。所以从这里可以看出来，对于孔子的祭祀，不能封他为王或者公，而应该是至圣先师，也就是说孔子是万世之师，也是帝王之师，应该称为至圣先师的。

张氏的宗庙家训有云：“尊卑有分，骨肉有情。内外有辨，衣冠有常。女则务织，男则力耕。……”可以看出，这个祖训贯彻了一种儒家的道德、伦理有序的思想。同时我们也可以看出来，这个家训提倡的是勤俭持家，男耕女织，学习的目标应该是自己成为圣人或者成为贤人。从这里我们也可以看出来，每一个家训里面都体现了五常的思想，体现了“己所不欲，勿施于人”的思想。

这个家训，确实是代表儒家文化的精神。同时也说明家训体现了一个家族的精神、神韵、道德情操，以及行为原则、待人接物的风格。从这两点来看，乡绅之治和家族家训都体现了儒学思想。这种儒学思想确确实实贯彻到了农村的每个人心上。我们知道家族聚居的地方有族长，族长也就是乡绅。在他们看来，族规甚至有种法律的形式，如果有族人犯法就要处理。从这个可以看出，乡绅之治与家规、家训使得儒学思想深入人心，融入人的血液，成为人类生活当中行为规范的一种不可或缺的信念。儒学尽管遭到各种批判，但是乡村永远体现了东方儒学忠孝节义、礼义廉耻、道德风格，同这个是分不开的。

同时我们也可以看出来，乡绅之治的治理方式是因为同家族、家规相结合，才成为了乡村当中儒学不衰的制度化的形式。今天，我们见证的由孔子后裔发起成立的中华孔子学会孔子后裔儒学促进会，就是广大孔子后裔的宗族亲情凝聚的具体表现。中国人的信仰究竟是什么，我想很重要的一点，中国人的信仰除了人道设教以外，还有慎终追远。中国人信仰祖宗崇拜，我想是非常重要的一种规范。我们一般人落叶归根，华人要落叶归根，为什么要落叶归根，这是内心的一种信仰观念。

我们今天也是要祭孔祭祖，每个家族也有祭祖。中国人是有信仰的。这种信仰虽然是多元的，有佛教、道教等，但是最重要的一点，能够维系中华民族统一团结而不分裂的一种力量就是这个祭祖，慎终追远。这种信仰是维系中国人之所以能够团结一致、国家不分裂的一种重要的力量。

谢谢大家。

家风传承与孔氏宗亲的文化意义

李存山

重视家庭、家教和家风传承是中国文化的一个重要特色和优长所在。而自春秋后期孔子创建儒家学派以来，孔氏宗亲一直谱牒延续、传衍至今，这又是中国文化以崇尚道德为社会文化的发展做出长久贡献为真正“不朽”的一个重要标志。

一

“家”在中国文化中占有极其重要的地位，这可以追溯到中华民族与中国文化的早期形成和发展阶段。侯外庐先生在《中国思想通史》中论述“中国古代社会”的特点时就曾指出：在西方的“古典的古代”，其进入文明是“激成了城市与农村的对立”，“城市使氏族制趋于没落，代之而兴的是以地域为单位的国民”，其发展路径是“从家族到私产再到国家，国家代替了家族”；与此不同，中国古代社会进入文明是采取了“维新”的方式，“氏族遗制保存在文明社会里”，其特点是“由家族到国家，国家混合在家族里面”[1]。这与中国古代社会一直是“以农立国”有关，中国的乡村就是“聚族而居”，而家族又分化为一个个的家庭。我们从“氏族—家族—家庭”的系列演变中可以追寻到中国文化一直重视“家”的历史根源和社会基础。

《周易·序卦传》说：

---

[1] 侯外庐、赵纪彬、杜国庠：《中国思想通史》第1卷，人民出版社1957年版，第8—11页。

有天地然后有万物，有万物然后有男女，有男女然后有夫妇，有夫妇然后有父子，有父子然后有君臣，有君臣然后有上下，有上下然后礼义有所错。夫妇之道不可以不久也，故受之以《恒》。《恒》者，久也。

这段话从文本上说，是解释《周易》的上、下经，上经以“乾”、“坤”两卦为首，下经以“咸”、“恒”两卦为首；从内容上说，这也简明地概括了中国哲学的自然观和社会观。从自然观说，“有天地然后有万物”，而人类社会就是生活于天地万物的自然界之中；从社会观说，人类社会先有男女然后有夫妇，有夫妇然后有父子，有父子然后有君臣，有君臣然后有上下之序，有上下之序然后有礼义的社会伦理和道德规范。在人类社会的发展序列中，由夫妇子女组成的家庭居于社会的基础地位，用现在的话说，家庭乃社会的细胞。《周易》的《咸》卦，就是讲少男与少女的婚嫁结合（其卦象是“兑上艮下”，“兑”是少女，“艮”是少男），《彖传》说：“《咸》，感也。柔上而刚下，二气感应以相与，止而说，男下女，是以‘亨利贞，取女吉’也。”有了男女婚嫁，于是有了家庭的“夫妇之道”，人类社会的世代传衍有赖于家庭来完成，故而“夫妇之道，不可以不久也”，在《咸》卦之后“受之以《恒》”，“恒”就是表示家庭的恒久不已、生生不息。

以上《序卦传》所说，实际上是人类社会的正常发生和发展，因而具有恒久、普遍的意义。家庭确实是人类社会的细胞，家庭不仅承载着人类肉体生命的传衍，而且是人类文明和各民族文化得以延续和发展的基础。由此来看，中国文化之重视家庭，有着充分的合理性，这也是其突出的特点和优长所在。

《中庸》说：“君子之道，造端乎夫妇。及其至也，察乎天地。”儒家的伦理道德本来就是基于人伦日用，而夫妇之道就是人伦之始。晋代的韩康伯在注解《序卦传》的“有天地然后有万物，有万物然后有男女”章时说：此“言《咸》卦之义也。……人伦之道，莫大乎夫妇，故夫子（孔子）殷勤深述其义，以崇人伦之始”（李鼎祚《周易集解》卷 7 引）。唐代的孔颖达在解释《诗经》三百篇而以《关雎》为始时也说此诗“美后妃之德者，以夫妇之性，人伦之重，故夫妇正则父子亲，父子亲则君臣敬”（《毛诗正义》卷 1）。同样，宋代的朱熹在解释《诗经》以《关雎》为首篇时也引匡衡说：“妃匹之际，生民之始，万福之原。婚姻之礼正，然后品物遂而天命全。”（《诗集传》卷1）重视“夫妇之道”在儒家学说中有着悠久的传统，其原因就在于“夫妇之道”是人伦之始，“夫妇正则父子亲，父子亲则君臣敬”，夫妇是优良家风的传承者，家庭是子女的第一所学校，这不仅意味着要“齐家”，而且关系到“治国平天下”。

儒家的伦理道德学说“及其至也，察乎天地”，实际上，中国文化对“天地”的理解也是基于“夫妇之道”。在《诗经·小雅·巧言》中就有：“悠悠昊天，曰父母且。”此处的“昊天”虽然是指最高的神（上帝），但其被称为“父母”，则“昊天”实亦包含“后土”在内。《中庸》云：“郊社之礼，所以事上帝也。”朱熹《中庸章句》云：“郊，祀天。社，祭地。不言后土者，省文也。”也就是说，若补足全文，则应该是“郊社之礼，所以事上帝、后土也”，而“上帝”、“后土”也就是产生人与万物的“父母”。《尚书·泰誓上》所谓“惟天地，万物父母；惟人，万物之灵”，即是此意。《周易·系辞下》云：“天地细缊，万物化醇。男女构精，万物化生。”《说卦传》云：“乾，天也，故称父；坤，地也，故称母。”人与万物都是天地所生，天地就是人与万物的父母。有了这样的世界观，才有了儒家的“能以天下为一家，以中国为一人”（《礼记·礼运》）、“民，吾同胞；物，吾与也”（张载《西铭》）的崇高道德境界。

《周易·系辞上》说：“天地变化，圣人效之。”因为圣人效法天地的变化，所以才有了“天行健，君子以自强不息”、“地势坤，君子以厚德载物”，张岱年先生称此为“中华精神”[1]。如果说“中华精神”与中国哲学对“天地变化”的理解密切相关，那么也可说中国哲学对“天地变化”的理解与中国文化对“夫妇之道”的重视密切相关。

在《论语·学而》中，孔子的学生有若说：“君子务本，本立而道生。孝弟也者，其为仁之本与！”孔子也说：“弟子入则孝，出则弟，谨而信，泛爱众而亲仁。”儒家以“孝悌”为仁之本始，即以家庭成员之间真挚的亲亲之情为仁爱的本源。父母之慈爱与子女之孝敬是一种交互共生的情感，每个人在出生之后都是养育于父母的怀抱之中，如《诗经·小雅·蓼莪》所说：“父兮生

[1] 张岱年：《张岱年全集》第6卷，河北人民出版社1996年版，第168页。

我，母兮鞠我。拊我畜我，长我育我。顾我复我，出入腹我。欲报之德，昊天罔极。”正是从父母的怀抱养育中人们最初体验到人与人之间那种温暖的真挚的道德情感，儒家学说就是以此为仁爱的本始，进而扩充，“老吾老以及人之老，幼吾幼以及人之幼”（《孟子·梁惠王上》），由“亲亲”而“仁民”，由“仁民”而“爱物”（《孟子·尽心上》）。能够“仁民”、“爱物”，就是达到了“仁”之普遍的“博爱”[1]。

儒家以孝悌为仁之本始，常被现代一些学者误解为局限在血缘情感的特殊性。实际上，从道德发生论来说，家庭是人生的第一所学校，以家庭成员之间的亲亲之情为道德之本始，这也有其充分的合理性和普遍性。不仅在古代中国是如此，而且在现代世界也是如此。20世纪90年代，在世界各大宗教代表人士共同发表的《走向全球伦理宣言》中就有言：“只有在个人关系和家庭关系中已经体验到的东西，才能够在国家之间及宗教之间的关系中得到实行。”

儒家的仁爱思想绝不是停留在血缘情感的特殊性上，而是“本立而道生”，这个“道”就是普遍爱人的仁道。孔子说：“吾道一以贯之。”曾子曰：“夫子之道，忠恕而已矣。”（《论语·里仁》）这里的“忠恕”就是“己欲立而立人，己欲达而达人”、“己所不欲，勿施于人”，这是“行仁之方”，亦即普遍实行仁道的“一以贯之”的方法。《大学》又称此方法为“絜矩之道”，即：

> 所恶于上，毋以使下；所恶于下，毋以事上；所恶于前，毋以先后；所恶于后，毋以从前；所恶于右，毋以交于左；所恶于左，毋以交于右；此之谓絜矩之道。

当一切人际关系都抽象为“己”与“人”（他人）的关系，或者说，用上

---

[1] 孔子说的“泛爱”就是“博爱”之义，《孝经》说“先之以博爱，而民莫遗其亲”，汉代的董仲舒说“先之以博爱，教以仁也”（《春秋繁露·为人者天》），唐代的韩愈说“博爱之谓仁”（《韩昌黎集·原道》），宋代的朱熹以“仁”为“爱之理，心之德”（《论语集注·学而》）。至近代，康有为在《论语注》中说：“仁者无不爱，而爱同类之人为先。……盖博爱之谓仁。孔子言仁万殊，而此以‘爱人’言仁，实为仁之本义也。”

下、前后、左右来喻指一切人际关系，都“一以贯之”地按照“忠恕”的原则来实行，儒家的仁道就具有了道德的普遍意义。朱熹注解《大学》的“絜矩之道”，说其“所操者约，而所及者广，此平天下之要道也”(《大学章句》)。这里的“所操者约”就是说其是最基本的道德原则，而“所及者广”就是说其是最普遍的道德原则。

在世界各大宗教代表人士共同发表的《走向全球伦理宣言》中有言：

> 数千年以来，人类的许多宗教和伦理传统都具有并一直维系着这样一条原则：己所不欲，勿施于人！或者换用肯定的措词，即：你希望人怎样对待你，你也要怎样待人！这应当在所有的生活领域中成为不可取消的和无条件的规则，不论是对家庭、社团、种族、国家和宗教，都是如此。

这也说明儒家的道德学说并不是局限于血缘情感的特殊性，而是基于血缘情感，通过“老吾老以及人之老，幼吾幼以及人之幼”，实行“忠恕”之道，推扩为道德的普遍性。

孟子从性善论出发，认为人之孝悌是人的“良知”、“良能”。他说：

> 人之所不学而能者，其良能也；所不虑而知者，其良知也。孩提之童，无不知爱其亲也；及其长也，无不知敬其兄也。亲亲，仁也；敬长，义也。无他，达之天下也。(《孟子·尽心上》)

朱熹《孟子集注》云：“爱亲敬长，所谓良知良能者也。”“言亲亲敬长，虽一人之私，然达之天下无不同者，所以为仁义也。”依此注，所谓“亲亲，仁也；敬长，义也”实应理解为“亲亲，仁之本也；敬长，义之本也”，只有由此本始而扩充“达之天下”，才是普遍道德的仁义。由“亲亲”、“敬长”而扩充，就是孟子说的“老吾老以及人之老，幼吾幼以及人之幼”，此扩充的必要性就是孟子所说“推恩足以保四海，不推恩无以保妻子”(《孟子·梁惠王上》)，这也是强调从孝悌发展为道德的普遍性。

《大学》有修、齐、治、平的“八条目”之说，即：

> 古之欲明明德于天下者，先治其国；欲治其国者，先齐其家；欲齐其家者，先修其身；欲修其身者，先正其心；欲正其心者，先诚其意；欲诚其意者，先致其知；致知在格物。

在这里，格物、致知、诚意、正心都是修身的次第和条目，而修身、齐家、治国、平天下则是儒家以个人修身为本而实现“家国天下”整体道德和谐的社会理想。如上所述，个人修身也是基于家庭成员之间的亲亲之情，进而扩充至普遍的道德，因而家庭对于个人修身实又处于基础的地位。个人修身首先是孝悌，由孝敬父母，尊敬兄长，进而娶妻生子，能够夫妻和睦，共同教养子女，并且处理好与其他亲人及邻里之间的关系，这就是齐家。其身不修则不可以齐其家，“其家不可教而能教人者无之”，也就根本谈不上治国、平天下。因此，《大学》说：“身修而后家齐，家齐而后国治，国治而后天下平。”在这一修、齐、治、平的序列中，家庭既是个人修身的第一所学校，又是个人走向社会、能在社会中做出重要贡献的起点。家庭承载着如此重要的功能，所以中国文化历来重视家庭、家教和优秀家风的传承与弘扬。

二

先秦儒学是以孝悌为仁之本始[1]，这不同于西方伦理学的以“至善”的理念或对“上帝”的信仰为道德的本原。如果说西方伦理学是从共相理念推衍出

---

[1]《论语·学而》：“君子务本，本立而道生。孝弟也者，其为仁之本与！”何晏《论语集解》：“本，基也。基立而后可大成也。包氏曰：‘先能事父兄，然后仁道可成也。’”皇侃《论语义疏》：“此更以孝悌解本，以仁释道也。言孝是仁之本，若以孝为本则仁乃生也。”邢昺《论语正义》：“君子务修孝弟以为道之基本，基本既立而后道德生焉。”按：以上注释都是以孝悌为（是）仁之本的意思。至宋代的程朱理学，因为有了以“理”为世界万物的本原和“性情之分”的思想，故朱熹《论语集注》云：“仁者，爱之理、心之德也。‘为仁’犹曰‘行仁’。……所谓孝弟乃是为仁之本。……为仁以孝弟为本，论性则以仁为孝弟之本。……行仁自孝弟始，孝弟是仁之一事，谓之行仁之本则可，谓是仁之本则不可。盖仁是性也，孝弟是用也。性中只有个仁义礼智四者而已，曷尝有孝弟来？”程朱的解释是对先秦儒学的发展，但并非先秦儒学的本义。

特殊、从宗教推衍出道德，那么先秦儒学则是从血缘情感扩充为普遍道德，在其道德学说中亦有一定的宗教性。尽管有此不同，但儒家学说并非停留在血缘情感的特殊性上，如前所述，其“忠恕之道”、“达之天下”的思想也是以道德的普遍性为归趋和宗旨。

“君子务本，本立而道生”，这个“本”就是孝悌，而孝悌的社会存在论基础就是“有夫妇然后有父子”，因而《中庸》说：“君子之道，造端乎夫妇。”因为有父母之慈爱，于是有子女之孝敬。亲亲之情是道德的本始，进而扩充以“达之天下”，上升为普遍的“仁者爱人”，乃至“亲亲而仁民，仁民而爱物”。儒家的普遍道德亦有其以“天地”为人与万物之“父母”的存在论基础，此即《尚书·泰誓上》所说：“惟天地，万物父母；惟人，万物之灵。”《易传》所说：“天地絪缊，万物化醇。男女构精，万物化生。”“乾，天也，故称父；坤，地也，故称母。”

在儒家学说中，人有生身之父母，也有人类与万物共同的“父母”，即天地。前者决定了孝悌为仁之本始，而后者决定了仁道要从亲亲之情扩充为“仁民而爱物”的道德普遍性。《礼记·礼运》有云：“故圣人耐（能）以天下为一家，以中国为一人者，非意之也。”这其中就有“故人者，其天地之德，阴阳之交，鬼神之会，五行之秀气”的存在论基础。宋儒张载提出“民，吾同胞；物，吾与也”，这也是以“乾称父，坤称母”（《西铭》）为存在论的根据。朱熹说：

> 人之一身固是父母所生，然父母之所以为父母者即是乾坤。若以父母而言，则一物各一父母；若以乾坤而言，则万物同一父母矣。……古之君子惟其见得道理真实如此，所以亲亲而仁民，仁民而爱物，推其所为，以至于能以天下为一家，中国为一人，而非意之也。（《朱文公文集》卷36《答陆子美》）

儒家学说以“天地”为人与万物之共同的“父母”，不仅决定了儒家之仁爱的道德普遍性，而且决定了儒家之“尊天”并非“崇之于万有之外”的彼岸世界，而是“常纳之于人事之中”，“其尊天也，目的不在天国而在世界，受用不在未来（来世）而在现在（现世）。是故人伦亦称天伦，人道亦称天道。……此所以虽近于宗教，而与他国之宗教自殊科也”[1]。此亦如钱穆先生在《孔子与心教》中所说：

> 西方人以上帝意旨为出发点，中国人则以人类良心为出发点。西方人必须有教堂，教堂为训练人心与上帝接触相通之场所。中国人不必有教堂，而亦必须有一训练人心使其与大群接触相通之场所。此场所便是家庭。中国人乃以家庭培养其良心，如父慈子孝兄友弟恭是也。故中国人的家庭，实即中国人的教堂。中国人并不以家庭教人自私自利，中国人实求以家庭教人大公无我。

此所谓“大公无我”就是“亲亲而仁民，仁民而爱物”、“民胞物与”、“能以天下为一家，中国为一人”的道德境界。

钱穆先生又说：

> 孔子认为培养良心最直接的方法，莫过于教人孝弟。故有子曰：“孝弟也者，其为仁之本与。”再由孝弟扩充，由我之心而通人类之大群心，去其隔膜封蔽，而达于至公大通之谓圣。心之相通，必自孝始。孝是人与人两心相通之第一步。中国人的宗教，只限于人与人之间，并不再牵涉到人以外的上帝。因此中国宗教亦可说是一种人文教或称文化教，并亦可称之孝的宗教。孝之外貌有礼，其内心则为仁，由此推扩则为整个的人心与世道。因此既有孔子，中国便可不需再有西方般的宗教。

由此可以说，中国文化一方面重视家庭、家教，强调孝悌为仁之本始；另一方面也强调从亲亲之情而“通人类之大群心”，推广至“整个的人心与世道”，此即仁爱的道德普遍性。这与西方基督教的“你依上帝的心来爱你的父母与兄弟”，并且依靠上帝的救赎来到彼岸世界寻求灵魂的解脱，是很不相同的。

---

[1] 梁启超：《论中国学术思想变迁之大势》，上海古籍出版社 2001 年版，第 12 页。

《左传·襄公二十四年》记载：

> 穆叔如晋，范宣子逆之，问焉，曰："古人有言曰'死而不朽'，何谓也？"穆叔未对。宣子曰："昔匄之祖，自虞以上为陶唐氏，在夏为御龙氏，在商为豕韦氏，在周为唐杜氏，晋主夏盟为范氏，其是之谓乎！"穆叔曰："以豹所闻，此之谓世禄，非不朽也。……豹闻之：'大上有立德，其次有立功，其次有立言。'虽久不废，此之谓不朽。若夫保姓受氏，以守宗祊，世不绝祀，无国无之。禄之大者，不可谓不朽。"

"不朽"本来是一个宗教文化的概念，即指人死之后灵魂不灭、精神永存。但是在中国文化中，范宣子先是以宗族的历史传续，即所谓"保姓受氏，以守宗祊，世不绝祀"来理解"不朽"，这体现了中国文化重视宗族、家庭的传统。而叔孙豹（穆叔）更以"立德"、"立功"、"立言"即为社会文化的发展做出了长久贡献为真正的"不朽"，这又体现了中国文化重视现世生活、崇尚普遍道德和人类福祉的传统。这两个传统是统一的，它们都不同于一般宗教的传统，而后一个传统的境界又明显高于前一个传统的境界。

依上述两个传统来评价孔氏宗亲的谱牒延续、传衍至今，可以说这一社会历史文化现象正体现了这两个传统的结合，即一方面它是中国文化重视宗族、家庭、家教和家风传承的一个标志；另一方面它又是中国文化崇尚道德、以为社会文化的发展做出了长久贡献为真正"不朽"的一个标志。

中国文化重视现世生活，对于宗教的主流态度是"务民之义，敬鬼神而远之"（《论语·雍也》），故中国文化不以对"上帝"或"佛陀"的信仰为标志。中国文化重视宗族、家庭、家教和家风传承，但是在历史上众多的宗族、家庭中为什么只有孔氏宗族备享荣耀，虽经历代王朝的兴亡迭运，孔子的"至圣"地位不移，"衍圣公"也世代承袭，孔氏宗亲也一直谱牒延续、传衍至今，这归根结底是因为孔子思想在中国文化中占有中心的地位，它成为中国文化的一个标志。这正如民国时期的著名学者柳诒徵所说：

> 孔子者，中国文化之中心也。……自孔子以前数千年之文化，赖孔

子而传；自孔子以后数千年之文化，赖孔子而开。[1]

孔子“祖述尧舜，宪章文武”，删述六经，即传承和发展了中国上古时期数千年的文化；他开创私学，高扬仁义，建立儒家学派，即在世界历史的“轴心时期”使中国文化实现了“哲学的突破”，奠定和开启了中国文化在秦汉以后的“思想范式”[2]。

司马迁在《史记·孔子世家》中说：

> 天下君王至于贤人众矣，当时则荣，没则已焉。孔子布衣，传十余世，学者宗之。自天子王侯，中国言六艺者折中于夫子，可谓至圣矣！

天下历朝的君王，虽然权位显赫至极，但是“当时则荣，没则已焉”。而孔子不过是一介“布衣”，却成为“学者宗之”、“自天子王侯”都要尊礼的“至圣”，这是对孔子的伟大文化贡献的充分肯定。公元前 195 年，汉高祖刘邦在途经山东曲阜时“以太牢祠孔子”。此后，孔子被历代王朝所尊崇，孔门后裔嫡长孙被袭封为“衍圣公”，曲阜的孔府、孔庙和孔林成为中国文化的“圣地”，孔氏宗亲作为中华第一姓氏而谱牒延续、传衍至今。这是中国文化所独有的一种现象，它实际上成为中国文化的一个象征。

---

[1] 柳诒徵：《中国文化史》，上海古籍出版社 2001 年版，第 263 页。

[2] 雅斯贝尔斯在《大哲学家》（李雪涛主译，社会科学文献出版社 2005 年版）一书中把苏格拉底、佛陀、孔子和耶稣并列为“思想范式的创造者”。

漫议家风

骆承烈

家，是人们身心归宿之处，有人形容为人生航船中停泊的港湾。古人造此字是在屋下面有一头猪（豕）。原始社会人们在狩猎时，猎获一些野猪，一时吃不了，豢养起来，是财富的象征。在山东兖州王因发现的大汶口文化遗址墓葬中，一个死者身旁有十四个猪头，说明此人占有一些财富，应是当时的酋长。

当人类进入文明社会以后，便对家赋予新的含义。我国历史上自进入阶级社会以来，几千年的奴隶社会、封建社会都是父系家长制。西周初年传为周公“制礼作乐”时规定的宗法制，使家与国紧密联系到一起，构成一个完整的体系。在天子、诸侯、大夫、士、庶人五个等级中，天子为尊。天子对诸侯“授土授民”，“溥天之下，莫非王土；率土之滨，莫非王臣”。天子是天下的共主，也是最高最大的家长，历代传承时立嫡立长，即西周开始以来持续三千年之久的嫡长子继承制。依《周礼》规定：大宗百世不迁，小宗五世乃迁。诸侯在天子面前是小宗，在自家邦国中是大宗；大夫在诸侯面前是小宗，在自家领地中是大宗。依此类推，诸侯、大夫、士、庶人在自家领域内各自组成一个个的家。有的大，有的小，其主要特点是以血缘为纽带组成，居住于同一地域，便成为历史上一个个的家族。

每个自成体系的家族内，每个成员均有共同的要求，即希望本家族兴旺发达。为了维护本家族的利益。在政治、经济及思想方面多有一些规定。如魏晋时期出现的一些望族（大家族），他们在“九品中正”的政治制度下享有特权。随着封建王朝的更替，又陆续出现一些新的望族，又有了新的特权。在经济上，这些望族也多拥有大量土地。为了维护本家族的利益，使本家族历代兴旺发达，又各自在自家的族谱中作了一些规定，在这些要求、规定中提炼出最基本的精神便是家风。

家风即家世代相传的风尚。庾信《哀江南赋》中写“潘岳之文采，始述家风”，是说晋时才子潘岳的文采，体现出他家的家风。《世说新语·文学》中记夏侯湛作诗后拿给潘安仁看时，潘说：“此非徒温雅，乃别孝悌之性。”他评论这首诗不应只表现出温文尔雅，更应体现出家族中的孝悌等道德观念。古时的家风多以家规、家教、家训、家范、族规箴训及约、法等形式出现。晋人颜之推的《颜氏家训》有《教子》、《兄弟》、《后娶》、《治家》、《风操》、《慕贤》、《勉学》、《文章》等二十篇，包括用德育、智育教育子女的一些内容。曲阜颜氏继承其先祖颜回“箪食瓢饮”贫而好学的精神，精练地提出“箪瓢家风”。邹城的孟子后裔依亚圣殿前“七篇贻矩”的匾额，体现孟氏子孙谨遵“三迁之教”以《孟子》七篇的精神规范教育自家的子孙。作为“天子第一家”的曲阜孔氏，更明确提出“诗礼传家”的家风。如《福建建宁县三滩孔氏家谱》的《孔氏族规箴训》中规定“春秋祭祀”、“崇儒重道”等，在乾隆二十五年增修的条规中，包括教孝、教弟、睦族、敬老、节俭、勤谨、读书、保墓，以及孝悌、忠信、仁爱、友善等德育内容。这些规定都是给族人立下的规矩。其中一再强调读书、学习，如《江西临川孔氏支谱》明确记“励读书：读书之子绍续书香，族长当加意培植”、“学校科第，家庭之光”。对所有读书有成，科第中试者，族内均给予各种褒奖。最后特别强调“族规箴训，朝夕教示子孙。务要读书明理，显亲扬名，勿得入于流俗，甘为人下”。《岭南孔氏族规》中要求孔氏子孙“惟得遵守圣训，敦孝友以为政，于家守诗礼，以承训于庭”。在此基础上提出十条款约：“孝敬父母，尊敬长上，严教勤读，尊贤重士，早完钱粮，异姓勿扰，择婚谨始，毋好棋牌赌博，勿好斗殴健讼，毋好奢侈。”《潮州孔氏家谱》中的族规也强调“崇儒重道，好礼尚德”。《蓬州孔氏支谱》之族规中亦强调“子孙宜敬，中养不中，才养不才，父兄能贤，子辈之乐。是以三迁有教，终成千古大儒。五桂齐荣，皆缘义方是训”，等等。

“天下第一家”曲阜孔氏的“诗礼传家”源于《论语·季氏》“鲤趋而过庭章”。孔子教育儿子孔鲤学“诗”，因为“不学诗，无以言”。“不学诗”没法在一些场合中与人答对。孔子教育儿子孔鲤学礼，因为“不学礼，无以立”。“不学礼”不能在社会上立身处世做人。孔子教子及日后代代子孙谨遵“诗礼传家”家风的基本意思就是学文化、守规矩。学文化是做个高雅的人，守规矩是做个知礼懂法、道德高尚的人。一部《论语》集中体现出孔子的思想与言行。孔子教人如何做人，是一部做人的学问。《论语》的内容或者说孔子的一生做了四件事，即修身、处世、治国、教育。整个《论语》贯穿一套德智教育，德就是礼，智就是诗。春秋时期各国会盟等活动时，一方首先念一段诗，再说要谈的内容。对方答对时，也以一句诗为依据，亮明自己的观点，然后再谈正事。具体地说，一个人如果不懂诗，不熟悉诗，在外交场合里不会说话。广义地说，人们学诗，运用诗来规范人的行为。以“三百篇”的《诗》来指导自己的行动。“礼”从高处来说法，人们日常生活、工作中按规定的礼制去做，为了对礼进一步强调及对人约束，便出现法。犯法要治罪，要服刑。“礼”从低处来说是一些不成文的规定、习俗。它不但在思想上对人有不少影响，有时也规范人的行为。总之，“诗礼”二字体现在要求本家族成员在社会上做一个好人的主要内容，以此为家风，代表这一家族道德及文化上的高档次。

历史上还有一些家风，如“耕读传家”、“孝悌传家”等，均有其特点或特定的历史含义。

旧日好的家风应予继承，但新的家风如何确立，却是一个很值得探讨的问题。

家风，是一个家族有别于另一个家族对全族人特殊的要求。它用十分精确的语言表现。当今中国社会上有家庭和家族两种。家庭是一起生活的户口单位，家族则是同姓之人，包括许多家庭在内。家风是指家族之风，而非每个具体的小家庭之家风。即使一个大家族，目前也很难确定本族与别族不同的特点。在我们国家里，每个人都应遵规守法、明礼诚信。我们的教育方针是培养德、智、体、美全面发展的人才，这些人才既要具备传统的优秀品德，又要有现代意识和创新精神。

诗礼传统铺就了中华民族大家庭的家风

杨朝明

2013年习近平总书记考察山东，在中国孔子研究院座谈会讲话时，习近平总书记开宗明义，说这次座谈会就是“要传递一个重要的信息”，就是要大力弘扬传统文化。在会议结束以后，总书记都披上衣服了，我迎过去，总书记又再次说：“我这次来，就是要表达中央的明确态度，就是要大力弘扬传统文化。”

大家都知道，习总书记关于传统文化有一系列的论述。我一直认为，如果说习总书记关于中国传统文化一系列论述是一篇大文章，那么，“国无德不兴，人无德不立”就是这篇文章的主旨。“国无德不兴，人无德不立”，说的是从国家到个人。我认为中间还包含了很多的内容，可以加上诸如“企无德不盛”、“家无德不旺”，等等。试想，一个企业要是没有德性，这个企业要成为百年老字号才怪！刚才和钱杭老师说到，几年前，我们参加王志民先生主编的关于山东世家大族研究的图书发行座谈会，会上我就提到，历史上的世家大族为什么能够世代兴盛，孔氏家族为什么成为“天下第一家”，这些世家大族一定都有他们良好的家风，他们的祖训和家规一定包含德性的色彩。如果一个家族没有或缺乏德性，这个家族也许可能暂时兴旺，但说不定哪一天就可能土崩瓦解。所以说“国无德不兴，人无德不立”包含了太多的内容，也包括“企无德不盛”、“家无德不旺”。

那么，一个家族的德性如何培养，其实这就涉及了我国的诗礼传统和中华家风之间的关联。今天我们谈诗礼家风，大家都知道源自于孔子教子“不学诗，无以言”、“不学礼，无以立”。其实我们走进《论语》，到里面细细读这几句话，你可能会品出一点味道来。什么味道呢？杨绛先生写了一篇读《论语》的札记，她就说到，在《论语》里面有一个人“可说是最无聊”，在《论语》的记载中，他“从未向夫子问过一句话”，却“只是背后打听孔子”。这个人是谁呢？就是向孔鲤打听事的那个人，他就是陈亢。他怎么打听？他问孔子的儿子孔鲤，说我们是孔子的学生，你作为孔子的儿子，他教你的时候是不是跟我们有不一样的地方？在这个时候，孔鲤就告诉他“不学诗，无以言”、“不学礼，无以立”。他问了一个问题，得到了三个答案。我们如果真要深入去读《论语》的话，一定会发现真意思。

为什么提到这个事情呢？大家知道，那个年代有“赋诗言志”的传统，这是那时礼乐文化的一个缩影。那么，“不学诗，无以言”、“不学礼，无以立”，孔子仅仅说的是“诗”与“礼”吗？我认为应该不是。

其实，孔鲤谈到了一个基本的问题，就是说学习诗、书、礼、乐。所谓“不学诗，无以言”，诗就代指诗、书；所谓“不学礼，无以立”，礼代指礼、乐。为什么这么认为？孔子的教学，实际继承了三代时期的“王官学”传统。所谓“王官学”传统，就是从西周时期以来的官方士人的培养问题，而诗、书、礼、乐教育正是其核心内容。《礼记·王制》里面有“春秋教以礼乐，冬夏教于诗书”的说法，意思是那个时候培养人才，都是从诗、书、礼、乐开始。这在很多典籍里面都谈到了，如《左传》说“说诗书而敦礼乐”。实际上，诗、书、礼、乐在孔子之前是“大学”的“六艺”。

那时的学制，八岁入小学，小学学的是洒扫、应对、进退之“小节”，学习礼、乐、射、御、书、数等“小艺”。也就是说，礼、乐、射、御、书、数是小学“六艺”。到了十五岁入大学以后，学“大艺”，履“大节”，学穷理、正心、修己、安人之道。“大艺”是什么？是“六艺”，大学“六艺”是诗、书、礼、乐、易、春秋六种“科目”。孔子为这六种科目编订读本或教材，整理了“六经”，这就是加了书名号的《诗》、《书》、《礼》、《乐》、《易》、《春秋》。这就是说，“六艺”更准确地说是指诗、书、礼、乐、易、春秋六种“科目”，有时也指“六经”。但无论如何，诗、书、礼、乐之教都很重要，无论孔子以前还是孔子时代都是如此。

孔子对他以前的先王“政典”进行了整理，孔子整理六经的事业是孔子的一大历史功绩，他继承保存了文化，也总结升华了文化。孔子教书，怎么教呢？如果大家有兴趣看《孔子家语》的话，其中有一篇《弟子行》，在这一篇里，记载子贡到卫国时与卫将军文子谈话的内容。卫将军文子有一句话，概括了孔子教学的整个过程，这对于我们今天弘扬传统文化也具有启发意义。他听说孔夫子“施教”的时候，要“先之以诗书，导之以孝悌，说之以仁义，观之以礼乐，成之以文德”。孔子弟子“身通六艺者七十二人”，“六艺”自然指的是诗、书、礼、乐、易、春秋六种“科目”。“成之以文德”，说明孔子培养的目标就是成就“文德”。那么，成就“文德”从哪里开始呢？这里说“先之以诗书”，“先之以诗书”就是“以诗书先之”，而“导之以孝悌”，就是以孝悌来引导。所以大家想，中国为什么重视孝悌？因为孔子所说的“立爱从亲始”，培养爱心从孝亲开始；“立敬之长始”，培养敬从尊长开始。我们中华文化的精神无非就是“仁爱精神”和“敬畏观念”。那么，一个人有了仁爱和敬畏，基本的、根本的做人问题便解决了。按照孔子的观点，古代为政，其实落脚点就是爱与敬，他说“爱与敬，其政之本”。爱与敬怎么培养呢？就是孝悌，所以孔子施教，以孝悌导之。

“先之以诗书”，这句话给了我们很多的信息。孔子为什么教育孔鲤说“不学诗，无以言”，其实就是表示人心的教育要从诗、书开始，此外还要“观之以礼乐”，所以孔子又说“不学礼，无以立”。所以，孔子施教是一个符合教育规律的逻辑体系，是他从事教学的内在的框架。这就是以诗、书、礼、乐为核心的架构：“先之以诗书”，最后“导之以礼乐”，结果“成之以文德”。

那么，为什么是“先之以诗书”？我一直在思考这么一个问题，这里是否存在着一个教育规律中的“适时而教”的问题。大家可以想想，孔子教学，很强调一个年龄概念，孔子说“吾十有五而志于学”，不是说孔子十五岁才开始喜欢学习，其实，是“志于学”，我觉得就是“志于道”，有一种道术的追求。孔子反复强调要“志于道”。“志于道”其实就是“志于学”，二者是同一意思的不同表达。例如《学记》说“安其学而亲其师，乐其友而信其道”，仔细品读，“学”与“道”是一样的意思。孔子说：“自行束脩以上，吾未尝无诲焉。”这个“束脩”一般理解为孔子教书所收的学费，恐怕不对。其实，我认为郑玄的解释是对的，“束脩”就是“束发修饰”，指孩子到了十五岁以上，可以懂事了，就可以进入大学，就可能进行大学之教，以穷理正心。

孔子为什么强调十五岁的概念？到了十五岁为什么“先之以诗书”？我们可以思考这样一个问题：孔子编订《诗经》时，为什么把《关雎》放在第一篇呢？不言而喻，十五岁的孩子显然是一个特殊年龄，十五岁的孩子已经长大了，开始萌生生理上的“情感”了，就像他们自己说的懂得“爱”了。在这个时候，在孩子的心灵中，在他们刚刚涉足“情感”的时候，在他们内心播下“礼”的种子，这个十分重要。所以，《诗经》第一篇《关雎》，无非就是教人“发乎情，止乎礼”。不是吗？你虽然“寤寐思服”，虽然“辗转反侧”，但是你毕竟不是“纯粹的小动物”，你必须“琴瑟友之”、“钟鼓乐之”。所以，一首好的诗歌，它往往是基于一种快乐的情感，而终于一种智慧。

那么，《诗经》里面的这些诗篇，一言以蔽之，孔子说就是“思无邪”，说得太好了！当你反复涵泳其中，你会慢慢地将其中彰显的价值融入自己的内心。《诗经》有风、雅、颂，各种功能自然不一样，但对于人心教化的意义是相同的。我认为，孔子说“不学诗，无以言”、“不学礼，无以立”，其落脚点不是单纯的“诗”与“礼”，其实就是诗、书、礼、乐的代指。诗、书、礼、乐基于西周以来甚至三代以来的“王官学传统”，孔子继承了这个传统。他培养人的德行（即文德），这就是儒家教育的目的所在。

《左传》里有一句话，叫“诗书，义之府也；礼乐，德之则也”，说出了诗、书、礼、乐的性质与特质。诗书里面包含的义，礼乐里面包含的德，这不就是“礼门义路”的问题吗？诗、书、礼、乐就是教我们为人处世的原则。我们走路时从路上走，我们离开房子时从门里走，这就是“礼门义路”。孔子说“谁能出不由户”，其实就是这个“礼门义路”。义之“府”、“德”之则，包含了诗、书、礼、乐的功能，包含了行为规范、处世法则，或者说就是“做人的道德原则”。

由此，我要表达的意思就很容易理解了。我只是想说，这个诗、书、礼、乐传统（或者称为“诗礼传统”）具有核心与本质意义，它就是我们中华民族几千年的礼乐传统，这个传统铺染了我们中华民族大家庭的文化底色。孔氏家族以诗礼传家，诗礼家风是孔子世家的家风，特色鲜明，影响久远。这种诗礼家风其实影响了很多人，影响了很多的家族，由于孔子与儒学的深刻影响，诗礼家风于是成为我们中华民族大家庭共有的家风。就像大家熟知的“诗书继世长，忠厚传家远”、“诗书经世文章，孝弟传家根本”、“读书足贯古今事，忠孝不迷天地心”之类，成为中华民族众多家族与家庭的家训、家风的主旋律，许多的家训、家书甚至楹联、中堂，都注意告诫子孙立志读书，他们讲论读书的顺序、方法及其意义，一般都会要求首先攻读儒家《诗》、《书》等经典以及四书等，这有助于“开心明目”、“修身利行”，“读书明理”、“读书亲贤”是为“做得一个人”，如果“道理不明”，则难以立身处世，可能会在不知不觉中“堕于小人之类”。正是因为有了这样的“诗礼传统”或者“诗礼家风”，我们每个人都注重修身，这是“齐家”的需要。由此，“家齐而后国治”，“国治而后天下平”。

总之，我们要更好地弘扬传统文化，要把传统文化进行“创造性转化”、“创新性发展”，使传统文化融入时代，弘扬诗礼传统、弘扬诗礼家风，应该就是一个很好的落脚点。

《朱子家礼》与家教家风建设

赵法生

在孔子思想的治理下，中国在数千年里形成了一套完备的家教传统，包括家谱、家训、家规、家礼，等等，这个体系的完整可以说是举世罕见。这里面，代表中国家礼方面的著作，影响最大的，甚至影响到整个东亚，包括韩国、日本、越南等地，就是《朱子家礼》。我简单把《朱子家礼》的一些情况做个介绍。

首先，介绍一下《朱子家礼》产生的历史背景。大家知道，唐末五代时期，中国陷入长期的战乱，这个战乱导致了礼崩乐坏的局面。因为当时，很多大家族在战乱中解体，很多士大夫家庭，本来传承多代了，士大夫家庭或者被杀，或者因为战争，他的爵位没法沿袭，这样他的家教家礼也纷纷中断。到了宋初，有很多官宦之家，他也没有家礼了。中国古代规定，士大夫家有家庙，但是到了宋代，大多数士大夫家庭连家庙都没有了。朱熹做新安主簿的时候，发现当地的老百姓和士大夫结婚都没有婚礼，所以这些现象就促使朱熹来整理中国的家礼。

《朱子家礼》的出现还有一个动机，因为当时社会动乱，礼崩乐坏，人心又需要安慰，许多士大夫就转向佛教了，朱熹通过重建家礼，恢复儒家对家庭的影响，来与佛道相竞争。

其次，谈一谈《朱子家礼》的主要内容。它的内容体系非常完备，主要包括了通礼和冠婚丧祭，即冠礼、婚礼、丧礼、祭礼，这后来被称为国人人生的四大礼仪。通礼包括了祠堂、深衣制度，还有司马光的《司马氏居家杂仪》。其中，朱熹特别重视祠堂，祠堂本来不在家礼的开头，是在祭礼这部分，朱熹特别把祠堂提到了家礼的首位，而且特别做了说明。他说："祠堂本合在祭礼篇，凡报本返始之心，尊宗敬祖之意，是有家名分之首，所以开业传世之也。”家礼培养人的抱本返始之心，尊宗敬祖之意，朱熹认为，祠堂是最关键的一个环节。所以他说了一句话，要先立吾其大，就是先立祠堂。

祠堂虽然古已有之，但是到了朱熹，才把它推广到民间，把它制度化了。朱熹的祠堂制度非常完备，也很具体，包括祠堂的规制、管理者，规定只有宗子才有祠堂，世代只有宗子的神主才能安放在祖祠里。祖先牌位的安放、祭田的设置、祭祀的礼仪，皆由宗子负责。朱熹的祠堂制度有很多的祭祀活动。每天早晨宗子要晨业，早上天明马上去祭祀，包括族长在内的家庭成员，有事则报、出入则报。你要到外地去，如果超过一天，走之前，要给祖宗告知一下，祭祀一下，要焚个香，三天半个月都有详细的规定，出必告，返必面，《弟子规》和这个是完全一致的。“事死如事生”，这个规定是非常具体的。

朱熹还特别规定，遇上火灾、水灾、盗贼，这个时候，你不能先去抢救你的财产，要先把神主抢救出来，要先把谱牒抢救出来。另外，像春节、清明、重阳这些节日，以及每月的初一、十五，都要在祠堂有家祭。有一个非常完备的家祭系统。

实际上，祠堂也就是家庙。一直到宋代，也不允许老百姓建家庙。在上古，天子七庙，诸侯五庙，大夫三庙，老百姓不准建家庙。朱熹的祠堂制度有一个重大的变化，它就是家庙，实际上允许老百姓建家庙，祭祀祖先。当然，按五服祭，不祭始祖，这个保留了当时的特征，但是这个影响还是非常大的。

经过朱熹的改造，祠堂的影响远远超过了家庙，因为他发展了一个宗祠制度，有了族帖，然后和家规、家法、乡村之治这一套，结合起来了，所以它的影响是非常大的。

婚冠丧祭的四大人生礼仪，我们一看，就发现它仍然是以祠堂为核心。比如冠礼、婚礼举行之前，先要到祠堂来告诉祖先，我家儿子要结婚了，我的儿子要成人了，然后举行礼，礼举行完了以后，再回到祠堂，再来把新媳妇领着，见祖宗，它是非常具体的。

祠堂是家礼的一个核心，因为这一切婚冠丧祭的人生礼仪，都是在祠堂这个平台上来进行。如果祠堂没了，家礼也就废了，因为它没有平台了。没有平台，礼仪是没法演出的。

朱子的家礼，在历史上的意义非常巨大。第一，它改变了“礼不下庶人”

的历史，古代贵族之家有礼，但是《朱子家礼》就把礼正式引到了民间，引到了每个普通农民家庭，这样就使得老百姓的生活礼仪化了，一举一动，大事小事全都有礼仪可循，真正把孔子的理想，为国以礼、礼让为国、非礼勿视、非礼勿言、非礼勿听、非礼勿动，把它落实了，落到了家庭这个层面。

最后，很关键的一点，就是祠堂对中国人信仰的建构意义重大，刚才李存山老师引了钱穆先生那句话，我前几天看了这句话，我也觉得非常好。现在很多外国人说中国人没信仰。我们现在中国人没信仰了，我们的祖宗是有信仰的，这个信仰就是敬天法祖。天主要是生化之天，它不是个人格神。敬天要通过法祖来实现，因为有了祠堂，有了神位，有了那些祭祀，我们中国人才真正地把那个信仰落实到礼仪了，如果没有这些东西了，没有神位了，不祭祖了，那么这个敬天法祖也就成了一个空话。

通过《朱子家礼》，我们看到，中国人养生送死，通过家礼都得到了安顿，实现了孔子讲的养生送死而无憾。因为丧礼最后的环节，他把死者的尸体，把遗体埋到地下之后，在墓地，他要把神位抱回家待几天，最后放到祠堂。这样，一个人的身体在墓地和祖先在一块了，那么他的神位在祠堂，和祖先是在一块的，他的名字通过家谱和历代祖先也在一块。这样三位一体就建构了中国人对生的信仰和对死的一种理解。

生，我们知道应该懂得生有什么意义，死了到哪里去，有尊严。我们现在这两年，在乡村做儒学普及，感到一个最大的问题就是乡村的家庭伦理所面对的严峻现实。家礼废弃以后，其他的那些信仰也没了，因为普通老百姓没有文化，太多人生和死都找不到意义。

我通过学习《朱子家礼》，得出一个体会，就是传统的家教文化，它的灵魂在于祠堂，它的体系在于家庭，如果我们不重视这两个的话，那么其他的文化建设的话，找不到一个根源。

立身治家之道
——《颜氏家训》的主旨及其现代意义

颜炳罡

一、颜之推其人及其思想归宿

颜之推（531—591），字介，复圣公颜子三十五代孙，琅邪临沂（今山东临沂）人。颜之推生于一个世代诗礼传家的书香门第，祖父颜见远，仕于南齐，因不满梁武帝篡弑，一恸气绝。父协，任湘东王右常侍，博涉群书，书法造诣颇高。其兄颜之仪，北周御中正大夫。九岁，父母双亡，成为孤儿，在两位兄长的抚养与教育下成长。史称颜氏“世善《周官》、左氏学，之推早传家业”。颜之推自幼接受了儒家经典的严格教育。十九岁，颜之推任湘东王萧绎左常侍，以军功加镇西墨曹参军。梁朝发生侯景之乱，颜之推协同世子镇守郢州，城破被俘。叛军的行台郎中王则因爱惜颜之推的才华，再三救护，免于一死，囚还建业。侯景之乱平定后，从囚牢中释放出来。萧绎在江陵继位，为梁孝元皇帝。颜之推任散骑侍郎。554年，西魏大军攻破江陵，颜之推再次被俘。西魏大将李穆爱重颜之推的才华，将其全家送往弘农，推荐给自己的哥哥阳平公李远。555年，颜之推想借道北齐，回归南梁。他率领全家，乘黄河水涨，乘木船，一夜奔袭七百里，到达北齐。在北齐，尚未南归，梁朝被陈取代，最终归国之梦碎。从此留居北齐，曾任北齐黄门侍郎、平原太守等职。577年，北周灭北齐，北周将颜之推等迁入长安。隋文帝废周自立，颜之推进入隋朝，曾被东宫太子召为学士。不久病逝于长安。著有文集三十卷，《颜氏家训》二十篇，另著有《观我生赋》、《冤魂志》、《试杀训》、《证俗音字》等，其作述大都已佚。

（一）以儒为宗，会通儒佛

颜之推是儒门人物，信奉周孔之教，但并不排斥佛教。他认为佛教与儒家的许多道理是相通的。他说："内外两教，本为一体，渐极为深浅不同。"内教是指佛教，外教是指儒家，佛教与儒家本为一体。由于后来发展演化，才有了差异，有了境界的深浅不同。佛教的"五禁"（五戒），即去杀、盗、淫、妄言、饮酒，与儒家的仁、义、礼、智、信用语不同，意义相通。仁，就是不杀之禁，义就是不盗之禁，礼就是不邪淫之禁，智就是不酒之禁，信就是不妄之禁。

（二）重养生而批道教

颜之推对外来的佛教非常宽容，但对本土宗教道教的态度就不像对佛教那样友善了。"保身全生"，爱惜生命是颜之推所注重的，因而他对"爱养神明，调护气息，慎节饮食"等道教的养生方法并不排斥，但他反对他的后世子孙"专精于此"。他说，学道之人多如牛毛，而"成如麟角"。"华山之下，白骨如莽，何有可遂之理？""为药所误者甚多。"许多人为服丹药而白白送上性命，为求长生反而短命。

（三）学问博涉，重文化传承

颜之推广泛涉猎文学、文字学、音韵、训诂、书法、绘画、医学、历律、卜筮、算学、琴棋，等等，其学无所不包。颜之推认为，自古儒士，皆学通之。但他教育后世子孙，许多技艺"可以兼明，不可以专业"。这些技艺兼职或业余爱好作为学、为官之余的一种休闲活动，以调节身心，活动筋骨，可以利己，可以利家，可以利国。当然，颜之推"不可以专业"的思想已经过时，这些在传统社会非常业余的技或艺，随着社会分工越来越细，已经成为十分流行的专业了。当然，对大多数人而言，颜之推的"可以兼明，不可以专业"若改为"可以兼明，不必要专业"可能更有意义。

颜之推生活在南北朝时期，在梁武帝萧衍、梁元帝萧绎统治下的南朝，佛教大盛，玄学不衰，儒家知识分子如范缜等人奋起抗争，或立足于儒家伦理，或依据华夷之辨批判佛老，凡此种种，颜之推无不心知肚明，洞若观火，他以仁义为判准，笃信周孔之教，主张吸取佛、老思想中的有益成分，但坚决摒弃佛教、道教中的“巫觋祷请”、“书符章醮”这些“妖妄”之事，反映了他现实、理性的哲学思考。由此说明，他不是佛教徒，更不是杂家，而是中和、理性、务实的儒家人物。

颜之推是饱经患难的思想家。《颜氏家训》一书，黄叔琳称“其为言也，近而不俚，激而不切。自比于傅婢寡妻，而心苦言甘，足令顽秀共遵，贤愚共晓”。宜其子孙数传，其子颜思鲁，唐秦王府记室，有文名。其孙颜师古，唐秘书监光禄大夫，崇文、弘文两馆大学士，校勘“五经”，注《汉书》,《匡谬正俗》文重当时，泽及后世。至六代孙颜真卿、颜杲卿，忠肝义胆，名垂青史。颜氏子孙，节义文章，武功吏治，代代相继，《颜氏家训》功勋大焉。用语平实、显浅，但句句肺腑，字字胸意，其感人也深，其影响也远。今日读来，依然如饮甘澧，令人心驰神往。

二、少成若天性，习惯如自然——如何教育子女

社会学家说，家庭是社会的细胞，细胞健，则身体健；细胞旺，则身体旺；细胞和谐，则身体和谐；细胞衰微，则生命死亡。家庭的安定、和谐关乎社会的安定、和谐。诗人说，家庭是生活的港湾，是四处漂泊的人避风遮雨的地方。修身、齐家、治国、平天下是中国历代知识分子的追求，齐家是其中的相当重要的组成部分。“家齐而后国治”，可以说齐家是治国的前提与基础。正是因为中国先哲十分重视家庭和谐，从而给我们留下了大量的治家良方，积累了大量的治家智慧。如“兄弟同心，其利断金”、“家和万事兴”、“积善之家，必有余庆；积不善之家，必有余殃”，“乡党和而争讼息，夫妇和而家道兴”，等等。中国历史上流传最久、影响最广的治家理论首推南北朝时期北齐黄门侍郎颜之推所著的《颜氏家训》。有人认为，《颜氏家训》“家法最正”，还有人认为《颜氏家训》二十篇，“篇篇药石，言言龟鉴”。无论做儿子的，还是做父亲的，都需购一册，存于家中，奉为明训，不独颜氏为然。作为家训

鼻祖，《颜氏家训》告诉我们什么？对于我们今天齐家，还有什么意义呢？让我们一起走进《颜氏家训》的殿堂，去领略其中的风光吧！

家是由家庭成员构成的，但古代的家远远比今天的家复杂。在春秋战国时代，大夫之家相当于缩小的国，大都有自己的封地，有自己的城堡甚至还有自己的军队，“家齐而后国治”，故而齐家与治国的道理是相通的。现代人的家庭与古代家庭虽然发生了重大变化，但家庭成员之间的基本关系依然存在，父子、夫妇、兄弟、姐妹等关系并没有因社会的发展而消失。家还会在一代又一代的人手中传承下去，当然，传承下去的不仅仅是生命密码——遗传物质，还有家教、门风——祖宗的文化。

（一）教儿婴孩，教妇新来——教育子女越早越好

文化传承首在家教。如何教育子女，《颜氏家训》相当重视，现代人尤为重视。颜之推的许多思想对于我们仍然有启发意义。“上智不教而成，下愚虽教无益，中庸之人不教不知也”，正如每个人身高、体重生来不同一样，应当承认人的智力水平是有差异的。“上智”可能是那种一点即通甚至无师自通的人，“下愚”是那种教之不通的人，不过这两种人极少。而绝大多数是中庸之人，即一般人，必须教化。颜之推主张“早教”。

他指出，古代圣王有胎教之法。王后怀胎三个月，就搬出去住在一个特制的宫室里，眼睛不见邪恶的东西，耳朵不听刺耳、恶秽之声，听音乐、吃东西都要合乎礼制。小孩出生之后就有人专门教导他孝、仁、礼、义，用各种方法引导他学习。一般百姓即使不能像帝王之家那样，但小孩子识人颜色，知人喜怒时就应加以教导了。“使为则为，使止则止”，即让他做，他就做，不让他做，他就不做。这样教育孩子，孩子长到数岁，就可以减少错误，父母就可以减少对孩子的责罚。颜之推指出，世上有许多父母，不知教育子女，却一味溺爱子女。饮食玩乐，恣其所欲，养成孩子自我为中心的习惯。而“宜诫反奖，应呵反笑”，应当惩戒的事情反而奖励，应当呵斥的事情作为谈笑，从而导致孩子是非、善恶观念的错位，孩子长大之后，认为这样就是理所当然。等子女傲慢习气已经养成，然后才想到加以制止，为时已晚。即使父母用鞭抽、棍打依然建立不起威严，“忿怒日隆而怨增”，每当长大成人之后，自然会做

出违法乱纪、伤风败俗之事。可见，早教的重要性。“教儿婴孩，教妇新来”，“少成若天性，习惯如自然”，即少年养成的品德就是像先天具有的一样，习惯了就自然而然了。

早教教什么？颜之推早教的内容主要是指孩子的行为习惯培养与礼义规范熏染，即孩子的是非观、价值观之养成。今天，好多父母也注重早教乃至胎教，有幅漫画，画的是一对年轻父母小孩刚出生就对其进行高考倒计时，也有不少家长在不能让孩子输在起跑线上的口号的煽惑下，于是乎让孩子报各种各样的辅导班，以至于孩子消化不良，真正该学好的东西并没有学好。

（二）幼而学者，如日出之光——学习是终生的事业

“早教”是颜之推教子的核心观念。他的早教不仅仅是行为教育、品格养成教育，也包括现代家长十分重视的知识教育。他说：“人生幼小，精神专利，长成已后，思虑散逸，固须早教，勿失机也。”人生幼小之时，思想单纯，没有功名利禄之念，也无利害、人情世故等考量，思想容易集中。成年以后，生活压力随之而来，为衣食而奔波，为应酬而忙碌，思虑散漫而且还好开小差。对孩子来说，大人们会说“少时不努力，老大徒伤悲”；对父母而言，少时不教育，老大悲如何？

颜之推以自己学习的经历告诉后世子孙，他七岁时，诵《灵光殿赋》，到了晚年，十年一过目，仍不遗忘。二十岁以后，所读经书，一月废置，便至荒芜。实践证明，幼时所练就的“童子功”，记得牢，可以终生受用。颜之推主张早教，并不是说盛年乃至晚年就不必学习了。早教也不是说早年学习，就一劳永逸了。他强调人应活到老，学到老。像孔子、曹操、袁遗等人，都是“少学而至老不倦”的典型。如果一个人幼年丧失了学习机会，不要紧，那就从成年开始吧。即使失于盛年，犹当晚学。他以公孙弘、朱云、皇甫谧为例，说明“早迷而晚寤”之人，皆终成大儒。他说：“幼而学者，如日出之光；老而学者，如秉烛夜行，犹贤乎瞑目而无见者也。”

幼年接受良好的教育，读书明理，如初升的太阳，自然前途无量；到了晚年，接受教育，读书明理，犹如手持蜡烛夜间行走，比起闭起眼睛什么也看不见还是好多了。这可谓千古明训！记住它，人人会受用终生，实践它，当泽

及三代。

（三）威严而有慈 ——做父母的学问

颜之推认为，父母教育子女应该宽猛有度。既要有威严，也要有慈爱，这样子女就会对父母产生畏慎与孝敬之心。他说："父母威严而有慈，则子女畏慎而生孝矣。"威严，子女就会产生畏慎之心；慈爱，则会产生孝敬之心。

他说，许多人之所以教育不好自己的孩子，也不是想把自己的孩子推入罪恶的泥潭，只是不愿因自己的厉声呵斥而让自己的孩子面目沮丧，自己的责罚而让其皮肉受苦而已。颜之推认为，孩子犯了错误或有不良习惯，如同一个人生病一样，既然已经生病，难道不用苦药、针灸、艾灸吗？所以严厉地训诫与督导，并不是刻薄于自己的骨肉，而是有不得已的苦衷。

颜之推以历史人物为例，说明督责的意义。南北朝时期，梁朝大司马王僧辨，他的母亲魏夫人为人谦和，持家严谨，即使儿子功勋卓著，为人敬服时，仍不准儿子贪图富贵。魏夫人对王僧辨十分严苛，王已年过四十，做了率领三千人的将军，稍有不合母亲的要求，仍对他进行责罚，正因有这样一位母亲，王僧辨才能成就不朽的功业。相反，梁元帝时，有一学士，聪明过人，深得父亲的宠爱，然而其父对儿子教导无方。有一点长处，其父就是四处宣扬，一味地称颂儿子的长处；一有不足，竭力为之掩藏粉饰，希望儿子能自己改正。学士成年以后，性情日益粗暴、傲慢，口不择言，最后死于非命。

许多现代人极力鼓吹"激励教育"，当然也不全非，但大都是"学士之父"，而非王僧辨之母。激励教育，往往一味发现孩子的优点，拔高优点，激赏优点，不忍心见到孩子的缺点与不足。现在，许多年轻人尤其是学生成绩比较好的年轻人心理脆弱，诚然，这些孩子不会像南朝学士那样死于周逖之手，但个别人会死于成长的路上。

颜之推说："父子之严，不可以狎；骨肉之爱，不可以简。"父亲与儿子之间，不能过度亲昵，过度亲昵就会不庄重，不庄重往往会怠慢父亲，从而淡化父子感情，父子之间最好能保持一定的距离。但骨肉之爱也不能过于简慢，不讲究方式、方法，如此慈爱与孝敬就无从谈起。总之，教育子女要讲究方法、方式，宽严得当，是非分明。

（四）虽欲厚之，更所以祸之——对孩子偏宠、溺爱之害

《红楼梦》七十五回，贾赦在贾母等人面前讲过一个笑话，借医婆子之口说道："你不知天下作父母的，偏心的多着呢！"这就是颜之推总结出的道理："人之爱子，罕亦能均。"同样都是自己的儿女，然而作父母很少能做到一视同仁，公平对待。由于不公平，对有些子女就有了特别的喜爱，其结果往往是"虽欲厚之，更所以祸之"。在贾府里，贾母偏心，爱贾政而厌贾赦（贾赦确有可憎之处），喜宝玉而憎贾环。即使是贾琏与鲍二家的有染，被王熙凤捉奸在床，王熙凤大闹贾母面前。贾母劝王熙凤道："什么要紧的事！小孩子们年轻，馋嘴猫似的，那里保的住呢？从小儿人人都打这么过。"竟然说得众人都笑了。正是这些过度、没有原则的溺爱、宠爱，最终导致贾府走向覆灭。对子女无原则的溺爱，始于爱而终于害。

古人不像今天多数城里人只生一个孩子，而是子女甚多，子女多了就有贤与不肖、智与愚、美与丑之别。颜之推深深地体察到："人之爱子，罕亦能均。"就是说，人对自己子女的慈爱，很少能做到一视同仁，等量齐观。正是许多人对子女不能一视同仁，从而百弊丛生。他劝告为人父母者："贤俊者自可赏玩，顽鲁者亦当矜怜。"有才华长相又好的子女固然值得欣赏，而愚笨又顽劣的子女也值得怜惜与同情。相反，如果对子女有偏宠，那将是"虽欲厚之，更所以祸之"。

北齐武成帝高湛第三子琅邪王高俨，生而聪慧，深得高湛和太后的宠爱，甚至衣服饮食一律同东宫太子高纬一样。太子高纬继皇位后，高俨享受的待遇远远高于诸王，而太后仍不满足，常与皇上高纬因此而争执。高俨十多岁了，愈加骄横恣肆，器服玩好，一切比拟天子。有一次，高俨到南殿朝拜，正赶上典御官向皇上进献新从地窖里取出的冰块及早熟李子，回府后就派人去向皇帝索取，结果府人空手而归。高俨大发脾气，怒骂："皇上已经有的东西，我凭什么没有？"后来，因自己不喜欢宰相和士开，竟然假传圣旨将宰相杀了，行刑时担心有人来救，竟命令手下军士把守皇帝的殿门，弄得满朝文武皆以为他要造反。北齐皇帝高纬忍无可忍，便将他抓起来，因为他本无反叛之心，训斥一番就将他放了。不过，北齐皇帝高纬不久就将这位目空一切，太后溺爱的琅

邪王高湛秘密处死了。颜之推指出，这就是“虽欲厚之，更所以祸之”的经典案例。

“虽欲厚之，更所以祸之”，古今案例，史不绝书。郑国郑庄公之弟叔段因母亲纵容偏爱，最后发动叛乱，被郑庄公击败逃亡至共。汉高祖之子赵王刘如意被吕后所杀，原因起于刘邦与戚夫人对他的特别宠爱。“虽欲爱之，更所以祸之”，这是颜之推告诉天下父母的明训，愿天下父母，戒之哉！慎之哉！

三、人生在世，会当有业——立身处世之道

颜之推生活在一个动荡的时代，过着颠沛流离、九死一生的生活，历经宦海沉浮，见识了各色社会人物，积累了丰富的人生经验。他说：“吾生于乱世，长于戎马，流离播越，闻见已多”，从而使他对人生、对生活有着独特的体会。他告诉后世子孙，要立于人世间，必须有求生或谋生的手段，所谓“人生在世，会当有业”。

（一）积财千万，不如薄伎在身——一技之长是谋生的法宝

由于久经战乱，四处漂泊，颜之推对人生发出无限感慨：“父兄不可常依，乡国不可常保，一旦流离，无人庇荫，当自求诸身耳。”在动荡不安的社会中，父母、兄长，或失散，或迁徙，或流离，或死于战火，家破国亡，流离失所，因而父兄不可常依，乡国不可常保，现实中一切赖以生存的外在条件，随时都会顷刻化为乌有，因而颜之推告诫后世子孙，当自求诸身。

一个人，一个家庭，顺意时候应想到不顺意的时候，得意时应想到患难可能马上到来，这就是所谓的忧患意识或居安思危。为人父母，一定要想到一个孩子一旦国破家亡，流离失所，无人保护的时候，如何才能生存下去。颜之推告诫其后世子孙，“当自求诸身耳”。“自求诸身”就是要自救，而不是寄希望于他救。如何自救？他告诉人们必须有一艺在身。任何财富、金钱随着朝廷更替，战争爆发，都可能消失，但一技之长，将与自己永远同在。这一技之长是生命最后的保障，也是人生最为可靠的保障，所以“积财千万，不如薄伎在身”。

（二）人生在世，会当有业——找到生命的立足点

然而，社会上总是有一些人，“居承平之久，不知丧乱之祸；处庙堂之下，不知耕稼之苦；肆吏民之上，不知有劳役之勤”。这种人何以“应世经务”？南朝不少士大夫，来自北方士族，他们已历八九代，仍以侨民身份，不置产业，不事农事，甚至不知几月当下种，几月当收成。许多士大夫耻于农商，羞于从事工技，射箭不能穿透铠甲，握笔才记姓名，饱食醉酒，无所事事，以此耗尽自己的生命。靠着祖上庇荫，谋个一官半职，就心满意足，结果遇见战乱，惊慌失措，往往坐以待毙。梁朝侯景之乱发生时，士大夫皆脆肤骨柔，体羸气弱，既不堪步行，也不会骑马，坐死仓猝者，不在少数。有一位名叫王复的建康令，看见了马嘶跳跃，吓着直喊：“这是老虎，为什么叫马呢？”南朝风俗由此可见。梁之不亡，得乎？

社会上三百六十行，行行都可以谋生。颜之推指出，农民会计量耕耘与收获，商人会计算货财与利息，手艺人则会想着不断改进方法，提高技艺，士兵则会练习弓马，文人则会讲习研究经书，这些都是人生之业。换句话说，都是谋生的手段。在颜之推看来，所有的谋生手段之中，最容易获取而且最为可贵者，莫过于读书。“伎之易习而可贵者，无过读书也。”“明《六经》之指，涉百家之书，纵不能增益德行，敦厉风俗，犹为一艺，得以自资。”众所周知，自孔子以下，许多儒家人物将“谋道”与“谋食”明显对立起来，认为“君子谋道不谋食”。孟子虽然反复论证读书人有存在的合理性，认为知识分子出来做官，犹如农夫耕田一样是谋生的手段。然而，明确视读书为存身之一“艺”，作为谋生之一“伎”，可能由颜之推始。不过颜之推强调读书人决不能成为游手好闲、左琴右书、高谈阔论、无所事事之人，而要成为深察事务、治家有方、精通吏道、利国利民的笃诚之君子，成为国家有用之才。

“万般皆下品，唯有读书高”，颜之推的这一观念可谓根深蒂固。577年，北周武帝占领晋阳，攻陷邺都，北齐灭亡。颜之推及其家人被迁关中，其长子颜思鲁对颜之推说，家中既无仕宦之人可拿朝廷俸禄，又无积财维持生计，应该努力从事体力劳动，以表儿子供养父母之情。而每日被督促课业，在经史上

用苦功，做儿子的怎能心安呢？颜之推告诉儿子：为人子当将供养父母放在心上，而做父母的应当以学业为教育孩子方式，让子女放弃学业而追求财富，使父母丰衣足食，吃下去我怎会感到食物的香甜，穿在身上怎会感到温暖呢？如果你们能努力从事先王之道，承续颜家世代读书的传统，我就是吃粗粮，穿麻衣，也心甘情愿。即使在生活困顿之时，犹不忘督责子女的学习，颜之推可谓后人的榜样。

（三）立身行事，留有余地——不可走极端

君子立身处世，话不可以说绝，事不可以干绝，给别人留有余地，就是给自己留有余地。说话、做事不留余地，结果只能自毁毁人。颜之推指出，人的脚所踩到的地方，不过几寸大小，然而在咫尺宽的山道上行走，常常会跌下山崖；如果在拱把粗细的独木桥上行走，一定会沉溺河中。这是为什么呢？这是因为脚的旁边没有余地的原因。“君子之立己，抑亦如之。”“至诚之言，人未能信；至洁之行，物或致疑，皆由言行声名，无余地也。”最真诚的言论，别人常常不会相信；最高尚的行为，人们往往会有所怀疑，这都是由于名声太好，没有回旋余地造成的。他以自己的经验告诉后世子孙，每当自己被别人诋毁的时候，就常以此自责，原因在于没有给自己留下回旋的余地。

他要求人们“能开方轨之路，广造舟之航”，“方轨之路”即双向行驶的大道，“造舟之航”即连舟为桥，一句话，即开出人生的大道。果真做到这一点，就会像孔子的学生子路那样言而有信，一诺而胜于诸侯国君之登坛结盟了。

（四）不可窃人之美——窃名不得好报

颜之推反复劝勉后世子孙，要仰慕贤良。人寿不过百年，然而圣人一千年才出一位，但前圣后圣之隔就像早晨与晚上那样接近。贤人五百年才一遇，就像肩挨着肩那样平常，以历史的无限性与人的有限生命相比，人生是何等的短暂！就个人有限的生命历程而言，贤良，一定要找到颜回、闵子骞那样的人物，何可世得！故颜之推说：“但优于我，便足贵之！”只要别人比我强，就只得仰慕与学习。如果一旦幸遇“不世见明达君子，安可不攀附景仰之乎”！人生幸遇贤士，一定要接近他并景仰他。

颜之推自称他终生仰慕贤良，因而要求颜氏子孙努力接近贤良之人，在其熏染下，使自己成为贤良之人。因贤良之人的言笑举动，虽无心于学，然潜移默化，自然似之，这样不知不觉就会像贤良之人了。他说："是以与善人居，如入芝兰之室，久而自芳也；与恶人居，如入鲍鱼之肆，久而自臭也。墨子悲于染丝，是之谓矣。君子必慎交游焉。"

不过，大凡世人，都有一个毛病，即"外来和尚好念经"，对自己身边的贤良之士往往不以为然。他说："世人多蔽，贵耳而贱目，重遥轻近。少长周旋，如有贤哲，每相狎侮，不加礼敬。他乡异县，微藉风声，延颈企踵，甚于饥渴。"所以说，鲁国人称孔子为"东家丘"。由于宫之奇从小在虞国国君身边长大，虞国国君对他很随便，故不纳其谏，以至于虞国灭亡。颜之推揭示的世人之蔽，于今为烈！现代人对自己身边相处相与的贤哲，非但不加礼敬，必亵渎之乃至蔑视之，而对外来的东西，必仰慕而崇拜之。

颜之推强调慕贤，但他坚决反对"窃人之美"的丑恶行为。他说："用其言，弃其身，古人所耻。"就是说采纳别人的良好建议，却不能善待他人，古人深以为耻。"凡有一言一行，取于人者，皆显称之，不可窃人之美，以为己力。"凡是一个观点、一个好的德行，是从别人那里学来的，都必须明显地表示出来，决不能将他人的美德、智慧据为己有。"虽轻虽贱，必归功焉。"对方虽然社会地位很低，只要是对方的长处与智慧成果，一定要归功于他。"窃人之财，刑辟之所处。"偷窃别人财务，一定会受到刑法的处罚。"窃人之美，鬼神之所责。"偷窃他人的智慧与功劳，天地鬼神都不会饶恕他。

古代没有法律意义上的知识产权观念，智慧、知识成果的保护完全依赖天地良心即道德的自律与他律。颜之推坚决反对"窃人之美"，要求"取于人者，皆显称之"，是最早强调原引注明出处的人，可谓发前人之所未发，至今对世人尤其是对知识分子仍然有着重要的警惕意义。

（五）生不可不惜，不可苟惜 ——生命诚可贵，道义价更高

颜之推十分珍惜生命，但他不认为死有什么可怕。有生即有死，生死像白天与黑夜那样平常。晚年，他十分旷达地面对死亡的来临。他说："死者，人之常分，不可免也。"告诉后人，"唯当气绝便埋之耳"。有生即有死，因而

他认为道教信奉的超生成仙是没有验证的无稽之谈。虽然生而必死，但留下佳名美誉，可惠及子孙。他说："夫修善立名者，亦犹筑室树果，生则获其利，死则遗其泽。"死后让人怀念，虽死犹生。

颜之推继承了孟子顺乎正命的思想，认为死不可怕，然而人不能白白送死，应尽最大的可能避免无意义的死亡。颜之推重视养生，但他决不主张胆小怕事，畏手畏脚，更不赞同临难苟活。他主张活着须有所作为，活要活出意义，死要死得其所。他说："夫生不可不惜，不可苟惜。涉险畏之途，干祸难之事，贪欲以伤生，谗慝而致死，此君子所惜哉！行诚孝而见贼，履仁义而得罪，丧身以全家，泯躯而济国，君子不咎也。"生命对每一个人而言，都只有一次，不可不惜。以身犯险，有意闯祸，贪得无厌，进谗言，以恶行恶言而丧失生命，君子感到十分可惜。因为这种死，毫无意义。相反，为实践忠孝而被残害，坚持正义而获罪，牺牲一己之生命成全家人之命，或者为国捐躯，这种死，死得有意义，故而君子是不会怪罪的。

颜之推认为，在面临危难，生死存亡之际，像杨朱学派人物一味"贵己"、"重生"的"冷肠"固不可取，而像墨家人物那样一味慷慨就死的"热腹"也不足法，只有儒家的"仁义"是生死的唯一取舍标准。一个人物应该"达生委命，强毅不屈，立言必信，求福不回，勃然奋励，不可恐慑也"。为理想而献身，为人间正道而献身，这是颜之推所推崇的。在颜氏族谱中，颜之推的祖父颜见远，为南齐御史，尚名节，梁武帝篡立，南齐和帝暴崩，颜见远恸哭而绝。颜之推的六世孙颜真卿、颜杲卿，皆一代英烈。

四、施而不奢，俭而不吝——治家之宝典

治家就是家政管理。家政管理在中国传统儒家那里是一门大学问，修身、齐家、治国、平天下是儒家知识分子的追求。就像人人都会吃饭，但真正了解营养学、生理学的却没有几人。每个人都经历过家庭生活，但真正懂得家政管理的有几人？人们常说幸福的家庭都相似，不幸的家庭各有各的不同，这说明幸福的家庭有一定之轨，即有达到家庭幸福的大致相同的道理或方法，而不幸的家庭则千差万别，没有一定的规律可寻。治家，说到底就是要找到实现家庭

幸福的一般道理与规律，以避免家庭的不幸。家政学说甚至可以上溯到三代，古已有之，但将治家作为一门学问进行专门研究与探讨者，首推颜之推的《颜氏家训》。

颜之推出生在一个家教严整、井然有序的家庭之中，这种家庭阅历为其撰写《颜氏家训》提供了良好的佐证。“吾家风教，素为整密。”在孩童阶段，他便受到良好的教诲。“每从两兄，晓夕温凊，规行矩步，安辞定色，锵锵翼翼，若朝严君焉。问所好尚，励短引长，莫不恳笃。”这是以儒学为信念，恪守礼教传统的典型家庭，在这样的家庭中生长，又饱经患难、流离、战乱，对治家有着独特的体认。

（一）自上行下，自先施后——处理好家庭关系的奥妙

治家，归根到底是为实现家庭和睦，光大门庭。怎样才能实现家庭和谐呢？首要在于协调好家庭成员之关系，树立起良好的家风。而家庭关系理顺了，家庭就和睦了，治国的目的也就达到了。颜之推认为，家庭关系是否顺畅、家庭是否和睦，不取决于下而取决于上，不取决于晚辈而取决于先辈。他说：“夫风化者，自上而行于下者也，自先而施于后者也。是以父不慈则子不孝，兄不友则弟不恭，夫不义则妇不顺矣。”颜之推一反汉儒将家庭不睦一味归咎于子不孝、弟不恭、夫不顺的做法，提出了新的见解。他认为，为父者、为兄者、为夫者才是家庭关系是否顺畅的决定因素。良好的家风，首先是否父慈、兄友、夫义，如果父亲为儿子做出榜样，兄长为弟弟做出榜样，丈夫为妻子做出榜样，那么家庭关系自然就理顺了，家风就正了，家教就好了，家庭自然就和谐了。

不过，“父慈而子逆，兄友而弟傲，夫义而妇陵，则天之凶民，乃刑戮之所摄，非训导之所移也”。父慈是教化儿子的方式，兄友是教化弟弟的方式，夫义是教化妻子的方式。既然父已经慈爱、兄已经友善、夫已经仁义，子仍然忤逆、弟仍然傲慢、妇依然暴悍，那不是教化所能感化的人，对这样的人就是用刑罚加以制裁也无可厚非了。

（二）治家犹治国，宽猛得当——治家之良方

颜之推告诉我们，治家的道理与治国的道理是相通的。过度宽仁，无法

使家业发达；过度刻薄，可能会自己送命。他说："笞怒废于家，则竖子之过立见；刑罚不中，则民无所措手足。治家之猛宽，亦犹国焉。"家法中废除笞罚和发怒，那么童仆的错误立刻就会出现，刑罚不恰当，那么天下的老百姓就不知如何是好，治家与治国一样，都要宽猛得当。

有人治家过于严刻，结果白白送命。梁孝元帝时，有位中书舍人，治家没有法度，对待家人过于严刻，妻妾们忍无可忍，就买通刺客，趁这位中书舍人酒醉，将他杀了。相反，治家过于宽仁，也是治家之忌。社会上有一位名士，一味追求宽厚仁慈，以至于待客用的饮食与赠送客人的礼物，童仆竟然敢克扣，承诺资助他人的东西，妻妾敢节留。结果，轻慢宾客，侵耗乡邻，为人所不齿。

北齐有位吏部侍郎，名叫房文烈，一味追求宽仁。有一次连下几天的大雨，家中已经绝粮。于是派奴婢出去买粮，奴婢竟然跑了。过了好几天才将奴婢抓回来，而房竟然只是小声地说："全家无粮下锅，你到哪里去了？"房文烈把房子借给别人住，结果借房的人将房顶拆了当柴烧，他听说后，只是皱皱眉头，竟一语未发。颜之推认为这样治家，同样会导致家之败亡，是治家的一大祸害。

宽严得当是颜之推治家的基本原则。当然，现代社会，家中已经没有奴仆，但处理家庭关系，对待子女的过失，宽猛得当还是有效的。宽猛得当可以说是管理学中重要原则，既适用于家庭，也适用于治国，也适用于管理企业。

（三）施而不舍，俭而不吝——家庭理财之道

家庭是社会的细胞，也是经济实体，如何解决家庭经济问题以及家庭与家庭之间的经济问题，颜之推提出了"施而不奢，俭而不吝"的主张。

颜之推所说的俭，就是节俭。他说："俭者，省约为礼之谓也。"省即节省，约即节约，居家过日子应当尽量做到节省，礼即礼数、原则，俭就是以节约为原则。颜之推所说的"吝"有特殊的意义，他说："吝者，穷急不恤之谓也。"吝啬指遇见贫穷困难之人也不加周济关怀。他指出，许多人居家过日子，一旦强调施舍，就会变得奢侈；而一旦说节俭，又会变得吝啬。如能施舍而不奢侈，节俭而能周济穷困就不错了。

颜之推的治家训诫，秉承儒家勤俭节约的传统，主张勤俭持家，尽量自给自足。在他看来，人民的基本生活需求，通过播种五谷以获取食物，种植桑麻以获取衣服，治理园场以获取瓜果蔬菜，圈养鸡猪等以获取肉品，至于人们建房所用的木材，日常生活中的许多器用，无不是从土地中产生出来的。善于理家的人足不出户就拥有了维持生活的基本物品，只是家中没有盐井罢了。北方人大都节俭，而南方民风奢侈，多数人家过日子不如北方。

什么是"俭而不吝"？颜之推以南朝梁人裴子野为例加以说明。裴子野每当他的远亲旧属遇到饥寒无力自救时，他就会收留他们。裴子野家中一向清贫，有时遇上水旱，用一石米煮成薄粥，勉强让大家都能吃上，自己与大家一起吃，从未露出怨恨的神情。而既奢且吝，颜之推也用案例说明。他说，北齐有一位将军，贪婪成性，极尽一切手段搜括民财，聚敛财富。家中已有童仆八百名了，发誓要凑足一千。居家十分苛刻，规定家中早晚每人的饭菜以十五文为标准，即使来了客人，也不增加一文。后来获罪下狱，官府查抄他的家产，仅麻鞋就满满一屋子，各式各样的衣服有好几库房，金银财宝无数。而南阳有一位家产万贯的富人，财产很多，但极为吝啬。女婿上门，只给一铜瓯酒喝，女婿生气一饮而尽，再添者三。到头来，他责怪女儿说："某郎太爱喝酒，才弄得你们家贫穷。"南阳富翁死后，几个儿子争夺家产，发生哥哥杀死弟弟的悲剧。一味积财而且刻薄，最终没有好结果。

颜之推是中国古代杰出的思想家和教育家。他的治家思想和教育思想至今仍闪烁着智慧的光辉。他的思想平实亲切，贴近人生，贴近生活，读来引人入胜，令人回味无穷。

教家立范：传统家训教化的经验与借鉴*

陈延斌

习近平总书记在2015年春节团拜会上的讲话中指出："家庭是社会的基本细胞，是人生的第一所学校。不论时代发生多大变化，不论生活格局发生多大变化，我们都要重视家庭建设，注重家庭、注重家教、注重家风。"同时，总书记还强调，要发扬光大中华民族传统家庭美德。在这一过程中，中国三千年之久的优秀家训教化传统值得继承弘扬，为当前我国家庭美德建设乃至整个家庭建设服务。

一

家训是我国传统文化中极具特色的部分，主要是父祖对子孙、家长对家人、族长对族人有关修身处世、治家教子等的教诲训示。家训教化是引领家人子弟践行家庭道德、促进家庭和谐稳定的重要路径，也是形成良好家风的基本条件。具有三千年悠久历史的传统家训，内容虽然十分庞杂，涉及的领域极其广泛，但核心内容始终是围绕睦亲齐家、修身立德、处世之道三个方面展开的。

睦亲齐家。与儒家倡导的"齐家"思想相适应，传统家训都极为重视家庭和睦，强调家庭成员之间的和睦相处对于"齐家"、"兴家"的重要性。孙奇逢认为"父父子子，兄兄弟弟，元气团结"是"家道隆昌"必不可少的条件（《孝友堂家训》），颜之推强调要使家庭和睦，最要紧的是处理好夫妻、父子、

---

* 本文系国家社科基金重大项目"中国传统家训文献资料整理与优秀家风研究"（编号14ZDB007）成果。

兄弟这三种关系，“一家之亲，此三而已矣”（《颜氏家训》）。被誉为“《颜氏家训》之亚”的《袁氏世范》开篇一章就是“睦亲”，它不仅从正、反两方面分析了家庭成员之间的和睦相处对于“兴家”、“齐家”的重要性，而且系统地阐述了如何从财产的分配，不受婢妾仆隶的谗言迷惑以及避免姑嫂妯娌间的言行失和等方面保证家庭和睦的具体措施。对于家庭关系的调适，整体上看，传统家训在父子关系上，强调父慈子孝；在兄弟关系上，强调兄友弟恭；在夫妻关系上，强调夫义妇顺。在论及治家之道时，传统家训提倡严谨治家、勤俭持家、忠厚传家、睦亲齐家。

修身立德。由于子孙担负着延续家族、光宗耀祖的重任，因而作为家庭教育教科书的家训也都把教育子弟家人修身立德摆在突出的位置而加以强调。几乎所有的传统家训都叮嘱家人子弟涵养品德，加强礼仪修养，宽厚待人，谦恭谨慎，要“遇事须平和处之”（蒋伊：《蒋氏家训》）。在修身教育的时间上，他们强调“蒙以养正”，认为“端蒙养是家庭第一关系事”（《孝友堂家训》），甚至主张胎教；在教育的宗旨上，他们提倡“爱子有道”，反对溺爱、宠爱，强调以进德修身，贵名节，重家声，清白做人为重；在修身教育的内容上，他们着重强调了这样几个方面：一是励志勉学，要求子孙从小读书知礼，立志成为对国家、社会有用的人才。二是自立自重，淡泊名利；对乡亲邻里，更要“宁我容人，毋使人容我”（郑文融等：《郑氏规范》）；“处宗族、乡党、亲友，须言顺而气和。……宁人负我，无我负人。”（庞尚鹏：《庞氏家训》）康熙皇帝教训皇族的《庭训格言》中甚至将文明礼仪、行为习惯修养作为规范人行为的根本手段和社会不息运动的原初动力。他说：“礼之系于人也大矣！诚为范身之具，而兴行起化之原也。”

主要内容包括七个方面：一是涵养爱心，做个好人。传统家训大都强调：第一，要明理做个好人。第二，提倡“爱子有道”，反对溺爱、宠爱；强调以进德修身，贵名节，重家声，清白做人为重。第三，立志高远，励志勉学。许多家训都勉励子弟立大志、成大器，做一个有作为的人。第四，洁身自好，杜绝恶习。在强调修身时，传统家训无不将洁身自好、戒除恶习放在首位，谆谆告诫子孙诵圣贤之言，绝邪淫之行，千万不要沾染赌博、酗酒、游手好闲、搬弄是非的不良习性。第五，应世经务，自立于世。许多家训都要求子弟耕读并重，学些技术、手艺，以自食其力、自立于世。此外，一些官宦家庭的家训在子弟立德修身方面，还强调奉公清廉，清白做人，勿贪勿奢，笃守名节，维护家族名声；告诫他们为官要勤谨政事，报国恤民。

处世之道。传统家训在教诫家人子弟时，大都结合自己的经历及处理社会生活、人际关系的经验，传授处世哲学、处世之道。其积极内容一是谨慎处世，遵守法纪，谨言慎行；二是慎重交友，“择善而处”，“近贤远佞”；三是救难怜贫，讲究人道；四是和待乡邻，宽厚忍让。

二

传统家训在教化方法、途径上也形成了一套行之有效的措施。

第一，律身训子：优良家风濡染。家风，又叫门风，是一个家庭在世代生息、繁衍过程中形成的较为稳定的生活作风、传统习惯、道德面貌。纯朴、正派的家风对于子弟、家人良好道德品行尤其是家庭道德观念的形成和巩固有着重要的影响。陆游在《示子孙》诗中教育子孙耕读并重时，谈到了家风对这一规范的作用。诗中写道：“为贫出仕退为农，二百年来世世同。富贵苟求终近祸，汝曹切勿坠家风。”浙江浦江县郑氏家族，据史料记载，从北宋建炎初年开始就累世同居，同灶而食，人口最多时达三千，其中一支维持了十九世，跨越宋、元、明三代，凡三百余年。郑家以孝义名重浙东，被誉为“浙东第一家”，明建文帝曾御书“孝义家”赐之。这个大家族之所以能“九世同居”，举家和睦相处，恪守封建家庭伦理，不能说不依赖于家训——《郑氏规范》的规约和长期形成的纯朴家风。正是这种家风的熏陶，使家庭道德对家庭成员产生了潜移默化的教育和制约作用。官至文华殿大学士兼礼部尚书的张英在《聪训斋语》的家训中提出了“律身训子”的“八教”：“教之孝友，教之谦让，教之立品，教之读书，教之择友，教之养身，教之俭用，教之作家。”[1] 依靠这些传家要诀、教诲训诫和自己的身体力行形成的良好家风熏陶，张英的儿子个个成材，都能做到清廉自守，勤谨为官。长子廷瓒官至少詹事，次子廷玉官至

[1]　张英：《聪训斋语》，《丛书集成初编》，商务印书馆 1939 年版。

大学士、户部、吏部尚书，三子廷璐官至礼部侍郎，四子廷瑑官至工部、礼部侍郎。

第二，切于实用：注重行为规范的可操作性。规范越具体越便于执行，越易使它们变为人们的具体行动指南。由于家训旨在“教家立范”，是供家人、子弟学习、执行的，因此传统家训对家人、子弟的教诫既有理论的说服，更有实际的操作指导。宋代及宋代以后的家训中尤其如此。如袁采的《袁氏世范》分为“睦亲”、“处己”、“治家”三卷，每一卷的论述都极为详尽。如“睦亲”卷就认真分析了父子、兄弟、夫妻、子侄、妯娌不和的原因、弊害，详细叙述了正确调整家庭成员关系的途径、方法。再如明代官吏庞尚鹏在其《庞氏家训》中制订了“禁奢靡”五则，对子弟家人生活上的要求作了非常严格、甚至近乎苛刻的规定。比如，在饮食衣服方面，庞尚鹏就规定“子孙各要布衣蔬食，惟祭祀宾客之会，方许饮酒食肉，暂穿新衣”。在亲戚之间的交往，“以俭约为贵”，“每年馈问，多不过两次；每次用银，多不过一钱”。接待经常往来的亲友，“即一鱼一菜亦可相留”。更有甚者，他规定亲友往来的请帖、礼帖、拜帖等一律不用封筒（类似于信封）。[1]

第三，“德业相劝，过失相规”：定期家庭聚谈。《庞氏家训》规定，每月的初十、二十五两天（“遇大寒暑、大风雨则暂免”）的日暮时分，合家老小，不论尊卑长幼，都来聚会。开会时大家各人讲述自己半个月来的经历见闻，“或善恶之当鉴戒，或勤惰之当劝免，或义所当为，或事所当已者，彼此据己见次第言之。各倾耳而听，就事反观，勉加点检，此即德业相劝，过失相规之意”。这篇家训还规定，家庭聚会由大家轮流主持，不拘形式，“为便于聚谈为贵”。凡无故不到会者，则是“自暴自弃之人”。姚舜牧的《药言》也规定了利用家庭聚会的形式进行维护“家声”教育，具体做法是利用祭祀聚会之机表彰先进，惩戒过恶，教育族人。《药言》规定：“族有孝友节义贤行可称者，会祀祖祠日，当举其善告之祖宗，激示来裔。其有过恶者，亦于是日训诫之，使知省改。”这种家庭会议有利于强化家庭成员的道德观念，教育激励家庭成员抑恶扬善，形成良好的道德习惯。

---

[1] 庞尚鹏：《庞氏家训》，《丛书集成初编》，商务印书馆 1939 年版。

第四，榜样示范：激励家人见贤思齐。传统家训的作者们都很注意引导家人子弟“见贤思齐，见不贤而内自省”，以具有极强的说服力和感染力的榜样人物，教育子弟家人。《颜氏家训》中，颜之推列举了许多正反两方面的事例，以加深他们对家庭道德准则的理解和实践。司马光的《家范》用了大量篇幅采辑了“自卿士以至匹夫”的“家行隆美可为人法者”的典型事迹，以供子弟、家人学习、效法。明代儒士王相之母王刘氏是一个“幼善属文”、博学多识的“才女”，她在家训《女范捷录》中注意从理论说服和榜样示范两方面加强教化的效果。据笔者统计，她引用古代那些具有贤德之妇女的故事不下130个，她在《统论篇》谈到为何大量引用古代那些具有贤德之妇女的事迹时说：“以铜为鉴，可正衣冠；以古为师，可端模范。能师古人，又何患德之不修，而家之不正哉？”许多家训也都很注意引用榜样、先贤的格言警语、传说故事教诲家人子弟。

第五，奖惩结合：情法并用，恩威并施。传统家训在论及治家教子时有不少都强调了这一方法。认为“立家之道”，应刚柔相济，恩威并施。包拯立的家训中强调后世子孙若有贪赃枉法者死了以后也不能葬于祖先坟地。宋代以来的家训中几乎都列有惩罚、体罚的条规，赵鼎《家训笔录》对违反家训的子弟的惩戒作了这样的规定：“子孙所为不肖，败坏家风。仰主家者集诸位子弟，堂前训饬，俾其改过。甚者影堂前庭训，再犯再庭训。”不少还把家训与家规、家法、族规结合起来。如清代麻城（今湖北麻城市）鲍氏家族订立的《鲍氏户规》对违背家庭伦理的子弟乃至家长都要给以杖责或鞭笞。其中规定不养父母者杖一百，“妇女肆行无忌而乱骂人者及无故骂人者，笞四十”，等等。由于宗法社会中封建统治阶级的支持，家规、族法不仅具有道德的劝谕性，而且具有一定的法律效力，这在某种程度上也使家庭道德的教育和实施能够取得更为显著的成效。

第六，建章立制：实施教化的组织保障。聚族而居的大家族要能保持和睦稳定，就要有良好的家庭秩序，而这除了国家法律的约束之外，更需要家族内所制订的规章制度予以保障。宋代以降，聚族共居的大家庭增多，因此宗族组织发展的要求使得家训族规在宋代进入了繁荣阶段，内容也日益趋向详尽完备。正如宋人熊禾所说：“善为家者，必立为成法，使之有所持循以自保。”[1]南宋官吏赵鼎谈及自己订立家训的宗旨时也说：“吾历观京洛士大夫之家，聚族既众，必立规式，为私门永远之法。”[2]这些家族不仅有家规族训，而且在教化上依恃有得力而有效的途径：立族长（宗子）、置族产、修族谱、建祠堂。族长的地位、权威决定了对族人教育的强大影响力；族产以经济手段对族人恩威并施；族谱的修撰从精神上和组织上团结了族众，也直接进行了教化（不少家族的家谱中都有祖先的遗训）；祠堂的修建不仅提供了全族祭祀祖先、举行重要典礼的场所，而且也是对族人传扬家风、实施教化的地方。如南宋著名思想家、教育家陆九渊、陆九韶的家庭，是一个“累世义居”的大家族。这个家族规定，每天清晨，家长都要率领子弟到本族的“祖祢祠堂”“致恭”、“聚揖”。为了更有效地施行教化，这些家族还制订了进行家规族训教育的具体制度。例如，《郑氏规范》规定：每逢初一、十五合家聚会时，必须朗诵道德歌诀、家规祖训，而且还要未成年子弟每天在“有序堂”里朗诵男女训诫之词；并要子弟将家庭生产、生活各个方面的制度规定自幼熟知。[3]

三

在长期的发展过程中，传统家训教化呈现出以下几个方面的鲜明特色。

第一，教化内容要求的一致性与表达形式的多样性的统一。历史上家训大致都包括睦亲、治家、教子、勉学等共同的内容要求，但形式则多种多样，既有帝、后训谕皇室、宫闱的诏诰，也有士绅之家及寻常百姓教导幼童的启蒙读物；既有家训、家范、家诫等长篇专论，也有家书、诗词、箴言、碑铭等简明训示；既有苦口婆心的规劝，也有道德律令性质的家规、家法等。这种丰富多样的训诫、教化形式使得家训更易于为不同类型的家庭及其成员所认知、认同。

[1] 熊禾：《勿轩集》卷3《江氏族谱序》，《文渊阁四库全书》，台湾商务印书馆1986年版。
[2] 赵鼎：《家训笔录》，徐少锦、陈延斌、许建良等：《中国历代家训大全》上卷，中国广播电视出版社1993年版。
[3] 陈延斌、张琳：《宗规族训的敦族睦邻教化与中国传统社会的治理》，《齐鲁学刊》2009年第6期。

第二，教化、感化与约束、激励的统一。家庭教育是建立在血亲伦常关系上的教育，因而家训中都强调父祖对子孙的教育应循循善诱，关怀慈爱，出于真挚的深情。然而，爱与严是一致的，一定条件下采取惩戒、强制的方式也是必要的，只要“慈爱不至于姑息，严格不至于伤恩”[1]即可。司马光特别重视爱教结合、感化与约束、激励的统一。他指出：“自古知爱子不知教，使至于危辱乱亡者，可胜数哉！夫爱之，当教之使成人。爱之而使陷于危辱乱亡，乌在其能爱子也？”[2]针对某些家长以孩子小不懂事、长大以后再教不迟为由迁就孩子的错误观点，他打了一些生动的比喻，尖锐地批评这种说法道：“犹养恶木之萌芽，曰‘俟其合抱而伐之’，其用力顾不多哉？又如开笼放鸟而捕之，解缰放马而逐之，曷若勿纵勿解之为易也！”[3]

第三，理念灌输与践行指导的统一。受儒家思想的影响，传统家训也把进德、修身作为安身立命之本，提到齐家、治国、平天下的高度，因而具有深刻的、抽象的哲理性和鲜明的说教色彩。然而，由于训导对象囿于家庭成员，因此，家训又具有很强的现实针对性和具体的可操作性。一般来说，家训语言都较明白易懂，言简意赅，便于掌握和践行。如许汝霖的《德星堂家订》中为了教训家人勤俭持家，就详细规定了“宴会”、“衣服”、“婚娶”、“凶丧”、“安葬”、“祭祀”等的具体规格和标准。再如袁黄的《训子言》，不仅以自己的亲身经历对儿子耳提面命，而且为其拟定“功过格”的详细条款，以督促、帮助儿子加强道德修养。

第四，晓喻勖勉和以身立教的统一。古代家训教诲子孙怎样修身做人，往往既明确行为准则，又讲清其中道德。姚舜牧在《药言》中，告诫为人父母者不可对子女宠爱、偏爱，因为“偏爱日久，兄弟间不觉怨愤之积”，一旦亲殁，争讼就有可能发生。作为传统家训作者的家长注意言教，更强调身教示范。《药言》明确指出：“言贵行，行方是道；不行，虽讲无益。”袁黄在《训子言》中更是结合自己的亲身经历谈了进行道德践履的经验教训，告诫儿子

---

[1] 明仁孝文皇后：《内训》，徐少锦、陈延斌、许建良等：《中国历代家训大全》上卷，中国广播电视出版社 1993 年版。

[2] 《家范》卷 3《父》。

[3] 《家范》卷 3《父》。

“凡一日不知非，即一日安于自是；一日无过可改，即一日无步可进”。在家庭道德实践上，尤其值得称道的是传统家训特别重视家长的模范带头作用，认为“立家之规，正须以身作范”（《孝友堂家规》）。所以，几乎每一篇家训都强调家长的率先垂范。《郑氏规范》要求家长“以至公无私为本，不得徇偏”；“以至诚待下，一言不可妄发，一行不可妄为”。即便是司马光这样极重封建礼教的保守派家长，也强调家长注意以身示教。他在《居家杂仪》中开篇讲的就是对家长的要求：“凡为家长，必谨守礼法，以御群子弟及家众。”

第五，教化的一贯性与阶段性差异的统一。传统家训在治家教子、修身处世等方面的教化，就其内容要求说基本是一致的，倡导始终如一，但不少家训同时提出根据子弟成长的不同阶段的生理特点和思想品德教化的重点，实施有差别的循序渐进的教育。以司马光《居家杂仪》中设计的家庭蒙养程序为例。该家训规定：“凡子始生，若为之求乳母，比择良惠妇人稍温谨者。子能饲之教以右手，子能言，教之自名，及唱诺万福安置。稍有知，则教之以恭敬尊长。有不识尊卑长幼者，则严诃禁之。六岁教之数与方名，男子始习书字，女子始习女工之小者。七岁男女不同席，不共食，始诵《孝经》、《论语》，虽女子亦宜诵之。自七岁以下谓之孺子，早寝晏起，食无时。八岁出入门户即席饮食，必后长者，始教之以谦让。男子诵《尚书》，女子不出中门。九岁男子诵《春秋》及诸史，始为之讲解使晓义理，女子亦为之讲解《论语》、《孝经》、《列女传》、《女戒》之类，略晓大意。十岁男子出就外傅，居宿于外，读《诗》、《礼》、《传》，为之讲解，使知仁义礼智信……凡所读书，必择精要者而读之。其异端非圣贤之书传，宜禁之勿使妄观，以惑乱其志。观书皆通，始可学文辞。女子则教以婉娩听从及女工之大者。”司马光设计的家教程序无疑继承了《礼记·内则》的思想，但又作了发展，特别突出的是他始终将品德教育置于家庭教育的首位。在子弟成长的每一个阶段上他都强调这一点，且根据不同阶段施行不同的教育内容。

四

源远流长的家训教化是中华传统文化宝库中的一块瑰宝。本着“古为今用”的原则，剔除其封建纲常礼教及唯心主义的糟粕，继承和弘扬其民族性的精华，对于我国当前的家庭道德建设是十分必要的。

第一，传统家训文献的教化内容可以为今天的家庭美德建设提供文化滋养。我们应该看到，家训文化对于家庭生活、社会生活的稳定和发展起着独特的重要的作用。“治国之道，实由家治也。”（张九龄语）因而，家庭的教化就至关重要。正由于家训在家庭教化中的重要功能，故而为历代统治阶级及社会上的广大有识之士所重视，自第一部系统、完整的家训著作《颜氏家训》问世以后，被认为“凡为子弟者可家置一册，奉为明训”[1]而几乎历代刊行。司马光的《家范》、陆游的《放翁家训》、郑太和等的《郑氏规范》、袁采的《袁氏世范》等名篇都被作为家教范本而广泛流传，朱柏庐的《治家格言》甚至被作为儿童的启蒙教材。尽管今天的时代不同了，然而我们并不能因此而否认它的思想文化价值和教化作用。今天的家庭，治家教子、立身处世仍是每个人的必修课，继承和弘扬传统家训文化精华以涵养家庭美德，应着重吸收传统家训中孝敬长辈、待人以诚、勤劳节俭、和睦邻里、乐善好施等伦理原则和道德规范，结合当今社会家庭美德要求，编写一些富有时代特色的新型家训。

第二，家训教化中家庭伦理道德要求可以为概括、提炼、制定今天的家庭道德规范所用。上述家训教化中有关家庭伦理道德规范的内容，很多都可以吸收来为我们今天的家庭道德建设服务。当然，这里要注意根据今天的现实进行取舍、改造，保留积极、合理、有价值的东西，摈弃消极、落后、腐朽、不合时代要求的部分。同时，应特别注重吸取传统家训规范可操作性极强的特点，在家庭道德规范、准则的制订上力戒过去那种大而空的做法，使其真正可遵可循，起到规范家庭成员行为的作用。

第三，传统家训教化行之有效的途径及方式、方法可以借鉴来提升家庭美德建设效果。传统家训的家庭道德教育的上述途径和方式、方法中有不少仍然具有借鉴价值，尤其是注重日常生活中的灌输、教化，注重家长以身率下、言传身教，强调养正于蒙，家风陶冶，实践养成，亲情感化，情法并用，榜样示范，家庭聚谈等，从史料看都是行之有效的，可以参考借鉴来为今天的家庭

[1] 陆奎勋：《陆堂文集》卷3《训家恒语序》。

美德建设服务。当然，其中的消极方面是要予以抛弃的，比如“棍棒主义”的惩罚方法等。

总之，家训文化是我国传统文化的重要组成部分，无论是教育内容还是教化方式都有值得我们吸纳借鉴的方面。按照“与中华传统美德相承接”的原则，需要抛弃“传统家训是封建说教”的偏见，批判地继承这笔文化和教育遗产，这不仅有利于我们今天的家庭美德建设和家风培育，而且对于社会的道德教化也是大有裨益的。

关于新谱研究的几个问题*
—— 意义·规模·方法

钱　杭

一

1949年10月1日中华人民共和国成立以后所出新谱，对于中国宗族史及谱学史研究者的吸引程度，一直远低于中华人民共和国成立前问世的传统谱牒。一个明显的标志是，除了近年有为数不多的几篇介绍性文字外，长期以来，既没有就新谱问题出版过一部学术专著，也没有发表过一篇学术专论。导致出现这一研究态势的原因有很多，既有一段时间"左"的影响，也有与不能对族—谱间对应关系作历史的和辩证的理解。1949年中华人民共和国的成立，虽然一定程度上终止了传统宗族组织的发展历程，但作为宗族组织文字反映形式的宗族谱牒并没有被打上终止符。

不少学者对中华人民共和国成立后30年间有大量新谱涌现这一基本事实还是了解的，比如湖北省社科院徐扬杰教授就将60年代初中国农村出现的"建祠堂、续家谱"活动，称之为"建国以后第一个宗法思想和家族观念比较活跃的时期"。虽然受到各种条件的限制，学者们掌握的资料不够系统，分析理解亦各有局限，但都在不同程度上肯定了这是一个值得研究的重要领域。

---

* 本文为教育部人文社会科学研究规划基金一般项目"建国后三十年间所出'新谱'研究"（批准号：13YJA770025）、上海市教委科研创新（人文社科类）重点项目"三十年来中国大陆城市新编谱牒研究"（批准号：14ZS116）中期研究成果。其中部分内容曾以《关注新谱》为题，发表于《光明日报》2014年5月27日《国学版》。

近年来，由于以上海图书馆《中国家谱总目》为代表的一批谱牒目录的编纂、出版，尤其是美国犹他家谱学会（GSU）在互联网上免费提供该会收藏的大部分中国家谱影本，这为学者进行中华人民共和国成立后30年新谱的专题研究提供了前所未有的便利条件。以上述谱牒及谱牒目录为基础，配合研究者个人在田野考察中的收获，中国谱学发展史的这一段空白，已有希望得到一定程度的填补。

二

为了有一个确定的学术目标，需要先对与新谱研究直接相关的基本定义、阶段划分、数量规模、区域分布及研究意义等问题，作一简要说明。

关于“新谱”定义，可从以下两个层面加以把握。

时代层面。不论谱本何时起草，只看谱本何时问世。凡1949年10月1日中华人民共和国成立之前所编、刻、印、抄而成的谱牒类文献，统称“旧谱”，此后所出即为“新谱”。这一定义比一些学者在基本忽略中华人民共和国成立后30年新谱的情况下，只将“文化大革命”以后所出谱牒称为“新谱”更为明确，也便于研究者操作。

过程层面。又可分为两个阶段。第一阶段指中华人民共和国成立后30年间（1950—1979）所出新谱。具体包含以下三类：

（一）文稿主体编定于中华人民共和国成立前、问世已在中华人民共和国成立后之谱，可称为“新旧谱”。

（二）对旧稿主体作部分修改后新刻、新抄、新印之谱，可称为“半新谱”。

（三）中华人民共和国成立后开始起草并完成的新编、新撰、新印之谱，可称为“全新谱”（真正意义上的新谱，还在形成过程中）。

就30年新谱的整体发展态势而言，三种类型所占比例并非固定不变，期间亦有高低起伏的波动。大致说来，1949年下半年至1950年代末，以第（一）、（二）类为主，第（三）类为辅；1960年代初至1970年代末则以第（三）类为主，第（一）、（二）类为辅。这是因为历经合作化、人民公社、“大跃进”、社会主义教育运动等一次比一次全面深刻的政治洗礼，中华人民共和国成立前问世的旧谱已退出公众视野或损耗殆尽。谱牒不编则已，若编，则无“旧”可凭，只能重新开始，“全新谱”因而逐渐成为新谱主流。当然，各地具体的新谱种类比重常有特殊表现，需结合地方社会环境的特点作细致分辨。

至于以 1979 年为第一阶段下限的理由，一是出于习惯上对年代跨度的整数考虑；二是就中国大陆而言，1980 年以后国家开始正式进入了改革开放、社会重新整合的新时期，1979 年则仍处于中华人民共和国成立以后的建政期与摸索期。以 1979 年为界，将中华人民共和国成立后的新谱分为前 30 年与后 35 年两个阶段，符合中国大陆社会的实际变化。

1980 年以来直至当下所出新谱，时间已达 35 年。中国大陆多数地区都在 1980 年代完成了“文化大革命”后的第一次重新修谱；所出新谱在编撰上体现出的主要特点，是以前述第（三）类为主，第（一）、（二）类为辅。然而，此时宗族所处的外部环境已较前一阶段发生了巨大变化。宗族文化固然还未被社会主流价值认可（至今也仍未被完全认可），但修谱、散谱活动（甚至包括跨地域的类似活动）一般情况下已不再被视为政治上的异端；所获得的宽松政策和宽容对待，已超出了所有生活于前 30 年间的宗族成员之所能想象。

第二阶段新谱还有一个明显区别于前一阶段的特点。自政社合一的人民公社解体后，全国范围内人口频繁流动，城市（镇）化大规模、高速度推进，农村宗族已普遍出现了世系认同与聚居形态分离的趋势，传统的“村—族”聚处方式和中华人民共和国成立后对跨地域串联的严禁措施已难照常维系。由于互联网和无线通信技术的高速发展，导致最近 25 年所出新谱在体例、内容、介质、形态上已经实现了全方位的突破。当然，这一时期仍有许多对旧谱的新刻、新印（影）和新抄以及数码化制作，但那主要是为了抢救有研究价值和有商业前景的珍贵历史文献，而非“借壳上市”般的利用。此一阶段新谱的主体，已不再是“新旧谱”、“半新谱”，而是新编、新撰、新印，且被赋予新目标、采取新形式的“全新谱”。

三

在中国谱学史研究著作中，凡提及中华人民共和国成立后 30 年的大陆谱学发展，总会做出“中断”、“沉寂”或类似的概括；凡提及1980年以后35年的谱学成就，又总会认为“这是中国历史上修谱的继续与发展、延伸与创新。短短几十年内形成的这股编修新谱热潮，其声势之大、数量之多、影响之深，远远超过了中国历史上编修家谱的任何一个历史阶段”。然而若要请教这一“热潮”是对“中国历史上”哪个时段的“继续与发展、延伸与创新”？给出的答案却往往在模糊与清晰间徘徊，难以落实。一般的回答当然都泛指明、清以降及至1949年前的民国，而不会包括中华人民共和国成立后30年。但很明显，这不符合中国谱学的实际状况，中华人民共和国成立后30年所出大量新谱怎能用“中断”、“沉寂”轻轻带过？

笔者根据上海图书馆编《中国家谱总目》(以下简称“《总目》”)、美国犹他家谱学会所藏中国家谱目录，配以个人收藏和其他来源，逐年统计了中华人民共和国成立后30年大陆地区所出新谱，其中仅《总目》一处就著录1150种。现每年选列一种如下：

浙江缙云,《清河张氏宗谱》十一卷，1950年，木活字本十二册。

江西兴国,《王氏联修族谱》不分卷，1951年，晋贤堂木活字本存八册，五修本。

山东济宁,《东原陈氏族谱》十二卷，1952年，正己堂石印本十二册。

福建晋江,《温陵晋邑古西吴氏叠轩公派下分支家谱》，1953年，修本一册。

山东诸城,《诸城丁氏茂甲庄支谱》，1954年，铅印本一册。

山西沁县,《后羊霍氏宗谱》，1955年，抄本一册。

青海西宁,《李氏家谱》，1956年，抄本一册，二修本。

陕西武功,《韩氏族谱》三集本，1957年，抄本九册，三修本。

广东东莞,《水边吴氏族谱》，1958年，抄本一册。

浙江苍南,《横渎武都章氏六修宗谱》二卷，1959年，木活字本二册。

青海湟中,《湟中杨氏宗谱》不分卷，1960年，抄本二册。

山东栖霞,《前亭口李氏谱书》，1961年，稿本一册，二修本。

河南太康,《刘氏族谱》，1962年，油印本四册。

辽宁盖州,《盖州青石岭后蚂虹嘴村李氏家谱》，1963年，一册。

四川新都,《薛氏族谱》不分卷，1964年，抄本一册。

福建晋江,《晋江桐城龚氏家乘》，1965年，油印本一册。

广东信宜,《信宜陆氏族谱初稿》，1966年，稿本一册。

广西贺县,《古氏族谱》不分卷，1967年，抄本一册。

浙江平阳,《济阳郡丁氏宗谱》，1968年，木活字本一册。

广东陆丰,《彭氏天佑公派支谱》，1969年，稿本一册。

安徽歙县,《古歙谢氏统宗志》，1970年，铅印本四册。

广东宝安,《宝安县霸刚乡洞梓村黄江夏堂族谱》，1971年，黄华宫蓝字抄本，一册。

浙江苍南,《灵溪镇晓峰村冯翊郡岳氏五修宗谱》一卷，1972年，南港文新斋木活字本一册。

江西万载,《万载义井龙氏重修族谱》，1973年，忠孝堂铅印本二十四册。

浙江苍南,《豫章郡罗氏宗谱》，1974年，越国堂木活字本一册，四修本。

广东蕉岭,《谯国戴氏族谱》四十八卷，1975年，铅印本一册。

河南浚县,《申氏家谱一卷》，1976年，稿本一册。

云南龙陵,《段氏宗谱资料》，1977年，稿本一册。

浙江平湖,《乍浦东陈氏族谱稿》不分卷，1978年，抄本一册。

浙江苍南,《灵溪对务西山江夏郡黄氏宗谱》，1979年，木活字本一册。

以上虽然只从每年所出新谱中选列了一种，但已可初步表明，对于建立一部完整的中国谱学史的目标来说，中华人民共和国成立后30年所出新谱显然是一个不能忽视、轻视的重要阶段；没有对这个阶段的正视、重视，就不可能在“继续与发展、延伸与创新”的宏观视野下，对中华民族在1979年以后35年间取得的谱学成就及其意义进行正确评价。

若再按省别进行大致统计，更可显示其分布的广泛性。如在《总目》著录的中华人民共和国成立后30年所出新谱中，谱籍所在大陆各行政区的数量分别为：安徽8种，北京1种，福建151种，广东202种，广西7种，贵州3种，海南7种（原属广东），河北3种，河南18种，湖北16种，湖南184种，江苏69种，江西41种，辽宁10种，内蒙古1种，青海7种，山东70种，山西7种，陕西19种，上海10种，四川14种，浙江250种，云南4种，重庆3种（原属四川），全国36种，世界2种，不详7种。如果参考其他收藏单位

（如美国犹他）的目录，或细读某些旧谱，以上数字将会被轻易突破。兹举山西省沁县族谱为例：

（一）《总目》著录，山西沁县，《连氏宗谱》不分卷，1941年，抄本一册。美国犹他影印本则为1963年续修本。

（二）《总目》著录，山西沁县，《张氏族谱》一卷，1913年，稿本一册。据美国犹他摄影本，该稿本内含1960年新改、新注内容。

（三）《总目》著录山西沁县霍氏谱抄本共4种，美国犹他补充沁县霍氏谱1955年抄本2种，1963年抄本1种。

某地一位资深谱学研究者亦向笔者提供了12种《总目》未收新谱：

《常德梁氏族谱》，1950年，刻印本。

《桓台张家埠张氏世谱》，1950年，石印本。

《肥城辛氏族谱》，1951年，刻印本。

《董氏宗谱》，1951年，刻印本。

《东原陈氏家乘》，1951年，石印本。

《湖南新邵银禄朱氏五修族谱》，1952年，刻印本。

《肥城县刘氏族谱》，1961年，刻印本。

《济南赵氏族谱》，1962年，铅印本。

《东平府汶阳贾氏族谱》，1962年，刻印本。

《古滕张氏族谱》，1962年，刻印本。

《玄氏宗谱》，1963年，刻印本。

《江西泰和阙城罗氏草谱》，1972年，刻印本。

以上几种资料只是冰山一角，大致已能从数量规模、地域分布、年度频次等角度证实中国大陆在中华人民共和国成立后30年谱牒的编撰活动从未停止，不存在“中断”问题；研究者也有必要对其进行阶段划分，却没有任何理由怀疑中国谱学发展在事实层面所具之连贯性。

四

新谱研究的学术价值从理论和事实层面应能得到初步确定，据此还可作进一步的展望和期待。

第一，新谱与旧谱间存在“自然衔接”。第一节所说中华人民共和国成立后30年间所出新谱中，有一种“文稿主体编定于建国前、问世已在建国后之谱”，此即所谓“自然衔接”。中华人民共和国成立后最初几年所出新谱大多具有此类特征，非罕见特例。建国初期，百废待兴，政府倾全力于“大事”，无暇整顿传统，这就形成了“自然衔接”所需要的外部环境，而宗族世系本身之延续性，亦为其关键内因。若欲清理某族近代以来至1950年代初为止的世系传承及迁徙分化状况，这类“自然衔接”而成的新谱，是重要的基本资料。

第二，基层社会自我满足的“价值追求”。中华人民共和国成立后历次政治运动固然雷霆万钧，所向披靡，但宗族活动自有其特定的“小共同体”范围和内容，一般不需要张扬和排场，正常情况下都以低调和内敛处世，尤其是凭个人或少数人的投入即可完成的修谱更是如此。在政治运动开始逐步升级的1960年代，仅《总目》著录的现存新谱就有269种；即便在“文化大革命”期间，仍有236种，不免令过来人瞠目。

第三，宗族向“后宗族”形态转型在文本上的反映。传统宗族形态的基本特征是世系（宗）与聚居（族）的统一；“后宗族”形态则是世系与聚居的分离，对世系的认定与认同，逐渐成为与聚居及其功能相脱离的一种文化活动。这是一个演变期很长的历史过程，大约从明中期以后开始，一直到当代仍在不断进行，并有可能成为中国宗族完成现代转型的一个重要指标，其中尤以江南及华南地区的表现为典型。“后宗族”形态的产生，既与族外的社会动荡、战乱兵燹有关，也与族内的世系分支、迁徙分化有关。反映在谱种上，就是联宗类谱牒的广泛编撰。与联宗、联宗谱和“后宗族”形态有关的理论问题，笔者已有系统阐述，此不赘述。

在《总目》著录的1949年末至2007年大陆所出9883种新谱中，联宗类谱到底有多少是一个需经鉴别方能把握的数字，若凭谱名联想，则不易做出准确判断。1960年，日本学者多贺秋五郎根据谱内反映的族类结合性质，将他当时所见、所知的中国谱牒，分为“宗族统一体”（狭义宗谱）、“宗族复合体·联合体·统合体·流通体”（广义宗谱）两大类。所谓“狭义宗谱”主要指宗谱、族谱、谱、世谱、谱略、谱录、谱传、谱书、家谱、家乘、家传、家记、家志、房谱、世系谱等；而“广义宗谱”则指通谱、全谱、统谱、大同宗谱、会谱、联宗谱、统宗会谱等。但实际上，名属“狭义宗谱”，实为“广义宗谱”，都是由某地某族发起、连接散居各地同姓为特征的联宗谱。

五

中国新谱所涉及的地区包括大陆、港台和海外三大部分。就新谱研究的学术潜力而言，除大陆外，最主要的应属对台湾地区新谱的研究。谱学研究者对台湾地区 1949 年前、后所出谱牒的研究成果，目前主要集中在目录学领域。如 1987 年陈美桂所编《台湾区族谱目录》，著录台湾地区新、旧谱牒共 10613 部；2001 年陈龙贵所编《台北“故宫博物院”所藏族谱简目》，著录台湾地区新、旧谱牒共 10300 部。加上其他收藏单位所著录者，总数达 36600 部（一说扣除复本为 28846 部），其中 1949 年以后所出新谱约占 80%。2008 年上海图书馆《中国家谱总目》出版，据笔者统计，在总共 52401 种谱类文献中，台湾地区 1949 年至 2003 年所出新谱为 5779 种。最近 10 年的新谱数量已有初步统计，正在进一步核实、分析中。

对于 1949 年以来的台湾地区新谱，可以从以下几方面着手，努力提高研究水准。

第一，1949 年以前的台湾地区谱牒，只是中国一省之谱牒（如浙江、江苏等省一样，但地位却远远不及）；1949 年以后，随着各省移民的大量进入、长期定居和台海架构的逐渐确立，台湾岛内逐年新修积累的谱牒，已成为罕见的“中国谱牒之窗”。这在中国文化史和谱牒史上都具有极重要的地位，有待精确统计，认真研究。

第二，1980 年代以后台湾地区新谱的发展并不是孤立的，而是与大陆地区 1949 年后不绝如缕、1979 年后不断加速的新谱编撰活动及其成果积累，有着不可分割的关系。大陆新谱与台湾地区新谱互相影响，互相促进，共同营建了中国现代谱牒发展的全局。因此，要将台湾地区新谱置于包括大陆新谱在内的整个中国现代谱牒发展的大背景之下。

第三，1949 年以来的台湾地区新谱，在对传统谱牒类型、谱牒样式的继承、创新方面，提供了远比同时期大陆新谱丰富、生动得多的现代样本，为中国谱牒学的发展做出了重要贡献。

第四，1949 年以来的台湾地区，经历了都市中心化—农村城镇化的发展道路，完成了由传统宗族向“后宗族”形态的转型，谱牒的编撰亦从多方面反映了城市（镇）化过程中脱离了“村—族”聚居状态的城镇居民对传统文化形式的需求。对于正在经历这一过程的大陆居民来说，台湾地区新谱走过的道路（包括商业运作机制），是一项值得认真借鉴的重要经验。

总之，台湾地区新谱的发展以及在中国谱学史上的地位，都离不开大陆新谱，离不开对大陆新谱的认真研究和系统总结。

家风、家规、家训、家教

诗礼传家一脉长
——孔子后裔的祖训与家风

孔祥林

孔子敏而好学，学而不厌，首创私学，终生设教，整理古代文献，创建儒学。既给后人留下崇道尚文、好学善学、尊师重教的传统，也给后人留下学习的经典和修身处世的准则。孔子子孙恪守“不学诗，无以言”、“不学礼，无以立”的祖训，继承弘扬孔子思想，重视兴办教育，以儒家伦理严格要求自己，使孔氏后裔成为文化素养和道德水平都比较高的家族，被世人尊称为“天下第一家”。

一、学诗学礼垂祖训

孔氏家族以学诗学礼为祖训，以诗礼传家为家风，这来自于孔子对儿子孔鲤的教育。《论语·季氏》记载：“陈亢问于伯鱼曰：‘子亦有异闻乎？’对曰：‘未也。尝独立，鲤趋而过庭，曰：“学诗乎？”对曰：“未也。”“不学诗，无以言。”鲤退而学诗。他日，又独立，鲤趋而过庭。曰：“学礼乎？”对曰：“未也。”“不学礼，无以立。”鲤退而学礼。闻斯二者。’陈亢退而喜曰：‘问一得三，闻诗，闻礼，又闻君子之远其子也。’”

“不学礼，无以立”，比较好理解，不学习礼仪规范就无法在社会上立身；“不学诗，无以言”，粗看不好理解，如果读过《左传》就很容易理解了。《左传》中很多外交活动都是通过吟诵《诗经》句子表达自己的意见，听者还评价吟诵是否得当，由此可见，在春秋时期外交活动中仍然保留着不能直接发表意见而必须依靠吟诵《诗经》中合适诗句委婉表达己意的传统，如果不熟悉《诗经》是无法进入上流社会的。

孔子不仅仅重视《诗经》在上层社会交际中的作用，更重视《诗经》在人成长中的作用。孔子曾教育孔鲤说："女为《周南》、《召南》矣乎？人而不为《周南》、《召南》，其犹正墙面而立也与？"（《论语·阳货》）《周南》和《召南》是《诗经》最前面两部分，分别是周公和召公封地的民歌，后世儒家认为这两部分是"人伦之基"、"王化之始"。孔子认为《诗经》非常重要，教育弟子们说："小子何莫学夫诗？诗，可以兴，可以观，可以群，可以怨。迩之事父，远之事君；多识于鸟兽草木之名。"（《论语·阳货》）

孔子教育儿子孔鲤学诗学礼，学诗学礼就被后世子孙奉为祖训。元代时五十三代衍圣公孔治"作堂私第，命以诗礼，示不忘过庭之教"。明弘治间大修孔子庙时，特意在孔子故居旧址建造诗礼堂，作为子孙集会的场所。到了20世纪初期，衍圣公孔德成先生仍然立志学诗学礼，继承先祖的事业，幼年读书的学屋就悬挂着"东趋家庭学诗学礼承旧业，西瞻祖庙肯堂肯构属何人"的对联。当然，诗不再仅仅是《诗经》，而是以《诗经》为代表的儒家典籍，礼也不仅仅是礼书，而是包括了礼仪规范和儒家伦理道德。

二、诗礼传家承旧业

孔子创立了博大精深的儒家思想，他首创私学，广收弟子，希望弟子们能够将自己的思想传承下去，同时他也亲自教育子孙，希望家族能够传承他的学说。

除了《论语》记载的孔子教育儿子孔鲤学诗学礼的两则故事外，《孔子家语·观思》也记载了一则对孔鲤的教诲："孔子谓伯鱼曰：'鲤乎，吾闻可以与人终日不倦者，其唯学焉！其容体不足观也，其勇力不足惮也，其先祖不足称也，其族姓不足道也，终而有大名，以显闻四方，流声后裔者，岂非学之效也？故君子不可以不学，其容不可以不饬，不饬无类，无类失亲，失亲不忠，不忠失礼，失礼不立。夫远而有光者，饬也；近而愈明者，学也。譬之污池，水潦注焉，雈苇生焉，虽或以观之，孰知其源乎？'"

《论语》中孔子教育儿子孔鲤学诗学礼侧重的是学习内容，而《孔子家语》中教育孔鲤内学外饰则侧重学习修身的重要性。古代传统父不教子，易子而教，孔子却亲自教子，可见孔子对家学传承的重视。

孔子虽然对孔鲤亲自教诲，但孔鲤英年早逝，而优秀的弟子颜回、子路、冉耕等也都先他而去，孔子不能不考虑思想学术的传承问题。也许有感于此，有一天孔子不禁喟然长叹，侍候在侧的年幼孙子孔伋也许体察到祖父的心思，对祖父谈了继承家学的志向："夫子闲居，喟然而叹。子思再拜，请曰：'意子孙不修，将忝祖乎？羡尧舜之道，恨不及乎？'夫子曰：'尔孺子安知吾志。'子思对曰：'伋于进膳，亟闻夫子之教：其父析薪，其子弗克负荷，是谓不肖。伋每思之，所以大恐而不懈也。'夫子忻然笑曰：'然乎！吾无忧矣。世不废业，其克昌乎？'"（《孔丛子·记问》）子思继承家学的志向给孔子带来莫大的安慰，也使孔子带着世业克昌的期望离开人世。

对于《孔丛子》，学者们大都认为是伪书，虽然孔伋与祖父孔子的谈话难以确定是否真实，但孔伋确实以继承家学为己任，他跟随孔子的弟子曾参等人学习孔子思想并有所发挥，并经过弟子传道孟子，形成了战国时期的显学思孟学派，成为儒家道统中承前启后的关键人物。

孔子之后八代单传，子孙相承，学说也代代相传。七代孙孔穿、八代孙孔谦、九代孙孔鲋均继承家学，博通经典。孔鲋在秦始皇焚书坑儒时，冒着生命危险保存儒家经典，将《尚书》、《论语》、《孝经》等藏匿在孔子故居的墙内，然后南下嵩山隐居，并一度加入陈胜的农民起义军。

从九代孙开始，孔氏子孙增多，家学传承由亲子相传发展到家族传承，子弟自为师友，形成著名的汉魏孔氏家学。在"罢黜百家，独尊儒术"的汉朝，孔氏子孙不仅是官宦名家，还成为著名的儒学世家。

九代孙兄弟三人，长孙孔鲋后裔相继世袭奉祀商汤的殷绍嘉侯、绍嘉公、宋公；次孙孔腾后裔世以经学传家，其玄孙孔霸曾任元帝少时老师，以功封关内侯，封号褒成君，他不愿出任宰相，请准以封邑奉祀孔子。元始元年（1）曾孙孔均被加封为褒成侯，专祀孔子；三孙孔树之子孔藂追随汉高祖刘邦砀山起义，以军功封蓼侯，世袭到西汉末年。未有世爵的孔氏子孙多以经学出身，终汉之世，仅孔霸一支八代之间"爵位相系，其卿相牧守五十三人，列侯七人”。

孔氏子孙诗礼传家，世习家学。孔腾后裔五世八位博士，长孙孔武及子孔延年、孙孔霸、曾孙孔光均为显宦，以研究《今文尚书》为主，到东汉时以研究《春秋》为主。十六代孙孔奋、孔奇兄弟主修《左氏春秋》，二十代孙孔融父兄三人主修《严氏春秋》，孔融主修《左氏春秋》，只有孔昱主修《古文尚书》。次孙孔安国及其孙孔驩、孔衍均为博士出身，以研究《古文尚书》为主。虽然《古文尚书》没有列为学官，不能以此获取官位，而且还面临今文尚书派的攻击，但孔安国后裔一直在坚守，延续十一世到汉末孔猛因子孙断绝才失传。孔藂后裔虽世袭蓼侯，子孙仍然潜心家学。孔臧、孔让兄弟博士起家，孔臧袭爵，孔让官至长沙王太傅。汉武帝欲任命孔臧为御史大夫，孔臧坚辞，求任太常，云：“臣世以经学为业，家传相承，作为训法。今俗儒繁说远本，杂以妖妄，难可以教。从弟侍中安国受诏缀集古义，臣乞为太常，典守家业，与安国纪纲古训，永垂来世。”武帝同意了他的请求，与从弟孔安国一起整理经典。

东汉以后，社会动乱，三国鼎立，甫归一统，五胡乱华，中原世族南渡，孔氏子孙也南下江浙，尤以孔融叔父孔彪一支著称。二十二代孙孔衍研究《春秋》三传，著述三种四十卷，著《汉尚书》等史书九种七十八卷，《千年历》等历书三种二十一卷，《兵林》等子书四种十三卷。二十五代孙孔伦研究《仪礼》。二十六代孙孔默之研究《穀梁传》，二十八代孙孔灵运、灵符兄弟研究地理。二十六代孙孔坦、孔汪、孔严，二十八代孙孔庥，二十九代孙孔琳之、孔稚圭，三十一代孙孔休源，三十二代孙孔奂，都有文集，成为南朝著名的文化官宦世家。

进入唐代，南迁而北返的孔颖达遍研群经，受唐太宗委托整理统一南北经学，成为一代经学大师。祖孙三世任职国子监，子孙经文兼修，二十二人考中进士，五人高中明经，其中孔巢父、孔戣、孔敏行、孔纬等都是著名学者或官宦，成为唐代著名的文化和官宦望族。

宋代时，长孙一支再度兴旺，孔道辅、孔舜亮、孔宗翰父子进士，仕宦高官，与苏轼、苏辙、司马光、程颢、范纯仁等诗词唱和。流寓江西的孔颖达后裔临江派乘势而起，孔延之七子中四进士一举人，其中孔文仲、孔武仲、孔平仲被称作“三孔”，有《诗说》、《论语说》等著述近二十种，涉及经学、文学、史学、植物学等学科，族人人才辈出，有“小三孔”、“后三孔”之称。

金元时期，儒文化没落，孔氏家族仍有经学著作出世。明代曲阜长孙家族人文蔚起，历代衍圣公大都具有较高的儒学和文化素养。经过百余年的积累，到清朝康乾时期人文荟萃。孔尚任诗文兼擅，以戏剧名世，衍圣公孔传铎精研三礼，著有《礼记摘藻》等著述十种，其孙孔继汾、孔继涵潜心经学，世传家学。孔继汾、孔广林、孔广森、孔昭虔祖孙四人广注群经，精研数学、天文、地理、音韵等学科，有著述近五十种；孔继涵、孔广栻、孔广根、孔广权父子四人善诗，孔继涵、孔广栻并以经学见长，孔继涵还精于校勘，有著述三十多种。即使到民国时期，孔氏家族传承儒学仍然代有其人和著述。

隋唐以前，孔氏子孙主要传承经学。子思阐发并经弟子传道孟子，形成思孟学派；西汉孔安国著有《古文尚书》、《论语孔氏训解》、《孝经传》、《尚书传》、《古文尚书音》等数种，开创古文学派；晋代孔衍主研《春秋》，著有《春秋公羊传集解》、《春秋穀梁传训注》等。隋唐实行科举制度以来，孔氏子孙经学诗文并重。孔颖达遍注群经，著有《五经正义》等十五种五百余卷，开创唐代义疏派；元明经学理学兼研，孔承倜遍解群经，著有《易经代言》、《书经代言》、《诗经代言》、《四书代言》、《中庸孔庭续问》等；清代乾嘉时期考据学兴起，学术研究转向汉学，到清末又呈现汉学、理学并重的局面，孔广森专治公羊，著有《春秋公羊通义》、《大戴礼记补注》、《仪礼器制改释》、《经学卮言》、《少广正负术内篇》、《勾股难题》、《诗声类》等十余种，虽然英年早逝，但著作等身，是清代著名的经学家、音韵学家、数学家和骈文作家。

一位学者开创了一个影响了中国和周边诸国及世界各地的显赫学派，一个家族延续了两千多年的学派传统，在中国是罕见的，在世界上也是仅有的。

三、尊师重教绍箕裘

孔子提倡并实践了有教无类的主张，首创私学，将教育扩大到民间，弟子三千，贤人七十二，培养了一大批德才兼备的优秀人才。孔子弟子来自鲁、齐、宋、卫、晋、吴、陈、蔡、楚、秦等众多国家，鲁国俨然就是当时的教育中心。在广育人才的同时，孔子非常重视家庭教育，《论语》就有教育儿子孔鲤学习的记载，孔氏家族继承重视教育的传统，大力兴办教育，历代王朝也给予种种优待，使孔氏后裔成为文化教育最为发达的家族之一。

先秦时期，孔氏家族八代单传，人丁稀少，加之教育尚未普及，教育主要在家庭内部进行，亲子相传。进入西汉，子孙增多，孔氏家族教育进入“自为师友”阶段，“世以家学相承，自为师友”，延时近千年，形成著名的汉魏孔氏家学。

北宋大中祥符元年（1008），真宗亲至曲阜祭祀孔子后，下令将驻跸斋厅去除螭吻作为讲书之用，“讲学道义，贵近庙庭，当许于斋厅内说书”。次年，孔子四十四代孙、仙源县知县孔勖上奏朝廷请求在家学旧址重建讲堂，重建后的讲学堂“栋宇崇崇，户牖空空，师席斯正，学人斯同”。此后，国家为孔氏家学设置学官和拨给经费及土地，虽然名称庙学，但孔氏家学逐渐蜕变为官学。

金代时孔氏家学纳入国家管理。明昌元年（1190）朝廷下诏维修庙学，设置教授一员，令在四举、五举终场进士中选择博学经史、众所推服者充任，规定经府试合格和终场免试可以参加会试的人员可以不超过二十人，当时国家规定最高级别的京府府学也不能超过十五人，同时规定庙宅（居住在孔庙后部的孔氏近支族人）十三岁以上子弟都可以入学学习，按照兖州府学标准，给予已经熟悉辞赋经义准备参加科举考试的子弟每人每月钱二贯，米三斗，还不具备考试资格的小生减半供给。

元中统元年（1260），按照旧制设立曲阜庙学，孔颜孟三氏子孙入学读书享受朝官子弟入读国学的待遇，并遴选师儒担任孔颜孟三氏子孙的教授、学正、学录，世祖诏令杨庸为教授，要求他对圣贤后裔“严加训诲，精通经术，以继圣贤之业”。元代皇帝还曾颁发“戒饬曲阜庙学诏”给曲阜庙学，要求有司屏游观，严洒扫，敬而勿亵，尽心教育。

明代孔氏家学逐渐成为标准官学，国家颁给学校官印，设置学官，建造校舍，给予学校经费，先后按照州学、府学标准设置30名、40名生员和贡生名额。天启元年（1621），又为四氏学设置两名举人名额。山东乡试时如果没有孔氏子弟考中，不能张榜公布，要将孔氏考生考卷重新评阅，待选出两名优秀者后一并公布，山东乡试因此称作“无孔不开榜”。

清代除沿袭所有科举优待外，雍正二年（1724）还增加一名举人名额，清末废除科举后，国家为孔颜曾孟四氏子弟单独创办了“曲阜官立四氏初级完全师范学堂”。

虽然国家规定四氏学中有专门教育衍圣公胄子的公子号房，但衍圣公府并不满足官方教育，而在府内开设家学。乾隆年间聘请举人沈启震担任家庭教师，30多年后沈启震年老回乡后又聘请举人黄秋平来府任教。老师教学认真，即使对衍圣公也严加管教，进行责打，孔子七十三代孙、衍圣公孔庆镕就有诗云“红萼轩东旧有梅，当年炎夏讲堂开。新师性愎儿遭扑，慈母心酸泪满腮”，母亲不敢干预，只能在一边偷偷落泪。民国初年，孔府经济拮据，仍然聘请了一位进士、一位举人、一位师范学堂毕业生共三位家庭教师，七十七代孙、衍圣公孔德成姐弟三人都是五岁入学，夏天六时半晨读，八时与老师用早餐，十二时回房与母亲用餐，下午一点到学，六点放学，冬天则推迟一个小时，但晚上要上一个小时的灯学。孔德成十五岁时已经背诵了四书和大部分五经，背诵字数达30多万字。

衍圣公家族不仅男性重视教育，女性也不遑多让。孔子五十九代孙和六十一代孙、衍圣公幼年丧父，都是在母亲教育下成长，六十二代孙、衍圣公年幼袭封，祖母奏请朝廷同意将其送到北京国子监读书。六十八代孙、衍圣公孔传铎之孙孔广彬英年早逝，夫人陈绍荪亲自教育十二岁和一岁的儿子，儿子考中举人和进士后外出做官，她在家教育孙子，两个孙子考中举人外出仕宦，她又亲自教育曾孙。新婚的夫人们也不贪恋床第，而是鼓励丈夫读书，六十二代孙孔闻诗婚后荒于读书，妻子鲍氏讽诵《鸡鸣》劝夫力学，终于使丈夫早立名声。孔弘盛夫人王氏婚后照顾六位弟弟，白天操持家务，夜晚纺织，助夫早日考取举人。

孔氏后裔整个家族都重视教育，衍圣公制定族规要求族人崇儒重道，好礼尚德，务要读书明理，规定曲阜六十户每户都要在祠堂东侧创办学校，延请师儒教育本户子弟，流寓外地的族人族规也都规定重视教育，纷纷开设学校。族规规定的教育有两种：一种是全族的普遍教育；一种是青少年的学校教育。

全族教育依据来自《礼记》“春秋教以礼乐，冬夏教以诗书”，福建建宁三滩孔氏族人乾隆二十五年增补族规规定“读书：祖为万世师表，后裔稍有聪颖者，春夏教以礼乐，秋冬教以诗书”，要求族人四时读书。福建建宁巧洋孔氏族规规定每年族人于清明、端午、中秋、冬至后一日各面课一次，年十五以上、五十以下的族人不论生、监、儒童都要参加，每次作文两篇，每季还要交文四篇，一年共教作文二十四篇，不能按时交文者和面课不到者予以罚银，罚银后仍须补交作文，作文进行评比，优秀者给予奖励。

学校教育几乎每个族规都有规定。江苏丹阳孔氏族人明天启年间家谱中要求子孙习经史，知礼义，通达者贵至卿相，科举不顺者也可为人师友，资质不堪造就者也要学习礼节。四川蓬州孔氏族规规定“子孙宜教：中养不中，才养不才，父兄能贤，子弟之乐。是以三迁有教，终成千古大儒，五桂齐荣，皆缘义方时训。我族众皆有昆弟子侄者，倘不遵此政，是背圣祖爱能勿劳之教也”，要求父兄一定教育昆弟子侄。岭南孔氏家规要求族中子弟要时时以圣人后裔严格要求自己，必须选师读书，直到证明确实不是读书的材料才允许从事其他行业。

为了鼓励家族都来重视教育，许多支派都制定了奖励措施。湖北枝江孔氏族规规定，不论贫富，考中庠生、升为廪生者各奖钱十串，拔贡、中举、进士者加倍，族内各房也要送礼。福建建宁县巧洋孔氏族规除规定祭祀时颁胙奖励外，还发给贺银，给予举人入京会试的盘费，文秀才赏银三两，武秀才二两，监生二两，拔贡和岁贡五两，捐贡三两；文举八两，外加赴京考试盘费八两，武举六两，外加赴京考试盘费六两；进士文三十两，武二十两；状元文五十两，武四十两；出仕做官后要加倍返还。

江西临川孔氏奖励措施更加详细具体：凡应童子试，在府县考试进入前十名，虽然还没有考中秀才，春节家族团拜时奖赏祭品饼饵；考中秀才和进入国子监读书者举饼二对；考中举人、考中拔贡和推荐为岁贡者举饼四对；考中进士者举饼十对；官员通过考绩、出仕等也给予奖励。不仅春节团拜时奖励，春秋祭祀时也给予相同的奖励，而且在家族祭祀时由官职最高者主祭，其父主祭启圣祠，以示荣耀。对读书考中各级功名的奖励，不仅给予本人，还给予支持读书的父母，父母不在，兄嫂支持者给予和父母一样的奖励，即使父母健在，兄弟分居，也奖励支持读书成名的兄或弟。

清末废除科举后，孔氏家族的一切优待全部废除，为使族人得到良好的教育，衍圣公府创办了曲阜四氏师范学堂。师范学堂被收归省以后，1925年又创办了私立明德中学，每年拨给经费5400元，占孔府当时年收入的近20%，孔氏族人全部免费，孔府佃户和庙户子弟减半收费。流寓全国各地的族人也大都建造了家学，族人出资购置田产，作为学校的长期开办经费。

四、礼门义路家规矩

衍圣公深知，学礼更要循礼，要严格遵守礼法，遵守孔子的伦理道德。他们以“礼门义路家规矩”[1]相标榜，以“居家当思清内外别尊卑重勤俭择朋友有益于己，处世尤宜慎言语守礼法远小人亲君子无愧于心”[2]、“交友择人处事循礼，居家思俭守职宜勤”[3]严格要求自己。

孔氏家族沿袭严格的封建宗法制度，以嫡长孙为大宗，其余子孙为小宗，大宗领小宗。宗子衍圣公以大宗主的地位主祀孔子，代祖立言，处于全族的最高地位。衍圣公作为宗子，按照宗法的原则，负有尊祖收族即奉祀祖先、管理族人的职责。

为管理好孔氏族人，衍圣公按照血缘关系，陆续将家族划分为派、户、支等一百多个分支，设立全族族长、举事和各户户首、户举以及各支派族长等管理人员，族长衙门和各支派祠庙等行使族权场所，通过修家谱、立行辈、订族规、定礼仪等，严格约束管理孔氏族人。

孔庭族长推举年长行尊者担任，督领户首族长管理子孙；举事选择才德兼备者充当，协助族长管理家族事物，监察林庙保护管理。每户按嫡长伦次设立小宗子，主持祭祀本户始祖；推举行尊年长者担任户头主持本户家法，推选德优才兼者担任户举，主持本户家政。户头、户举和流寓外地族长均由衍圣公

---

[1] 孔庆镕撰孔府忠恕堂西厢对联。

[2] 孔庆镕撰孔府前上房对联。

[3] 孔庆镕撰孔府忠恕堂对联。

任命，发给执照，外地的还要发文知会当地政府。户头、户举执照一般只要求训迪族人、竭力奉公，外地族长执照还要求对族人严加管理，“不遵约束，肆行滋事者，轻则责以家法，重则指明禀报，以凭究惩”，给以按照家法处罚的权利。外地族长除负责本支派家族事务外，还要负责催促本支派族人按时缴纳国赋，因为各地孔氏族人另编圣裔号，不入里甲。户头、户举荣以衣顶，免除杂泛差徭，与生员一样优恤。

衍圣公对族长、族举、户头、户举的管理也非常严格。族长、户举有不正、不廉等行为即行免职，户头、户举所在户出了忠孝节义之人给予荣以花彩的奖励，出了奸盗弑逆之辈则要被革职。

编修家谱功能就是“详世系，联疏亲，厚伦谊，严冒紊”，可以“合远为近，合散为聚”，将居住分散、素不相识的族人统合在一起，并将希图冒充孔子后裔者摒除在外。“收族于谱无异于收族于庙也，收族于庙而宗庙严，收族于谱而子姓秩”，修谱是加强族人管理、增进族谊的最好手段。宋代以前家谱官修，只收长支，宋代起家谱私修，开始编修全族家谱，并刻之碑上。明弘治二年（1489）规定家谱“六十年一大修，三十年一小修，大修以甲子为期，小修以甲午为期”，小修只进行登录，大修才刊印谱籍，从此甲子年修谱就成为惯例。“礼莫大于尊祖敬宗，典莫大于修谱”，家谱编修非常严格，规定“以义子承祧者不许入谱，以赘婿奉祀者不许入谱，再醮带来之子承祀者不许入谱，流入僧道者不许入谱，干犯名义者不许入谱，流入下贱者不许入谱”，“不循世次随意妄呼者概不准入谱”。

孔氏家族人丁逐渐增加，“居连数百里，岂唯目不能遍识，而且耳不能遍闻，若无行辈则昭穆易紊，无表字则称谓不伦”，而“立行辈所以分尊卑，定表字所以别长幼”，长孙一系从四十六代开始取辈字或采用同偏旁字为名，明建文二年（1400）开始编定全族采用的名和字的辈字，从五十六代至六十五代分别为“希言公彦承，弘闻贞尚胤”和“士伯文朝永，以质用之茂”，清乾隆五年（1740）续定六十六代至七十五代名和字的辈字“兴毓传继广，昭宪庆繁祥”和“起钟振体京，显法泽羽瑞”，道光十九年（1839）又定七十六至八十五代取名辈字“令德维垂佑，钦绍念显扬”，民国八年再续定八十六代至一〇五代取名辈字“建道敦安定，懋修肇彝常，裕文焕景瑞，永锡世绪昌”。

家族规定必须按照辈字取名，否则不能入谱，死后也不能葬入孔林。

元朝以前孔子子孙较少，而且大多流寓在外，在曲阜者很好管理，在外者鞭长莫及，所以未见有早期成文的祖规，最早的是明万历十一年（1583）衍圣公颁布给全国族人的祖训箴规：

袭封衍圣公府为申明礼仪事：

尝闻木之有本，本盛者木必茂；水之有源，源深者流必长；此皆理势之自然明著而易见者也。我祖宣圣万世师表，德配天地，道冠古今，子孙番庶，难以悉举。故或执经而游学，或登科而筮仕，散处四方，所在不乏，各以祖训是式。今将先祖箴规昭告族人，合行给榜，开其条件，以彰有德，以示将来，不事繁文，共为遵守。须至榜者。计开：

一、春秋祭祀，各随土宜，必丰必洁，必诚必敬。此报本追远之道，子孙所当知者。

一、谱牒之设，正所以联同支而亲一本。务宜父慈子孝，兄友弟恭，雍睦一堂，方不愧为圣裔。

一、崇儒重道，好礼尚德，孔门素为佩服。为子孙者勿嗜利忘义，出入衙门，有亏先德。

一、孔氏子孙徙寓各府州县，朝廷追念圣裔，优免差徭，其正供国课只凭族长催征。皇恩深为浩大，宜各踊跃输将，照限完纳，勿误有司奏销之期。

一、谱牒家规，正所以别外孔而亲一本，子孙勿得勾相誊换，以混来历宗枝。

一、婚姻嫁娶，理伦守重。子孙间有不幸再婚再嫁，必慎必戒。

一、子孙出仕者，凡遇民间词讼，所犯自有虚实，务从理断而哀矜勿喜，庶不愧为良吏。

一、圣裔设立族长，给予衣顶，原以总理圣谱，约束族人，务要克己秉公，庶足以为族望。

一、孔氏裔孙，男不得为奴，女不得为婢，凡为职官者不可擅辱。如遇大事，申奏朝廷，小事仍请本家族长责究。

一、祖训宗规，朝夕教训子孙，务要读书明理，显亲扬名，勿得入于流俗，甘为人下。[1]

各地族人除一体遵守外，还自行制定了本支族规。岭南保昌平林见玄堂制定家规共十条，内容为孝敬父母、尊敬长上、严教勤读、尊贤重士、早完钱粮、异姓勿抚、择婚谨始、毋好棋牌赌博、毋好斗殴健讼、毋好奢侈，每条都是先讲道理，后为违背的处罚措施。该族规由五十五代孙孔天章与五十六代孙孔希叟同撰，从辈分看应该是明朝初期，是已知最早的孔氏族规。

分支家规一般比较简洁。皖江孔氏家训有君臣、父子、夫妇、昆弟、朋友、冠、婚、丧、祭九条，前五条为五伦，后四条为四礼，每条多引孔子语，没有违规的处罚措施。福建建宁县三滩孔氏族人清乾隆二十五年（1760）制定的条规有教孝、教弟、睦族、敬老、节俭、勤谨、读书、保墓八条，都是正面教育，并无处罚规定。四川蓬州孔氏族规有孝弟宜敦、宗族宜和、乡党宜睦、子孙宜教、农桑宜务、国赋宜纳六条，每条也是正面教育，没有违反族规的惩罚措施，仅在条末说“请公法治”。

江苏丹阳十里甸孔氏族人明天启七年制定的族规除正面诱导外，在“家规纪”诸条后附有对违规者的处罚措施。违规处罚细规有十条：犯窃盗的送官究治；犯奸淫的送官究治；卑幼冒犯尊长的罚银二钱，重责二十大板，以大欺小的罚一钱；妇女撒泼冒犯长辈的罚银一钱，打其丈夫十大板；偷盗菜薪鸡犬的罚银一钱；偷盗衣服五谷等罚银五钱；侵损坟茔树木等罚银一两，赔偿草皮一钱；窝藏盗物的罚银三钱；男女混杂、嬉笑、偷窥的罚银五钱，责打十大板，如果是妇人责打其丈夫；凡赌博等罚银一两。

福建建宁县巧洋孔氏制定的族规比较详细，对违规者处罚也很严厉。祭祀“陈设仪物不备不洁罚银五钱，失礼罚银一钱”；侵吞挪移祭产“一经查出，罚银三两”；家族纠纷未经族内处理直接告官者笞责三十；“抚养义子除送还本父外罚银三两，允许养子入胙者罚银三两，请义子登祠罚银五钱”；“不能按时交纳钱粮者，拘至祠堂笞责，即押清完，殷实之家每欠银一两再罚银三

[1]《孔府档案》1114卷1。

钱”；丧事请僧道做法事根据规模罚银三钱至三两，因请风水先生选择风水致使岁久不葬者罚银二两，纵容妇女朝谒神庙罚银五钱；“忤逆父母，凌辱尊长，及纵容妻妾辱骂祖父母、父母，一经闻族，开祠笞责三十；甚，革胙除派；至大反常，死处，不必禀呈，致累官长”；“大盗亦家法处死”；“小窃及拐骗，初犯笞责三十，停胙，改过自新，胙复；再犯，笞责五十，革胙除派，逐出境外；三犯，处死”；“窃蔬菜、薪木、鸡犬小物，罚银三钱修祠，屡犯笞责革胙”；“纵容妻妾、奴婢辱骂有服尊长，罚银一两，陪礼”；“身充衙门，服贱役，习俳优，俱停胙，改正业胙复”；忤逆至大反常和大盗可以直接处死。

孔氏族规充分体现了诗礼传家的特点。“祖圣宗贤，既忝明德之胄，敦诗说礼，无遏前人之光”，“惟愿遵守圣祖遗训，敦孝友以为政，于家学诗礼，以承训于庭”，“以圣裔自勉，尚其兢兢遵守”，作为孔子后裔理应有更高的要求。要崇尚学习儒学，屏绝邪教；要践行孝弟忠信、礼义廉耻等伦理道德；要重视教育，奖励科举；要早完国课，踊跃交税。孔氏家族并不封建保守，在理学大行，“饿死事小，失节事大”的信条下，仍然允许族人再婚再嫁，更是难能可贵的。族规中虽然有封建的糟粕，但更多的内容是鼓励后裔存心向善，循规蹈矩，人人自律，在现代社会中仍有提倡的价值。

衍圣公严格的规范管理，各支族人有效的自我管理，使孔子后裔不论在曲阜还是在全国各地大都自觉恪守祖训，成为循礼守法的模范家族。

五、诗书礼乐延世长

学诗学礼的祖训，重视教育的传统，礼门义路的家风，加之朝廷给予的种种优待，致使孔氏家族人才辈出，文化繁盛，学术发达，成为中国文化水准最高的家族之一。

孔氏家族世守家学，具有较高的文化素养，隋唐以前察举取士，许多族人被推举为明经、文学、孝廉，仅西汉时就有十多人担任了太学博士，而那时太学博士定额仅七八位。进入科举时代，孔氏科举人才辈出。孔岑父六子中，孔载、孔戣、孔戡进士，孔戢明经。三十九代孙九人，一位状元，一位榜眼，四位进士，两位明经，无功名者还曾官四门博士。四十代孙十五人，四位状元，五位进士，一位明经，无功名者一位曾任太子舍人，一位曾任曲阜知县，长孙文宣公孔拯、孔振兄弟状元，更是千古传颂的佳话。经过晚唐五代的动乱，长孙一脉孤悬，到北宋时子孙增多，科举开始兴盛，四十三代文宣公四子二进士，十孙三进士，二人同学究出身，曾孙十人三进士，进士连续八代，因元代停止科举才中断。孔颖达后裔临江派从晚唐至宋末连续十三代进士，二百五十名族人就有进士三十八名，举人七名。金元异族入侵，文化凋零，经过三百多年的沉寂，明代晚期孔氏科举才开始复苏，清乾隆以后逐渐兴盛，六十七孙、衍圣公从孙辈开始连续五代进士，进士九人，举人二十人。从民国《孔子世家谱》看，孔氏共有五千余人获得进士、举人、生员等各级功名，而生活在科举时代的族人约三十万人，有功名者约占族人总数的 1.7%，这个比例是非常高的。

学诗学礼致使孔氏族人学术发达，文化艺术繁荣昌盛，从孔子到 20 世纪初，孔氏子孙有著述者约三百人，著述近千种，经史子集兼备，涉及经学、文学、戏剧、史学、数学、医学、天文、地理、音韵、训诂、音乐、美术、植物等众多学科，尤以经学最为发达。产生了著名思想家子思，著名经学家孔安国、孔颖达、孔继涵、孔继汾、孔广森、孔广林，著名文学家孔融、孔稚圭、孔文仲、孔武仲、孔平仲、孔尚任等。明清时期，衍圣公家族文化艺术空前兴盛，几乎每代衍圣公都兼擅书画，刊有诗文集。清代时，曲阜孔氏族人中还形成了女性文学群体，孔氏女儿有孔丽贞、孔璐华、孔淑成、孔祥淑、孔宪英、孔韫芬、孔韫煇等人；孔氏夫人有颜小来、叶粲英、蒋玉媛、于夫人、孙苕玉、孙会祥、汪之惠、朱玙、徐比玉、王墨庄等人。她们或诗词唱和，或挥毫泼墨，或绘画题诗。

诗礼传家致使孔氏家族英彦辈出，有爱国惠民的名宦孔光、孔巢父、孔纬、孔戣、孔道辅、孔毓珣，奋勇报国的孔奋、孔宗旦、孔繁森，医学家孔伯华，元末外迁朝鲜的孔氏后裔也有孔昭父子宰相、名臣孔瑞麟等。

六、诗礼传家影响广

孔子学诗学礼的教诲，不仅影响并成就了孔氏家族，也影响并成就了中国士大夫。

中国历代的家训家规，无不受到孔子学诗学礼的影响。诸葛亮《诫子书》说“才须学也，非学无以广才，非志无以成学”，《颜氏家训·勉学》说“士大夫子弟，数岁以上，莫不被教，多者或至《礼》、《传》，少者不失《诗》、《论》”，陆游《放翁家训》说“子孙才分有限无如之何，然不可不使读书”，朱柏庐《治家格言》也说“子孙虽愚，经书不可不读”，而童蒙读物《三字经》则开列了读书的顺序，“四书通，孝经熟，如六经，始可读”。《神童诗》更为夸张，“天子重英豪，文章教尔曹，万般皆下品，唯有读书高”。学诗学礼也影响了治国方略，清康熙皇帝颁布的《圣谕十六条》“敦孝弟以重人伦，笃宗族以昭和睦，和乡党以息争讼，重农桑以足衣食，尚节俭以惜财用，隆学校以端士气，黜异端以崇正学，讲法律以儆愚顽，明礼让以厚风俗，务本业以定民志，训子弟以禁非为，息诬告以全良善”，大多显示了诗礼传家的影响。孔氏学诗学礼的祖训，诗礼传家的家风，几乎影响了每一个家族，每一个中国人。

孔子学诗学礼的教诲，不仅影响和成就了中国士大夫，也影响和成就了东亚多国人民。随着孔子思想的对外传播，朝鲜、越南、日本等中国近邻也将孔子思想奉为国家指导思想，学诗学礼也成为众多家族的家训和家风。

汉武帝将朝鲜北半部纳入中国版图，设置学校，开展教育，造成全民读书的习尚。新罗时“俗爱书籍，至于衡门厮养之家，各于街衢建造大屋，谓之扃堂，子弟未婚之前昼夜于此读书习射”。高丽时“闾阎陋巷间经馆书舍三两相望，其民子弟未婚者则群居而从师受教，既少长则择友各以其类讲习于寺观，下逮卒伍童稚亦从乡先生学”。朝鲜也实行科举制度，举国上下崇尚学习儒家经典，童蒙读物《四字小学》说：“修身齐家，治国大本；读书勤俭，起家之本。先生施教，弟子是则；夙兴夜寐，勿懒读书。”理学传入朝鲜后，很快得到传播与发展。朝鲜理学特别重视传承：一种是家族的传承，许多家族或子承父业，或兄弟受业一师，如李谷受学李齐贤，传子李穑，父子高中元朝进士，金长生受业于理学大师李珥，传子金集，父子都从祀朝鲜文庙；一种是学派的传承，朝鲜有重视学派传承的传统，韩国近年编印的《退溪学脉图》收录李滉（1501—1570，号退溪）以下十一传九百多位传承学人，去世最晚的在1998年。朝鲜学术传承重学派，促进了学术的发展，产生了一大批理学家，进入朝鲜文庙配祀孔子的理学家就达十六人。

日本文化重视家族传承，自称汉灵帝曾孙的阿知使主赴日后子孙赐姓东汉直，把《论语》带入日本的王仁后裔被赐姓为西文首，两家族成为日本的文化世族，到平安时期，东汉直分成菅、江两家，西文首分成清原、中原两家。大宝元年，日本仿照中国设立大学寮，后来博士都是世袭，而且只能嫡传，明经博士为清原家所有，文章博士为菅原家独占。江户时期，大学头为林罗山家族世袭，一直延续了十代。日本学术传承重家族，影响了学术的发展，致使日本历史上很少产生思想家，但也推动了日本思想文化的发展。

越南北部从西汉时就纳入中国版图，采用与中原一样的制度，兴办学校，进行儒家思想教育。968年，越南独立后，仍以儒家思想作为国家指导思想，实行科举制度，以四书五经作为教科书，民间汲汲于科举功名，仿照中国《神童诗》编写了童蒙读物《五言诗》。诗中说“天子重贤豪，文章教尔曹。万般皆下品，唯有读书高。少小须勤学，文章可致身。满朝朱紫贵，尽是读书人。教子以诗书，何劳更外图；但教仙桂在，终是胜耕锄”，“窗前勤苦学，马上锦衣回”，“教子无重宝，经史是良田。遗子金满箱，何如教一经？”“养子教读书，书中有金玉。一子受皇恩，全家食天禄”，“昔日一贫儒，今乘驷马车。乡人皆叹息，养子教诗书”，“诗书传家宝，文章冠世师”。不仅民间学诗学礼，王室也不例外。阮初设置集善堂，专门教育皇子，制定讲学规程十一条，规定依次学习小学、四书、五经。王族大多精通诗礼，翼宗就有《御制诗文集》传世。

孔子学诗学礼的家训，孔氏家族诗礼传家的家风，对东亚许多国家思想文化的发展都做出了重大贡献。在日益重视传统思想文化的今天，学诗学礼，诗礼传家，仍然是值得继承和发展的家风。

诗礼传家的内涵及价值

孔德立

家是个人连接社会的中坚组织。一个人的文化教养、习惯养成、理想抱负在很大程度上取决于家庭教育的好坏。成就《大学》“三纲领”的“八条目”中，“格物、致知、诚意、正心”是“修身”的准备阶段，“齐家”又是“治国、平天下”的前提。“修身”、“齐家”正处在一个人从不完善到完善，从修己到安人的过渡环节。《孟子·离娄上》：“天下之本在国，国之本在家，家之本在身。”无论未来的路有多远，成就有多大，一个人的起点总是家，此之所谓“登高必自卑，行远必自迩”（《中庸》）的道理。家对于中国人的意义，不只是生之本，养之本，更是教之本。

在中国传统家文化中，家规、家训、家仪、家礼、家法、家学与家风作为主要标识，在家文化的形成发展中发挥了重要作用。家规、家训侧重对家族成员的约束；家礼、家仪侧重仪式、仪节的规定；家法、家学侧重文化的传承；家风则是在家规、家训、家仪、家礼、家法、家学的长期执守中形成的家族风气，一旦形成，具有一定的稳定性，即成为一种家族、氏族的文化传统。家风对于家族、氏族成员的成长与成才具有重要的影响。

传统社会是以宗法为纽带的农业社会。传统农业社会又以聚居的世代家族为主要组织形式。在传统的宗族大家庭里，族长具有相当大的权力。与个人有关的活动，如出生、启蒙、入学、成人、结婚、丧葬等人生的重要节点，都是以家庭为单位来完成。由家族里有威望的长者主持仪式，族人参与其中，共同感受家礼、家仪带来的仪式感。把家族成员聚集起来的礼仪活动，既是分别亲疏贵贱，又是以慎终追远、举族同庆、共续家谱等凝聚精神的行为。这些活动使得中国人的亲情、温情进一步深化，日渐厚重，使敬天法祖的信仰不断强化，从而使得中华文化的根脉延续不断。

一代又一代的家族成员通过遵守家训、家规，执守家礼、家仪，遵循家法，秉承家学，久而久之就形成家风传统。社会有风俗，家族有家风。好的家风集聚为好的社会风俗，家风的败坏导致社会风俗的颓废。儒学对于中国社会的重大贡献正在于通过构筑家风进而构筑起一道牢固的堤坝。这个牢固的堤坝不是一蹴而就的，而是通过夯实基础、培育骨干逐步构筑起来的。所谓夯实基础，就是每个家庭的家规、家训都悬挂在祠堂里，镌刻在牌坊上，“书于竹帛，镂于金石”（《墨子·兼爱下》），不但使当时的人耳濡目染，又传之后世，通过世代的传承与坚守，让子孙后代秉承家族的优良传统。

孔子作为伟大的思想家与教育家，不仅集古代文化之大成，整理六经，创立儒家学派，收徒教学，还开创了“诗礼传家”的家文化，开启了中国诗礼家风的传统。曲阜孔庙东路有一处建筑，名为诗礼堂，其原址就是孔子故宅。“诗礼堂”来源于《论语·季氏》孔子与儿子孔鲤的一段对话。孔子问孔鲤：“学诗乎？”孔鲤回答没有学，孔子说：“不学诗，无以言。”过了几日，孔子又问孔鲤：“学礼乎？”孔鲤回答没有学。孔子说：“不学礼，无以立。”人们所熟知的“不学诗，无以言；不学礼，无以立”就出自于孔子与儿子孔鲤的这段对话。为什么孔子教导儿子学诗学礼。这是因为，诗与礼代表人立足社会的两种文化体系。

古代教育中，诗书礼乐代表两个体系。诗书主要属于知识体系，礼乐主要属于行为体系。诗书是古代流传下来的政治、历史、社会、风俗等知识体系。诗书既是古代知识体系的积累，也是传统文化的记忆，文明根脉的延续。不懂诗书，就缺乏传统的经验，就无法与人对答，不懂社会知识，也就不会说话，或者一说就错，所以说“不学诗，无以言”。不懂礼乐，就没有了规矩之道，什么时候行什么礼，奏什么乐，做什么事，该怎么做。不懂这些规矩，当然就不会做事了，无法进行社会交往，或者一做就错，所以说“不学礼，无以立”。

为什么传统社会里不同姓氏的家族可以形成基本相似的家风，从而使得整个传统社会具有趋同的知书达礼、温柔敦厚的社会风俗与价值取向？其内在原因就是传统社会人们所习的知识是儒家的六经。《周易》、《春秋》稍难一些，《诗》、《书》、礼、乐对于一般读书人都要掌握。"诗书礼乐"又可以分为两部分，《诗》、《书》加书名号没有争议，礼、乐在很多时候是指演习之礼、演奏之乐，不能加书名号。这样，"诗书礼乐"就分为知识体系与行为体系两个部分。《诗》、《书》代表知识体系，礼、乐代表规矩之道。再简而言之，《诗》与"礼"可以代表中国传统中的知识体系与规矩之道，知行兼备，内外兼修。既然大家所学之书相同，所习之礼一致，其价值体系与理想信念所差无几。在传统社会里，孔氏家族的"诗礼家风"可以说具有一定的代表性。

从战国到汉晋，孔子后裔秉承祖训，坚守儒学传统，逐步形成独具特色的孔氏家学。孔氏家学的主要代表人物有作《中庸》的孔伋（字子思），编撰《孔丛子》的孔鲋（字子鱼）等。后世尊子思为沂国述圣公，表彰子思之于儒学的贡献。据《孔丛子》等文献记载，子思幼年受教于孔子，不但承担着传承儒学道统的使命，还肩负着家学传承的使命。后人评论孔鲋："孟子道性善，言必称尧舜，子鱼举礼以对亦必首唐尧，孔氏之教法，实孔氏之家法也。"即是对孔鲋编《孔丛子》的赞誉。

孔子后裔不忘先祖庭训，逐步形成诗礼传家的家风。后人建诗礼堂于曲阜孔庙，进一步彰显孔子开创的诗礼家风贡献。如今，人们走近诗礼堂的庭院，仰望"诗礼堂"牌匾，看到庭院中依然枝叶繁盛的唐朝的大槐树，宋代的大银杏树，不禁感叹，千年岁月虽逝去，诗礼家风今犹在。一旦形成稳定良好的家风，社会就会形成一种传统。这种传统的力量依靠其惯性就可以长时期支撑社会的长治久安。

在诗礼家风的影响下，社会上出现了许多关于诗礼传家的对联、牌坊。在孔子故里曲阜的广大村庄，至今仍可以见到春节时张贴的"忠厚传家久，诗书继世长"的对联。《汉书・韦贤传》记载："遗子黄金满籝，不如一经。"意思是说，给孩子留一筐黄金，不如教他学会一部经书。好学读书，成为一名品德高尚、学识渊博的人，是中国人的价值标准与不懈追求。"内圣外王"就是修身立德，成就自我价值，修己安人，帮助他人向善。个人价值与社会理想的实现，都需要学以《诗》为代表的知识体系，与以"礼"为代表的行为与规矩之道。

从传统社会向现代社会的转变中，有观点认为，传统文化的家族束缚人们的思想与自由。这个观点貌似有道理，也颇得年轻一代的欢迎。但是，对于一个成年人来说，自己面对的不外乎工作与生活。无论工作与生活，都需要知识与规矩。人们常说“家是最小国，国是最大家”。如果在家里都没有学好，其原因是家出了问题。到了社会再去补课，为时已晚。家是个人走向社会的第一个教育场所，家风是社风、国风的基础。无论传统社会向现代社会的转变，还是从古代大家族向现代小家庭的转变，都需要学会以“诗礼”为代表的知识与行为，只有知行统一，才可以合内外之道。

孔子的家教及其影响
——从“庭训”说起

房　伟

中国古人十分重视家教与家风，留下了大量的珍贵遗产。作为中国文化圣人的孔子，不仅创立私学，在教育史上具有不可替代的位置，同时在家庭教育方面也颇有贡献。今天人们经常提到的“幼承庭训”、“诗礼传家”等典故，其实都与孔子的家教有关。可以说，孔子的家庭教育对孔氏家族的兴盛发展产生了重要影响，其教育思想与理念亦有诸多值得今人效法学习的地方。

一、孔子对孔鲤的教育

在阙里孔庙的东路，有一座建筑，名曰“诗礼堂”，其义即采自《论语·季氏》中孔子教育儿子孔鲤的故事，云：

> 陈亢问于伯鱼曰：“子亦有异闻乎？”对曰：“未也。尝独立，鲤趋而过庭。曰：‘学诗乎？’对曰：‘未也。’‘不学诗，无以言。’鲤退而学诗。他日，又独立，鲤趋而过庭。曰：‘学礼乎？’对曰：‘未也。’‘不学礼，无以立。’鲤退而学礼。闻斯二者。”陈亢退而喜曰：“问一得三，闻诗，闻礼，又闻君子之远其子也。”

孔鲤向孔子弟子陈亢回忆自己受家教的情况，孔子要求他学习诗礼，并告诫学习诗礼的重要意义，真可谓语重心长。

其实，孔子重视“诗礼”教育，是一以贯之的。孔子认为《诗经》思想纯正，内容丰富，他曾说：“《诗》三百，一言以蔽之，曰：‘思无邪。’”（《论语·为政》）又说：“小子何莫学夫诗？诗，可以兴，可以观，可以群，可以怨。迩之事父，远之事君。多识于鸟兽草木之名。”（《论语·阳货》）因此，在对门下弟子的教育中，他首先进行的就是《诗经》的教学。同样，在家庭教育中，孔子也是十分重视“诗教”，如《论语·阳货》载：“子谓伯鱼曰：‘女为《周南》、《召南》矣乎？人而不为《周南》、《召南》，其犹正墙面而立也与？’”孔子认为，人如果连《周南》、《召南》都没有学过，那就好像面对墙壁傻站着一样。虽然仅仅是一句话，但十分耐人寻味，不仅显示出孔子对《诗经》的重视，而且从孔子说话的语气中，我们更能体会到他的家教之严格。

此外，孔子不单单对儿子的学习内容进行指导，而且适时地还教给他正确的学习态度和方法。对此，《孔子家语·致思》篇中有着翔实地记载：

> 孔子谓伯鱼曰：“鲤乎，吾闻可以与人终日不倦者，其唯学焉！其容体不足观也，其勇力不足惮也，其先祖不足称也，其族姓不足道也。终而有大名，以显闻四方，流声后裔者，岂非学之效也？故君子不可以不学，其容不可以不饬，不饬无类，无类失亲，失亲不忠，不忠失礼，失礼不立。夫远而有光者，饬也；近而愈明者，学也。譬之污池，水潦注焉，萑苇生焉，虽或以观之，孰知其源乎？”[1]

孔子常自谓“好学”，他结合自己的切身体验，语重心长地对孔鲤说：“鲤呀，我听说整天使人不知厌倦的，恐怕也只有学习吧！”而要想扬名四方、流芳后世，必须依靠学习。因此，“君子不能不学习，容貌不能不修饰”。孔子为孔鲤讲述了学习的重要性，并给他指出“内学外饰”的方法，耐心而细致，可谓循循善诱，由此亦足见夫子对家庭教育的重视。

上述这些材料都十分生动地再现了孔子“庭训”伯鱼的情景，堪称我国

[1] 杨朝明、宋立林：《孔子家语通解》，齐鲁书社 2009 年版，第 86 页。

古代士人家教最生动的写照，也是较早关于家教的宝贵资料。

二、孔子对孔伋的教育

孔子不仅对儿子孔鲤严格教育，对孙子孔伋也十分关心。孔伋，字子思，孔鲤之子，孔子嫡孙。孔子晚年时，儿子伯鱼和最得意的弟子颜回相继去世，这对孔子的精神造成巨大打击，时常担心自己的理想和学问不能被继承。恰在此时，聪颖机敏的子思，看出了祖父的心思，表示愿意继承祖父的未竟事业，深得孔子的赞赏。于是，孔子着力培养子思研习《诗》、《书》、《礼》、《乐》并不时对他进行指导：

> 子思问于夫子曰：“为人君者，莫不知任贤之逸也，而不能用贤，何故？”子曰：“非不欲也，所以官人失能者，由于不明也。其君以誉为赏，以毁为罚，贤者不居焉。”
>
> 子思问于夫子曰：“亟闻夫子之诏，正俗化民之政莫善于礼乐也。管子任法以治齐，而天下称仁焉，是法与礼乐异用而同功也，何必但礼乐哉？”子曰：“尧舜之化，百世不辍，仁义之风远也。管仲任法，身死则法息，严而寡恩也。若管仲之知，足以定法，材非管仲而专任法，终必乱成矣。”
>
> 子思问于夫子曰：“物有形类，事有真伪，必审之，奚由？”子曰：“由乎心。心之精神是谓圣，推数究理，不以物疑，周其所察，圣人难诸？”[1]

三段文字同出于《孔丛子·记问》，这些文字或许经过后人润色，但孔子曾对子思有所教诲，则是不可否认的事实。上述材料中，第一段谈及选贤用人的问题，第二段论述礼乐治国和以法治国的异同，第三段探索“心”、“圣”在认识上的作用。从任用贤人到治国方略，再到修心成圣，由低到高，由表及里，

---

[1] 王钧林、周海生译注：《孔丛子》，中华书局2009年版，第65—66页。

层层深入。

众所周知，子思因忧道学失传而作《中庸》。而在《中庸》一文中，子思对治国用贤、礼乐治国等问题均有论及。可见，上述三段文字透露出子思所关心的问题与《中庸》主旨正相吻合，这不仅表明《孔丛子》中子思少年时代学于孔子的记载是可信的[1]，而且也可以看出孔子的家教在子思自身思想形成过程中所发挥的重要作用。

在孔子的指导下，子思对《诗》、《书》、《礼》、《乐》等典籍均十分精熟。如《礼记·檀弓上》载：

> 子思曰："丧三日而殡，凡附于身者必诚，必信，勿之有悔焉耳矣。三月而葬，凡附于棺者，必诚，必信，勿之有悔焉耳矣。丧三年以为极，亡则弗之忘矣，故君子有终身之忧，而无一朝之患，故忌日不乐。"[2]

子思之言道出了君子对待丧礼的正确态度。《礼记·檀弓下》则又记载了子思回答穆公所问"为旧君反服"之礼的问题，由此可见子思对礼乐有很深刻的认识，深得孔子真传。

还需要指出的是，子思受教于孔子是双重的。他不仅幼年时直接问学于孔子，亲受孔子教诲，而且后来还间接从孔门弟子那里听到孔子教诲。子思曾对鲁穆公说："臣所记臣祖之言，或亲闻之者，有闻之于人者，虽非正其辞，然犹不失其意焉。"[3]子思以孺子之年即怀继承祖业之大志，以昭明圣主之德为己任，并不懈于学，深得孔子的赏识并亲得孔子教诲。孔子去世后，子思或又曾受业于曾子、子游及子夏等人，仍可以受到孔子思想的影响。因此，子思上承孔子、曾子，下启孟子、荀子，在先秦儒学史上占有重要的地位。《汉书·古今人表》将其列为第二等"上中"，归仁人，后世则尊称其为"述圣"。

---

[1] 孔德立：《〈孔丛子〉与子思生年问题》，《齐鲁学刊》2004 年第 2 期。

[2] 杨天宇：《礼记译注》，上海古籍出版社 2004 年版，第 57 页。

[3] 王钧林、周海生译注：《孔丛子》，第 116 页。

三、孔子的家教的影响

孔子的家教对孔氏后人、孔氏家族的影响无疑是巨大的。

首先，孔子“庭训”子孙为孔氏后人树立了榜样，其注重家庭教育的理念深入人心。子思深受孔子家教的影响，后来自己亦十分重视对子孙的教育，对孔氏家族家学家风的发展，起到了承上启下的作用。在《孔丛子·杂训》中，就记载了子思对其子孔白的悉心教导。他直接以先人之训教导儿子，要求孔白以《诗》、《书》、《礼》、《乐》为学习内容，指出只有这样才能获得真知、提高才能。孔伋对儿子的教育，与当年孔子教导孔鲤如出一辙，同样堪称家教的典范。

孔臧是孔子第十一代孙，西汉文帝时，孔臧嗣蓼侯，迁博士，拜太常，历位九卿；汉武帝之时，他又作为太常卿，经常与博士等议劝学励贤之法，请著功令。孔臧也十分重视家庭教育，当他得知儿子孔琳与同学一道讲论《书传》，非常勤苦，便撰写家书表示赞赏，并予勉励。他告诫孔琳“人之进道，唯问其志。取必以渐，勤则得多”，“徒学知之未可多，履而行之乃足佳”(《与子琳书》)。对于做学问，一方面要坚持不懈，持之以恒。另一方面，也要学用结合，不仅要学而知之，更要履而行之。他还要求儿子要“远则尼父，近则子国”(《与子琳书》)，以孔子、孔安国等圣人贤者为榜样，不能因自己家族的光荣历史而止步不前，而要修身力行，为家族继续增添新的荣光。

有清一代，孔氏家族科甲相继，簪缨不绝，文人辈出，先后入诸史书记载的共有 170 余人，创作诗集、词集、文集 180 余部，形成了一个极为庞大的文学创作家族。更为特别的是孔氏家族中的女性作家异军突起，涉足文坛，取得了不菲的成就，形成了家族女性作家群[1]。在女性社会地位相对较低的传统社会中，女性在文化方面的成就少之又少，但孔氏家族中不仅出现了女性作家，而且以群体性的状态涌现，不得不令人感到惊叹，而这无疑与其历来重视家庭教育的传统有着密切的关系。

其次，孔子以《诗经》等典籍“庭训”子孙，直接影响了孔氏家学的发

---

[1] 孔祥林、管蕾、房伟：《孔府文化研究》，中华书局 2013 年版，第 5 页。

展向路。众所周知，在周末“官守”散失的时代，孔子是第一个保存文献的人。他自称“述而不作，信而好古”（《论语·述而》），并说“我非生而知之者，好古，敏以求之者也”（《论语·述而》）。本着这种精神不断地学习、研究、整理古代文化典籍，“论次《诗》、《书》，修起礼乐”，“赞”《易》，“作”《春秋》。

孔子本人对“六经”的重视，通过其家庭教育，深深影响了孔氏后人，形成了独具特色的孔氏家学。孔氏家学历经两千多年，虽具有涉猎广泛、兼容并包的特点，但也有其一以贯之的脉络，即以《诗》、《书》等典籍为传承主线。

需要指出的是，这种传承较少受到时代因素的影响，在儒学相对盛行的两汉时期，孔家学者秉承先祖遗风，继承家学传统，研治五经，代代相传，使孔门成为经学世家，对汉代儒学乃至中国学术的发展都产生了深远影响；而在玄学之风盛行、儒学相对衰落的时代，魏晋时期的孔氏家学仍能恪守传统，传承不息，起到了保留火种的作用，其历史贡献不言而喻。

最后，孔子的家教为孔门家风的形成奠定了基础。孔氏后人秉承诗书继世的优良传统，以诗、书、礼、乐为传承主线，世守家学，代有贤达，成为中国乃至世界历史上延续时间最长的文化家族。纪昀在衍圣公府门前的那副对联，将孔氏家族在中国历史中的政治和文化地位清楚地描绘出来：“与国咸休安富尊荣公府第，同天并老文章道德圣人家。”

四、结语

古人经常讲：“君子之泽，五世而斩。”民间有谚语谓“富不过三代”。但是，我们看中国古代和近代的那些文化世家，之所以能够繁衍昌盛，受人尊重，在很大程度上都是由于有着良好的家教，形成了优良的家风的缘故。而孔氏家族，则无疑更具有典型意义。这样一个传承了两千五百多年的文化世家，打破了“五世而斩”、“富不过三代”的“规律”，能够超越朝代的更迭，而繁衍不息，绵延至今，影响巨大，除了政治上的原因之外，更多的恐怕还是因为孔子所开创、后世子孙秉承不衰的“文章道德”这一优良家风。

正是在这一优良家风的熏陶下，孔氏后裔自幼接受传统教育，具有很强的继承祖业的使命感。在学术旨趣、精神品格等方面表现出很强的一致性。他们大多具有较高的文化修养和较强的学术研究能力，与当时的文人、名士保持着相当密切的联系，人们也都以能与之交往为荣。

对于孔门的家教和家风，从“家”的层面来讲，“诗礼传家”这一文化基因流注于孔氏子孙的血脉中；而从“国”的层面来讲，孔子及其后人所表现出来的那种积极进取、顽强不息的精神，也正是中华民族的精神追求在家族传承中的一种体现。

家风濡染，玉汝于成
——由古代家风引发的反思

刘　敏

一、何谓家风

家风，又称门风，顾名思义，是一个家族、一个家庭所具有的风气和风尚。家风是一种传承，是由一代代人，祖祖辈辈传承下来的家族性格。它由所有家庭成员共同形成，对后代人产生直接的影响。家风如空气，既无形无色，又确实存在。家风是一种无形的氛围，是一个家庭的气场，是家庭成员经过家庭教育的浸染，举手投足、言谈神情中流露出的气质，是祖祖辈辈文化的积淀。

家风虽然无形无相，但对人具有极大的影响力。它如春风化雨，润物无声，育人于无形，在家庭教育中发挥巨大的作用。家风有积极的，也有消极的；有正向的，也有负向的；有建设性的，也有破坏性的。因此它可以育人，也可以毁人。好的正向的家风是人所喜欢和向往的，它有助于培养人健康积极的性格；而坏的负向的家风是人所厌恶和排斥的，会对人造成精神的创伤，导致不良的行为和人格心理障碍。毫无疑问，积极正向的家风是我们每个家庭努力追求和营造的。

有一则寓言：北风和南风想比试一下，看谁能使路边的行人脱掉大衣。北风首先施其威力，它鼓足劲，运足气，朝着行人吹去。行人感受到北风的冰冷，不但没有脱掉大衣，反而把大衣裹得更紧了。北风吹得越猛，行人裹得越紧。北风使出浑身解数，最终还是失望而归。南风则不然，它不急不躁，徐徐吹来，仿佛一只温柔的手微微拂过，行人顿时觉得风和日丽，浑身温暖，于是脱掉了大衣。北风和南风可以用来比喻两种不同的家风，北风象征着以权威向人施压的粗暴的家风，南风象征着以道德教化为手段的春风化雨似的家风。毫无疑问，后者更能影响人，帮助人朝着理想的目标发展。

好的家风与家庭中长辈的道德修养、率先示范有密切关系。《论语·颜渊》说："君子之德风，小人之德草。草上之风，必偃。"君子不用强权和权威，而是用美好的德行滋润人的心田，给人以心灵的营养，让人不自觉地效法。有风吹过的地方，草会随之倾倒；有君子的家庭，家庭成员们也会效法他的做法，进而形成宽容、仁爱、和谐的家风。因此，在家庭中，长辈首先树立道德修养的榜样是非常重要的。

好的家风犹如孟子所说的"浩然之气"。《孟子·公孙丑上》记载，孟子的弟子公孙丑问孟子他的长处是什么，孟子说："我善养吾浩然之气。"公孙丑问什么是浩然之气，孟子说："其为气也，至大至刚，以直养而无害，则塞于天地之间。其为气也，配义与道；无是，馁也。是集义所生者，非义袭而取之也。行有不慊于心，则馁矣。"浩然之气充斥于天地之间，十分浩大、十分刚强。这种气是用正义和道德日积月累形成的，如果没有正义和道德存储其中，它就消退无力了。这种气，是依靠人的积累逐渐产生出来的，而不能靠挂上正义和道德的招牌获取。浩然之气，是一个顶天立地、堂堂正正的君子所具备的气场，是由日积月累的修持涵养而形成的道德勇气，由君子进而影响至整个家庭，形成至大至刚，浩荡于天地间的家风。

中国上下五千年历史上有无数优良家风，它们共同组成了中国文化的底色。这些家庭善养浩然正气，涵养优良品德，实现了修身、齐家、治国、平天下的儒家理想。他们的家风不仅影响了整个家庭，更推而广之，影响至整个中华文化，直至今天。历史上这样的优秀家风数不胜数，下面仅撷取一二，作为例证。

二、历史上的典范家风

（一）周公之谦逊家风

西周时期，周公不仅在政治上建功立业，而且在家教方面也为后世树立了典范。他作为文王的儿子、武王的弟弟、成王的叔父，曾辅佐武王伐纣，建立西周王朝，后辅佐成王治理天下，制定了西周国家的各种典章制度。他一刻不敢怠慢，经常“一沐三握发，一饭三吐哺”，唯恐有所过失。同时在家教方面，他对后代进行言传身教，谆谆教诲。历史上有周公诫子的记载。据韩婴《韩诗外传》记载，周成王依照西周实行的分封制，将鲁国的土地分封给周公的儿子伯禽。为了让儿子履行好职责，周公告诫伯禽要谦恭，不要因为自己的父亲位高权重而骄横自满：“德行宽裕，守之以恭者荣；土地广大，守之以俭者安；禄位尊盛，守之以卑者贵；人众兵强，守之以畏者胜；聪明睿智，守之以愚者哲；博闻强记，守之以浅者智。夫此六者，皆谦德也。”一个“守”字，一个“谦”字，体现了周公的处世原则。身居高位，尤其要谦恭，方能富有四海。若不谦恭，其下场必将如桀、纣，失天下而亡其身。他自己一生在践行一个“守”字和一个“谦”字，也以此教育子弟。在山东曲阜的周公庙内有金人铭碑，铭文云：“古之慎言也。戒之哉！戒之哉！无多言，多言必败；无多事，多事多患。”周公告诫伯禽要谨言慎行，不要口出狂言，狂妄不羁，以免惹下祸端。这种守拙和谨慎不是逃避责任的明哲保身，而是要保持内心的恭谨和谦卑。谦虚谨慎从古至今都是人的一种美德，涵养谦德是放之四海而皆准的做人的道理。

（二）诸葛亮之淡泊明志家风

三国时候的政治家、军事家诸葛亮在政治谋略和道德修养上都堪称楷模，被称为“赢得生前身后名”的“人中龙凤”。他的家风由其先祖诸葛丰发端，并经诸葛亮发扬光大，成为流传后世的诸葛家风。其先祖诸葛丰生活于西汉武、昭、宣、元四帝时期，曾担任御史、司隶校尉等职。他刚直耿介，不为时俗所容，后被免职。但他刚正不阿、卓尔不群的品德为诸葛家族奠定了基本的价值走向。至诸葛亮一代，他和哥哥诸葛瑾、从弟诸葛诞三人，分别在蜀汉、东吴、曹魏三国担任要职，皆为一时俊杰。三兄弟的后人也是各有千秋。这样一个家族，福荫于家族文化的滋养和优良家风的浸润。诸葛亮写了著名的《诫子书》，教育勉励儿子诸葛瞻：“夫君子之行，静以修身，俭以养德，非淡泊无以明志，非宁静无以致远。夫学须静也，才须学也。非学无以广才，非志无以成学。”《诫子书》提出了做人处世之根本即立志成学，修身养性之准则即宁静勤俭。他教育子弟要以心绪宁静来涵养德性，以生活节俭来提高品德。他主张以先贤为榜样，志存高远，有高级的人生趣味，免于成为平庸下流的人。同时要不慕虚名，不趋炎附势，不刻意追求名利。诸葛亮告诫子弟的，也是他一生所奉行的。他甘居卧龙岗之地，择主出山，不为个人功名，只为完成时势赋予他的使命。他为了恢复汉室统一江山的大业，殚精竭虑，事君以礼，谋国以忠，谨守臣道，最终鞠躬尽瘁，死而后已。在他的影响下，他的后代也大多成为人之俊杰。儿子诸葛瞻为抗击魏军，壮烈殉国。在诸葛亮后裔聚居的浙江兰溪诸葛村，仅明清两代就有进士5人，举人11人，担任过正七品以上的官员23人。他们个个为官清廉，公而忘私，不能不说是受到优良家风之影响。

（三）裴氏之严明家风

在号称“中华宰相村”的山西省闻喜县裴柏村生活着裴氏家族，自古为三晋望族。在历史上共出现了59位宰相、59位将军，京官千人，知府以下不计其数，裴氏儿女有3000多名在政治、军事、经济、文化等诸多领域做出了卓越贡献。据史料记载，裴氏家族“秦汉以来，历六朝而盛，至隋唐而盛极，五代以后，余芳犹存”。其间，“豪杰俊迈，名卿贤相，摩肩接踵，辉耀前史，茂郁如林，世不乏人”。其家族人物之盛、德业文章之隆，颇为少见。裴氏家族之所以声名显赫，历久不衰，与裴家严格的祖训家规有很大关系。自秦汉两千年来，裴氏族人传承家风，严守祖训，以德馨为荣，以不读书为耻，激励一代代后人修身正心，积极进取。裴氏家族没有为子孙后代留下深宅大院和万贯家财，而是留下了修身自重的家风家训，其中修订于清末民初的《河东裴氏家训》和《河东裴氏家戒》是其主要的家族文化符号。《家训》共12条，包括：敬奉祖先，孝顺父母，友爱兄弟，协和宗族，敦睦邻里，立身谨厚，居家勤俭，严教子孙，读书明德，淳厚戚朋，慎重言语，讲求公德。《家训》告诫子弟“必须怎么做”，而《家戒》则是“不能怎么做”。《家戒》包含“十毋”：毋忤尊亲，毋辱祖先，毋重男轻女，毋事赌博，毋为盗窃，毋贪色淫，毋吸烟毒，毋酗酒好斗，毋忘本崇洋，毋入帮派。《家训》和《家戒》的核心是“重教守训，崇文尚武，德业并举，廉洁自律”，告诫后人“吾姓子孙，须明廉知耻，做堂堂正正之人”。裴氏家族之所以能成就“将相接武，公侯一门”，可以说在很大程度上源自于严格的家风家训的教化。

（四）曾国藩之清白家风

晚清四大名臣之一的曾国藩出身于湖南湘乡的一个耕读之家。作为曾家长子长孙的曾国藩做了十年京官，与太平天国作战中立下头功，坐镇两江总督。他虽然位高权重，但不忘先世力耕勤俭、求学务实的家风。他曾留下十六字箴言：“家俭则兴，人勤则健；能勤能俭，永不贫贱。”晚年在写给二弟曾国潢的信中，他总结其祖父星冈公遗教的家风家规，提出了八字家训：“书蔬猪鱼，考宝早扫。”“书”即勤奋读书，广博求知。读书是第一位的，“腹有诗书气自华”，他不仅要求家中男子要读书，女子也要读书。“蔬”即自耕苗圃，栽花种菜。“猪”即开圈养猪。“鱼”即开塘养鱼。栽花种菜，养猪养鱼可以使家庭兴旺，充满生机。“考”即及时祭祀，敬奉祖考。“宝”即与邻里亲朋友善相待。他认为“远亲不如近邻”，左邻右舍都是身边的无价之宝。“早”即早睡早起，生活规律。“扫”即洒扫庭除，勤劳整洁。这一家训尽管都只涉及平凡的家庭事务，但正是从这些对日常家庭事务的叮咛劝诫中，可以看出曾家勤俭质朴，守谦恭谨的家风。家训是让子孙在日常生活的实际行动中养成良好的习惯，举手投足间都体现出良好的教养。他教育子弟求做读书明理的君子，不贪图做官。他还要求家中始终保持“寒士之风”，在给女儿曾纪芬的信中写道：“予自三十岁以来，即以做官发财为可耻，以官囊积金遗子孙为可羞。盖子孙若贤，则不靠父辈，亦能自觅衣食；子孙若不贤，则多积一钱，必将多造一孽，后来淫佚作恶，大玷家声。故立定此志，决不肯以做官发财，决不肯以银钱予后人。”他为官清廉，不为发财，不图为子孙留下金银财宝，而是留给子孙清白质朴的家风，这才是给子孙最好的财富。曾国藩能成为一代重臣，是良好的家风成就了他。也因为他继承并延续了曾氏家风，所以在他之后曾氏家族人才辈出，出现了曾纪泽、曾纪鸿、曾广钧、曾广铨、曾宝荪、曾约农等杰出人物。

（五）林则徐之淳厚质朴家风

林则徐出身于一个书香之家，家境清贫。父亲林宾日是私塾先生，母亲陈帙靠做女红来贴补家用。林则徐继承林家志节清高、勤勉进取的家风，形成了清正廉洁、勤奋严谨的处世作风。从为官之日起，他就牢记父亲“不妄取一钱”的家教，到三个儿子分家时，他仅有价值三万两的房产家私。林则徐不仅严于律己，更是将其优良家风传给子孙后代，留下了不少著名的家教箴言。他告诫儿子要谨记韩愈的话“辛勤有此，无迷厥初”。辛劳勤俭才挣下这份家产，不要迷惑心智，忘记当初的艰苦。他曾写过一幅有名的对联：“子孙若如我，留钱做什么？贤而多财，则损其志；子孙不如我，留钱做什么？愚而多财，益增其过。”清朝末年，针对世风日下的时弊，时年50多岁的林则徐手书了“十无益”格言。该格言成为林家传承百年的家训：“存心不善，风水无益。不孝父母，奉神无益。兄弟不和，交友无益。行止不端，读书无益。心高气傲，博学无益。作事乖张，聪明无益。不惜元气，服药无益。时运不通，妄求无益。妄取人财，布施无益。淫恶肆欲，阴骘无益。”“十无益”包含自身修养，人与家庭、社会的关系，涉及儒家提倡的修身、齐家、治国、平天下，对人身心起到教化作用。

三、对古今家风的反思

以上所举例子是中国历史长河中几个有代表性的家族的优良家风。它们构成了中国古代家风的主流。历史上的有识之士都注重家风、家训的传承和延续。因为在中国这个以主张修身、齐家、治国、平天下的儒家思想为主导的社会里，治家被视为平治天下的基石。治好一家，方能平治天下。家是介于个人与社会之间的重要单位，治家是一个人从立身到处世的过渡，是从独善其身到兼济天下的过渡。而传承并营造优良家风，制定并推行家规家训是治家的重要内容。历史上先后出现了许多著名家训，有北齐颜之推《颜氏家训》，此为中国家训之祖，其后有唐柳玭《柳氏家训》、北宋司马迁《温公家范》、南宋袁采《袁氏世范》、明末清初朱柏庐《治家格言》，等等。这些治家良方不仅影响了一家一族，而是被更多书香门第奉为典范，甚至在普通百姓间也广为流传。这些留名史册的家风家训，连同更多普普通通的家庭自祖辈流传下来的优良家风家训，共同构成了整个中华民族的家风传统。从总体而言，中国传统的优良家风可以归结为三点：实至名归、言传身教、返璞归真。由传统家风，反观今日，会引发我们很多有意义的反思。

（一）实至名归，勿徒谋功名

由上可以看出，古人推崇的家风大多涉及道德修养。这些家风之所以能流传久远，正是因为关乎具有永恒价值的美德。这些美德是为人的根本，即所谓“实”。在《颜氏家训·名实篇》有：“名之与实，犹形之与影也。德艺周厚，则名必善焉；容色姝丽，则影必美焉。”实与名的关系，好比形与影的关系。德艺周厚，名一定会好；容貌美丽，影一定会美。先有实，后有名，有实便会有名，实至而名归。“实”为修持涵养。这是人之内在根基；“名”即外在名利。只要具备了“实”，“名”便是随缘而至的事情了。从上文提到的典范家庭也可以看出，他们皆教育子弟在品行上下功夫，求明理明道，求为人根本，不求功名利禄。如此，他们反而功成名至。反观今日之家风，大多不是教育子弟在品德上下功夫，而是如何追求外在利益，如何获得个人成功，如何赢得社会地位，如何拥有更多的物质财富。功利主义、利己主义充斥着家庭。《颜氏家训·名实》有云：“上士忘名，中士立名，下士窃名。”忘名者，不为名利，所作所为只为合德合道；立名者，生怕荣誉被淹没；窃名者，沽名钓誉，只求浮华的虚名。忘名者，忘名而名至；窃名者，窃名而不得。不修身而想在世上传得好名，就好比容貌很丑而要求镜子里出现美丽的容颜，只是水中捞月、缘木求鱼而已。

（二）言传身教，勿舍本逐末

古代良好的家风，不仅表现在家长对子女的谆谆教诲，更体现在家长能亲历奉行，率先垂范。家长是家庭的主导，是治家者。而治家以修身为根基。《大学》说：“物有本末，事有终始，知所先后，则近道矣。”“自天子以至于庶人，壹是皆以修身为本。其本乱而末治者，否矣。”修身是一切的基础，修身然后才能家齐，才能服众。反观今日之家长，似乎反观自己、躬身自省的很少；要求别人、指责别人的很多。他们经常用挑剔的眼光盯着孩子的缺点，却很少看到自己的缺点；经常用指责的手指告诉孩子不能做这不能做那，自己却随心所欲，为所欲为。如此做法，无法令子女信服和听从。因此，树立良好的家风，首先要打好修身的根基，涵养修养和品德，做好自己，言传身教，这是对子女最好的教育，会对子女产生最积极有效的影响力。

（三）返璞归真，勿奢靡浮华

勤勉俭朴为中华传统优良家风。上文列举的历史上有名望的家族，他们的地位不可谓不尊贵，生活不谓不充裕，但依然以勤俭教育后人。愈尊贵富裕的家庭，勤俭谦卑愈加难能可贵。这种勤俭谦卑不是因为物质匮乏而产生的节俭和自卑，而是在物质富裕、地位尊贵的时候仍能涵养自己的谦德，保持清明谦卑的心境，不被物欲和权力所迷惑和浊辱。这是在荣华富贵中达到返璞归真。反观今日，身处现代社会的我们在物质条件上远远超越古人，但在一部分人的身上精神追求和道德要求方面也许要逊色于古人。由于社会经济的发展和科技的进步永无止境，于是我们在物质生活方面对欲望的满足，对金钱的追逐，对安逸舒适的向往也永无止境，但在精神追求上却止步不前。一些人拥有豪车、豪宅，却缺少修持涵养，成了物质上的富翁、精神上的乞丐。这种贪图享受，奢侈浪费的家风只会加剧后代人对物质欲望的追逐，而丢掉作为人更珍贵的东西，即修持和涵养。

家风相连成民风，民风相融汇国风。一家之风传播开来，就是社会风气；社会风气汇集起来，就是一国之风。中国作为延续到今天的文明古国之一，不论经济如何发达、社会如何富足，中华文明都将是最大的财富，中国应具有文明之邦的气象，具有浩然正气的风范。家是最小国，国是千万家。家风，是先人智慧的沉淀，是家族延续的精神力量。从一个家庭的家风，可以看出一个家庭的既往，也可以看到这个家庭的未来。从一个个家风，能看到一个国家的过去，也能看到这个国家的未来。家风正，则国风必正。家庭是社会的基石，家风端正是社会风气端正的基础。作为一个有五千年文明历史的国家，传承历史上的优良家风，是对祖先最大的尊重，也是对子孙后代最大的福荫。家风抵万金，以优良家风传后世是留给子孙后代无穷尽的宝贵财富。

孔氏后裔廉政家风的传承
——以孔伋和孔奋为例

宋冬梅

中国传统社会是以血缘关系为纽带的家国同构社会。在传统农业社会里，家庭是基本的生产单位，又是社会的基本组织细胞，是连接个人与社会、个人与国家的枢纽。对于每个人来说，家庭是人生教育的第一课堂。家庭教育涉及千家万户乃至关系整个民族的基础国民教育，这则话题在历史上被称为家风。

家风作为一种文化现象，在我国有着悠久的历史，是一份宝贵的历史文化遗产。家风，是指一个家庭或家族繁衍生息过程中世代积累的较为稳定的道德风尚、行为习惯以及为人处世的生活作风。北齐颜之推在《颜氏家训·序致》中说："整齐门内，提撕子孙。"中国人自古有"忠厚传家久，诗书继世长"、"一等人忠臣孝子，两件事读书耕田"的训言，都是传统家风的基本写照。"问渠那得清如许，为有源头活水来"，儒家讲的"修身、齐家、治国、平天下"人生目标就是从最基本的修身、齐家开始的。孔子作为儒家文化的创始人，以"诗礼传家"的教子故事开启了孔氏家族的"庭训"家风。

一、从"诗礼传家"的庭训说起

孔子"诗礼传家"的"庭训"故事是我国家训史上的一段佳话。他教育儿子孔鲤的故事见于《论语·季氏》："陈亢问于伯鱼曰：'子亦有异闻乎？'对曰：'未也。尝独立，鲤趋而过庭。曰："学诗乎？"对曰："未也。""不学诗，无以言。"鲤退而学诗。他日，又独立，鲤趋而过庭。曰："学礼乎？"对曰："未也。""不学礼，无以立。"鲤退而学礼。闻斯二者。'陈亢退而喜曰：'问一得三，闻诗，闻礼，又闻君子之远其子也。'"

这里记载的是孔子的学生陈亢与孔鲤的一则对话，从他们的对话中道出了孔鲤在家庭中所受的以"学诗学礼"为主要内容的教育。"趋而过庭"表现了孔鲤对父亲的敬畏和礼节，符合当时的伦理道德。陈亢听后十分高兴，他问一得三：一是从孔鲤的受教中明白了学诗的道理；二是明白了学礼的道理；三是知道了孔子不偏爱自己儿子的事实。

孔子为什么要求孔鲤"学诗学礼"呢？诗指《诗经》，由孔子编定而成，在他看来，"《诗》三百，一言以蔽之，曰：'思无邪'"（《论语·为政》，以下引《论语》只注篇名），"诗，可以兴，可以观，可以群，可以怨。迩之事父，远之事君，多识于鸟兽草木之名"（《阳货》）。《诗经》记载了我国西周初年至春秋时期的政治、军事、文化以及世态人情、民俗风习等社会生活的方方面面，有着重要的社会作用，无论是外交谈判还是社交场合，引《诗经》蔚为风气。礼是指当时社会的礼仪规范，不学礼，就不懂得如何为人处世。所以，孔子讲的"不学诗，无以言"，"不学礼，无以立"，是在提醒和教育儿子，要将读书与做人、治学与修身有机地结合起来。这也是自孔子"诗礼传家"开始而形成的中国传统家训的突出特色，是一个人要立足社会、充实人生、完善人格、成就事业所必须具备的文化根基。

孔子的孙子名伋，字子思，战国时期的思想家。《史记·孔子世家》载："伯鱼年五十，先孔子死。"孔子对儿子的早逝很悲痛，于是把培养家庭接班人的希望寄托在了孙子身上。子思在父亲去世后，首先受到祖父的教育引导。《孔丛子·记问》记载了孔子与孙子的一段对话："夫子闲居，喟然而叹。子思再拜，请曰：'意子孙不修，将忝祖乎？羡尧舜之道，恨不及乎？'夫子曰：'尔孺子安知吾志？'子思对曰：'伋于进膳，亟闻夫子之教：其父析薪，其子弗克负荷，是谓不肖。伋每思之，所以大恐而不懈也。'夫子忻然笑曰：'然乎！吾无忧矣。世不废业，其克昌乎！'"

子思从小聪慧，小小年纪能够理解爷爷喟然叹息的心思。孔子从孙子身上看到了世业克昌的希望，他感到欣然无忧。子思经过祖父的培养教育，从小就树立了接续家学的志向，养成了勤奋好学的习惯，形成了正直刚毅、不偏不倚的性格。祖父去世后，他又在孔子族人和门人的教诲下，学习文化常识，体悟儒学之道，继承发展了孔子的中庸思想。子思一生授徒，致力于著述，晚年相鲁，受到鲁穆公尊礼。现存《礼记》中的《中庸》、《表记》、《坊记》、《缁衣》，相传为他所作；《中庸》是儒家“四书”中理论程度最高的经典。战国时期的孟子继承发展了子思的思想，形成了儒家学派中的思孟学派。子思在孔孟道统的传承中占有重要地位。子思不忘“庭训”，“诗礼传家”的家风首先在他的身上获得郁郁生机。

二、孔伋秉公尊贤相鲁

子思在辅佐鲁穆公时，根据鲁国以前深受“三桓”困扰的历史事实，经常劝谏穆公要改造“亲亲尊尊”的老调子，倡导“尊贤使能”的新举措。他认为“尊贤”是依照鲁国当时国情而需采纳的治国之策。在他倡导下，时贤泄柳、申详能安于鲁国，公仪休也因此在鲁国为相。《孔丛子·公仪》记载了子思在穆公面前举荐公仪休的故事：

鲁国有个操守高洁、道德高尚的贤人，叫公仪休。他崇尚古代文化，不贪世功，不逐名利，不屈己侍人。因此，他在鲁国德高望重，人人赞扬，子思和他结为好友。

鲁穆公想凭借子思与公仪休的朋友关系，招公仪休为相，于是就对子思说：“如果公仪休来辅佐我的话，我一定会把鲁国三分之一的土地分给他。你与他是很好的朋友，就这样给他说说我的意思。”

子思听了穆公的话，沉思片刻，神情严肃地回答道：“如果像君王刚才所说的那样，公仪休尤其不会来辅佐您的。如果君王真的如饥似渴地期待贤良，就等待采用他的治国策略。我孔伋即使吃粗饭，喝冷水，也甘愿处于卑下之位去请见贤良。而现在，君王却以高官厚禄为诱饵，招徕贤良君子，您这样做，丝毫没有任人唯贤的信用可言！我的好友公仪休，我是了解他的，如果他的智商像鱼鸟动物之类那样简单的话，或许他会答应您，否则的话，他将终身不涉足您庭下。况且，臣下我也无能，我也不想任凭君王的摆布而操竿垂钓，去伤害像公仪休这样气节高超的贤良之士啊！”

子思的尊贤之策是其辅政的重要举措，他劝谏鲁穆公以信用取贤良之士，使得他与公仪休成为道义和事业上的挚友，也使得贤良在穆公时期得到真正实际意义上的重用。这是子思“尊贤以崇德，举善以观民”思想具体应用的良好见证。

三、孔伋持守节义

子思生活在诸侯争霸、礼崩乐坏、生灵涂炭的时代，但因为他从小耳濡目染地接受了儒家正统教育，因而能够在乱世中彰显着卓尔不群的傲世性格和抗节守道、不降其志的人格魅力。他持守儒家道义，凭借一身正气在当时依靠武力制衡而道义颓废的社会危机中明道救世。

子思有着宏阔的人生境界，气度不凡，傲世独立，做事果敢，常常不屑于趋炎附势之徒，他的性格为世难容，所以在当时社会中必然会受到各种挫折。《孔丛子·公仪》记载了这样的故事：

在子思为世不容而陷入困境的时候，鲁国的胡毋豹对他好言相劝，说：“你抱定追求实现儒家学说的远大理想，造成自己不被时代所容的窘迫之境，与其这样一味地傲世追求，倒不如设想改变一下自己，去迎合世俗而随波逐流吧？”

听了胡毋豹的劝告，子思持守中道的气节丝毫没有动摇。他态度明朗地表达了自己的观点，随即对胡毋豹说：“我抱定追求儒家理想的远大志向并不是可以非议的缺点，我担心的是自己远大的志向能不能实现的问题。如果远大的志向不被世人所接受，那是命定的事，但是，若为了迎合世俗而使世人接受自己，使自己屈节背离原定的崇高志向，那样做才是罪过啊。”

子思的老师曾参对他的思想、性格了如指掌。曾参一方面为子思所具有坚贞高尚的品格而高兴，另一方面也为他的为世不容而担忧。

据《孔丛子·居卫》记载，曾参曾细心地给他分析当时的社会形势，然后说：“从前我跟随我的老师孔子周游各诸侯国，游说各国君王实行仁政，老师从来不曾失掉做人臣的礼节，然而他所孜孜以求的儒家之道仍没见倡行。现在，我看你的傲世情怀不次于当年我的老师对道的追求，恐怕不被世人所容吧？”

面对老师的教诲，子思回答说：“现实社会的情况发生了变化，人的行为方式也的确应该随之改变。在我祖父孔子所处的时代，西周的礼乐文化虽然遭受了冲击，但是君臣之间的礼节仍然持守着，仍然能够保持上下一体的局面。在一个国家中，遵从君臣之道，如果不按照君臣的礼节来执行，就不会有什么中正之道可守！现在，天下诸侯都想扩大自己的势力，因而竞相招纳贤士，以增加自己的实力，这正是'得士则国昌，失士则国亡'的关键时刻！我在这关键时刻，作为接续儒家之道的志士而存在，如果一味地折节屈从于诸侯无序的要求，不能够自尊自爱地持守节义，那么我必将会受到世人的鄙视。这种情况，就像古代舜禹时代那样，他们是通过禅让而得到天下的；又像汤武时代那样，他们通过用兵获得政权的；他们这样做，并不是有意违背成规，而是由时世的不同所决定的。"

曾参的儿子曾申也曾在子思身处困境时劝说他："在道德颓废的时代，你就这样固执地宁愿委屈自己，以求伸张儒家的仁义之道吗？就这样执着地持守志节而甘愿过着这样贫贱的生活吗？"子思说："伸张儒家之道是我的愿望，我愿意为之付出。现在，天下王侯都摒弃礼让而崇尚武力，不讲仁义而用欺诈，所以谁还愿意持守儒家道义？与其委屈自己求得富贵，不如持志甘于贫贱；屈己会遭到受制于人的结果，而持守节义才不愧于自己追求的儒家之道。"

在战国时代，儒家的仁爱忠信之道与当时的形势和各诸侯国的统治政策格格不入，而子思能够在这种环境中仍然极力坚守"君子之仕也，行其义也"(《微子》)的信念，倡导君臣之大义，持守道义而不屈节，执着于志向而不媚俗。他的行为充分表现了一位真正的儒者"不事王侯，高尚其事"的风骨，也充分展示了一位真正的儒者遵从中正之道，不随一时之势的远见卓识。

四、孔伋直言忠臣之见

子思晚年在鲁国做了鲁穆公的老师，受到特别的礼遇。既然是鲁穆公的老师，子思常常出于对鲁国前途的考虑，直言不讳，敢于面谏鲁穆公在治国中的错误。郭店楚简《鲁穆公问子思》记载了鲁穆公与子思谈论怎样才是忠臣的故事：

一天，鲁穆公与子思一起谈论国家大事，当谈到治国和用人的问题时，穆公问子思："您以为怎样做才算是忠君之臣呢？"子思凭着他的一身傲骨，直言无忌，随即就一本正经地顺口说道："能够经常地指出君王缺点错误的臣子，可以算是忠君之臣了。"子思为了突出强调指出君王缺点错误的重要性，特别把"经常地"三个字说得既长又重。

虽然是穆公自己主动挑起的这一话题，但是听了子思毫不遮掩的回答，鲁穆公很不高兴。

他想起自己经常遇到的情形是其他臣子在堂上总是称"君王圣明"，没有人敢于指出他的缺点和过失；而子思却毫无顾忌地如此直言不讳。子思的直率，简直让他受不了，于是作揖之后甩手而去。

随后，成孙弋求见，鲁穆公向他说起与子思谈论忠臣的事，穆公说："我曾经向我的老师子思问起怎样做才算是忠君之臣，他回答我说：'能够经常指出君王缺点错误的臣子才可以称作忠臣。'我对他的说法非常迷惑不解，我认为没有得到真正满意的答案。"

成孙弋了解子思的性格与修养，他认为子思的回答是严肃而直率的，丝毫没有迎合君王投其所好的意味，因此，他对子思的回答持赞赏的态度。

成孙弋兴奋地对鲁穆公说："我以为子思说得很好啊！现在这个世上迎合君王的臣子随处可见，而能够经常地指出君王缺点错误的确实少见。那些迎合君王而阿谀奉承的，其目的是为了得到利禄与爵位；而经常地给君王指出缺点错误的，则是持守道义、不追求利禄与爵位的忠臣。持守道义而不看重利禄和爵位，不对君王唱赞美诗，这样的王者之师，不是子思，还能有谁呢？'能够经常地指出君王缺点错误的臣子，才可以称作忠臣'这样的话只能出自超凡脱俗的子思之口啊！"

成孙弋的话为鲁穆公解了困惑，穆公恍然大悟，连连称赞子思的直言之贵，气节之高！

说真话、讲真理是需要勇气的。真正讲士风的子思，为鲁穆公提供了自我修身与治国用人的真知灼见，也为思孟学派崇德尚贤、以德拒势的精神提供了有力的支持。子思直言忠臣之见，充分体现了《中庸》中的德本位、性本位、道本位的思想。

五、孔奋清廉守节

孔奋，字君鱼，西汉扶风茂陵（今陕西兴平）人。孔子十六世孙，褒成侯孔霸的曾孙。孔奋年少时勤奋好学，跟随大学者刘歆攻读《春秋左氏传》，领悟力称佳，受到刘歆的欣赏。刘歆对他的门人夸赞孔奋："吾已从君鱼受道矣。"

西汉末年王莽之乱时，孔奋携老母亲和弟弟孔奇在河西躲避战乱，依附在大将军窦融家中。东汉光武帝刘秀建武五年（29），窦融邀请孔奋担任姑臧县（今甘肃武威）长官。姑臧县是当时河西地区人们公认的最安定富裕的地方。这里地处东西方交通要道，商贾往来频繁，通商贸易范围及于附近的羌人和西域地区，每天都有四次集市，远避战祸，经济繁荣。由于地理位置和经济贸易方面的优势，致富不难。以往在姑臧任职的长官，不到几个月都能变得富有起来，可是孔奋到任四年之久，财产却一点都没有增加。孔奋为国尽忠，不以身家之富为荣。同时，在家中他又能对母亲力行孝敬，平日里非常细心地侍奉母亲，恭敬地善待母亲，尽己所能让母亲享用美味可口的食物，博得母亲的欢心，而他自己在生活上却一贯坚持节衣缩食，总是与妻儿同吃普通的粗茶淡饭度日。

当时社会处在尚未安定的环境中，士大夫们多不注重修养和操守，他们看不惯孔奋的特立独行、洁身自好，有人竟然对他的清廉加以嘲讽："身处脂膏，不能以自润，徒益苦辛耳。"认为他身处富庶的地方却不能得到资财使自己富有起来，真是白白地自讨苦吃！大丈夫修的是清廉气节，"富润屋，德润身"，孔奋自然不会对这种低俗的评论予以理睬，依然坚守节操。他体恤民众，施政以仁义平和为本，得到了当地官民的支持和拥护，并深得上级太守梁统的敬重。梁统火眼金睛识真才，他是当时河西地区的实力派人物，作为孔奋的上级，却从不以平常官属的礼节对待他，而是在孔奋到来的时候常常到大门口亲自迎接，并将其领入内室引荐给自己的母亲大人，作为家里的座上宾。

不久，该地区战乱平定，朝廷征召太守和县令进京，长官们在离开时自然要带走他们的财物。他们大多翻箱倒柜，尽力收拾好自家琳琅满目的宝物，以至于装载财物的车子一辆接着一辆，塞满了通向京城山川河泽的大小道路，这一情景被《后汉书·孔奋传》描述为："财货连毂，弥竟川泽。"大丈夫"忧道不忧贫"，在这些将要离开的官员中，只有孔奋单车上路，没有冲刺眼球的盈盈资财。赶来送行的官吏、百姓和羌胡少数民族地区的人民看到这一幕都互相转告说："孔君为官一向清廉自守，仁义贤惠，我们全县的人都受到了他的恩惠。如今他空车而去，我们怎不一起来报答他的恩德呢！"于是，大家立即凑集了价值超过千万的牛马、器物等，追赶数百里路，急切地要送给他。但是孔奋只是真诚地对乡亲们的深情厚谊表示感谢，而对大家凑集的东西却一点也没接受。

由于政绩清明，百姓爱戴，孔奋紧接着被任命为陇西武都（今属甘肃）郡丞。当时陇西形势紧张，残余的贼人隗茂，夜袭郡府，杀死了郡守。他们害怕为政有方的孔奋追击，就抓走他的妻子做人质，以此要挟孔奋。孔奋时年五十岁，只有一个儿子，但大丈夫一心为国，他毫不妥协，全力征讨贼人。被逼急的贼人把他的妻子、儿子推到阵前，逼迫退兵。孔奋绝不屈服，强力攻击，势不可挡，最终擒获消灭了贼人隗茂。大丈夫为国担当，只可惜他的妻儿却在交锋中被贼人所杀。为此，光武帝刘秀赞赏孔奋的气节与政绩，下诏褒扬并任命他为武都太守。孔奋升迁太守后，全郡官民都以他为榜样，修德自律，坚守操守，规范行为。他不改节操，《后汉书·孔奋传》记载："为政明断，甄善疾非，见有美德，爱之如亲，其无行者，忿之若仇，郡中称为清平。"

孔奋曾在多个地方做官，但身处混乱之境，固守廉洁而不放纵；处脂膏之地，甘于贫穷而不自润；处患难之邦，为国仗义而不退缩。他在家孝亲，于邦惠民，为国忠君。儒家"修身、齐家、治国、平天下"的大丈夫精神，在他身上得到了完美的呈现。孔奋德操名垂青史，至今受人称扬。

六、余论

孔子后裔廉政的家风如同儒家文化的其他内容一样，被世世代代传承下来，成为儒家思想的一个重要组成部分。

廉政，作为我国思想史上道德和政治建设的重要因素，在经历了西周、春秋战国时期之后，在封建社会经过了全面的发展和完善，不同学派的思想家从不同的侧面进行了充分的发挥，以致不同历史时期的统治者都把廉政建设作为道德教化和政权建设的主要内容，各个历史时期的思想家都能达成一致的廉政思想共识。

廉政是为官从政的基本职业道德与为政之道。“中国古代思想界对廉政的文化认识不仅推动了一些‘开明’的封建统治者试图进行一些廉政探索，而且也促进了中国古代政治历史上涌现出一大批一心为公、廉洁从政、被称之为‘清官’的廉洁之士，从而汇成了丰富的传统廉政文化……无论是历代思想家对廉政的呐喊，还是一些‘开明’的统治者对廉政的探索，都无法消除先秦阶级社会以降直至整个封建社会的贪贿腐败之风。因贪贿腐败的盛行而导致历代王朝‘其兴也勃焉’、‘其亡也息焉’的兴衰更替，始终是历代剥削阶级无法走出的历史轮回。尽管如此，中国传统廉政文化所包含的合理内核是不容置疑的，它为中国共产党加强廉政建设提供了丰富的文化积淀。”[1]

中国共产党从建立之日起，就树立了立党为公、执政为民的目标。一身正气，两袖清风。廉政之德，贵在常修。只有如此，才能密切党和人民群众的关系，才能赢得广大人民群众的支持和拥护，才能打牢拒腐防变的基础，才能永葆党的生机和活力。

我国当今的廉政文化建设，一直坚持社会主义先进文化的根本要求，坚持文化创新的重要成果，这是社会主义先进文化建设理论在廉政建设领域的运用和发展。社会主义先进文化，是一个丰富、完备、充满活力的思想、知识体系，渗透到物质文明、政治文明、精神文明各个领域，作用于党的各项工作和环节。廉政文化建设的精神实质，是引导全党全国牢固树立中国特色的社会主义理想，牢记全心全意为人民服务的宗旨，树立正确的世界观、人生观、价值观，增强执政为民的自觉意识，不断提高执政能力和执政水平，增强拒腐防变和抵御风险的能力，它既是社会主义先进文化在廉政建设方面的集中反映，也是社会主义先进文化的重要组成部分，是社会主义先进文化本质要求和服务方

[1]　唐贤秋：《从传统廉政文化渊源谈为政之德》，《广西民族大学学报》2007 年第 2 期。

向的体现。

党的十八大提出了“富强、民主、文明、和谐、自由、平等、公正、法治、爱国、敬业、诚信、友善”的社会主义核心价值观。这是全党全国上下同心实现中国梦的直接精神动力，是与时代发展紧密相连的推动力。社会主义核心价值观是我们党以马克思主义为指导的、以实现中国特色社会主义共同理想为目标的真知灼见。这是时代的强音，是爱国主义为核心的民族精神的体现，是社会主义核心价值体系的核心体现。与社会主义核心价值观紧密相连的廉政文化建设的核心价值观，是务实、为民、清廉。务实，就是认真研究中国特色社会主义建设中执政党廉洁从政的规律，坚持立党为公，开拓进取，勤奋工作，务求工作实效。为民，就是把广大人民群众的利益视为最高利益，一切想着群众，一切为了群众，一切方便群众。清廉，就是要保持我们党艰苦奋斗的优良传统，保持共产党员的优秀品德和高尚情操，廉洁奉公，廉洁从政，勤政为民。这一价值观，顺应了时代发展要求，反映了广大人民群众的意愿，代表着社会主义先进文化的本质要求和服务方向，反映着新时代的社会主义核心价值观的要求。

“不学诗，无以言”
——清代前中期孔氏家族诗人交游论略

管　蕾

孔子曾教导儿子孔鲤说：“不学诗，无以言。”孔氏子孙恪守祖训，“行有余力，则以学文”，从政耕读著述之余，研习诗书，创作诗词歌赋，传世诗文集数以千计，有影响力的诗文大家为数众多。尤其是清代，曲阜孔氏家族中的诗人群体迎来新的发展时期。

清军入关后，接受了方大猷的建议，全盘承认了孔氏家族在明代的一切特权，并封孔子第六十五代孙孔胤植为衍圣公。几代皇帝多次亲临曲阜祭拜孔子，不间断赏赐，孔氏子孙也受恩准选十五名陪祀生员送国子监读书。在从上到下尊崇优渥的氛围下，孔氏家族人丁兴旺，子孙致力读书，潜心著述，文化水平空前提高，不论是衍圣公还是孔氏族人许多人都有诗文传世。在康熙、乾隆年间，以孔氏族人为核心，形成了若干诗人团体。这一团体中有衍圣公，有孔氏族人，有颜氏族人，有阮元、翁方纲、顾彩等在当时政坛文坛中举足轻重的人物。他们时常聚在一起，诗歌唱咏，相互酬和。

这一文化现象，已成为学界关注焦点之一[1]。笔者从文学创作的视角切入，

---

[1] 具体到文学领域，孔尚任研究和孔氏女性作家受到较多关注：有汪蔚林辑《孔尚任诗》（科学出版社 1958 年版）、汪蔚林编《孔尚任诗文集》（中华书局 1962 年版）、徐振贵主编《孔尚任全集辑校注评》（齐鲁书社 2004 年版）、胡静《孔尚任〈续古宫词〉百首考论》（《中国典籍与文化》2008 年第 3 期）、徐爱梅《新见孔尚任莱州诗文创作述录》（《齐鲁学刊》2008 年第 5 期）、范芳丽《孔尚任诗歌研究》（山东师范大学 2008 年硕士学位论文）、杨璐《孔尚任诗歌研究》（广西大学 2008 年硕士学位论文）等。此外孔氏女性作家受到关注，成果有董倩倩《清代孔氏家族女性诗人诗作综考》（曲阜师范大学 2010 年硕士学位论文）、戴健《曲江亭雅集钩稽》（《江苏广播电视大学学报》2007 年第 6 期）等。

一方面考察康乾时期，孔氏家族诗群中交游对象的社会地位和社会影响；一方面考察他们的诗词唱和之作，也进一步研索曲阜孔氏家族代代相承的诗礼传家的家风。

一、康熙年间诗人群体

康熙年间，曲阜出现了一个诗人团体，活跃人物有孔尚任，衍圣公孔毓圻与夫人叶粲英及四个儿子孔传铎、孔传鋕、孔传钲、孔传镛，弟弟孔毓埏、孔丽贞父女，孔贞瑄，颜光猷、颜光敏、颜光敩兄弟，流寓曲阜的顾彩等。最为活跃的是孔尚任和孔传铎。他们经常诗酒唱和，孔尚任的《兰堂观兰，大宗翊宸公命题，同家宏舆博士、振路储公、西铭博士、顾天石、章鼎可诸君分韵，得崇字》诗就记载了衍圣公孔毓圻及二弟孔毓埏和两个儿子孔传铎、孔传鋕，寓居诗人顾彩等人的一次活动，孔传铎《书中乾蝴蝶，同顾天石、许复阳、罗志行、王秋史、章鼎可、陈力菴、李为龙、刘荻江、家壁六、东塘、大光限赋》诗记载了与孔尚任、顾彩、孔贞瑄等人的一次唱和。

康熙二十四年（1685），孔尚任奉命随同工部侍郎孙在丰赴淮扬协助疏浚黄河。在淮扬四年期间，孔尚任足迹遍布扬州、南京各地，结交当地明代遗民，与当地文人名士冒襄、黄云、邓汉仪、丁澎、许承钦、李艾山、朱国琦、黄交三等人多次集会，觥筹交错，唱酬应和。

冒襄（1611—1693），字辟疆，号巢民，明末复社中的著名人物，与《桃花扇》中主角侯方域、李香君关系密切，目睹了南明弘光朝廷的始末，明亡后隐居如皋拒绝出仕。孔尚任结交冒襄，始于康熙二十五年（1686）的一次聚会：

仲冬如皋冒辟疆、青若，泰州黄仙裳、交三、邓孝威，合肥何蜀山、吴江吴闻玮、徐丙文，诸城丘柯村，松江倪永清，新安方宝臣、张山来、谐石、姚纶如、祁门李若谷，吴县钱锦树集广陵邸斋，听雨分韵

孔尚任

雅会名流尽折巾，江南江北聚芳邻。
催诗淅沥来山雨，剪烛萧条献水莼。

痛饮须教肝胆露，坚留只有性情真。

满囊珠玉轻帆去，从此邗关话一新。[1]

次年，孔尚任曾在冒襄家中停留一月，离别后，孔尚任特意以书信向冒襄表达谢意："饱我以行厨之珍，投我以奚囊之玩，促促言别，情何以遣？"[2]康熙丁卯（1687）秋天，在冒辟疆将返回如皋之时，两人又再次相聚。

米家遗石归冒辟疆，写卷索题

孔尚任

拜石高风始老米，袖中岩壑云涛起。

世上茧足五岳游，宁知一拳具山体。

此石沦没不记年，逢君冷眼搜尘市。

辨款真出宝晋斋，藏之曾与砚山比。

老米孤行世所难，以石授受得知己。

剧爱非关累块形，朝摩夕玩有妙理。

君爱古石人爱君，瞻仰法物岂徒尔。[3]

这首诗被冒襄收入自己的《同人集》中，此后，冒襄与其子冒丹书各作长诗一首赠予孔尚任：

赠孔东塘博士（节选）

冒襄

星像分奎娄，迢迢指东鲁。

尼山特巍峨，圣人功万古。

聿纪先后贤，学道怀厥祖。

博士命世才，升堂仁义组。

[1]　孔尚任：《湖海集》，汪蔚林编：《孔尚任诗文集》，第18页。

[2]　孔尚任：《与冒辟疆先生》，汪蔚林编：《孔尚任诗文集》，第516页。

[3]　孔尚任：《米家遗石归冒辟疆，写卷索题》，汪蔚林编：《孔尚任诗文集》，第30页。

造物黎献俱，琦行超独处。[1]

石门山歌赠孔东塘先生（节选）

冒丹书

石门之山无不有，五岳同观信非偶。
半百相连东鲁城，严峦崔崒乾坤久。
徂徕泗水西复东，谁人指点白云宫？
石门何讣门生面，划然倒削盘苍龙。[2]

黄云，字仙裳，泰州人，为人义气，王晫编《今世说》曾收录黄云帮助州守陈素的事迹[3]。明亡后，黄云隐居不仕。孔尚任在湖海期间所交往友人中，黄云及其子黄交三与孔尚任交情最为深厚。孔尚任治河期间心情郁闷，孤苦无依，黄云曾给予了许多安慰，孔尚任曾感叹“非先生旦夕慰藉，风尘劳吏，几于生趣全无矣”。[4]即使在孔尚任离开淮扬返回北京之后，两人仍保持着频繁的书信来往。孔尚任对黄云给予的帮助一再表示感谢，“尘土马牛之人，得足下父子时相慰藉，义难友朋，情则亲串矣”。[5]孔尚任诗集中保留了许多赠予黄云的诗。

过黄仙裳草堂留别

孔尚任

天涯倾盖罄交欢，重到元亭去住难。
疾病相依为眷属，清贫屡款费盘餐。
吞声涕泪凭诗写，变态烟云信马看。
分手怜君头白尽，书函珍重慰长安。[6]

---

[1] 冒襄：《同人集》卷10。
[2] 冒襄：《同人集》卷10。
[3] 王晫编：《今世说》卷1，周骏富辑：《清代传记丛刊》第18册，第3页。
[4] 孔尚任：《答黄仙裳》，汪蔚林编：《孔尚任诗文集》，第505页。
[5] 孔尚任：《答黄仙裳》，汪蔚林编：《孔尚任诗文集》，第529页。
[6] 孔尚任：《过黄仙裳草堂留别》，汪蔚林编：《孔尚任诗文集》，第33页。

别孔东塘使君

孔尚任

野处谁人问薜巢，身先群彦访衡茅。

公余几度寻觞咏，道合何能判漆胶。

暂借胼胝磨利器，行看雷雨奋腾蛟。

今朝匹马临河别，斜日难禁泪不抛。[1]

这两首诗为孔尚任离开淮扬之时两人之间的赠答诗，情真意切，将朋友之间离别时的依依不舍之情描写得入木三分。

颜光敏（1640—1686），字逊甫，又字修来，别号乐圃，山东曲阜人。康熙六年（1667）进士，官任中书舍人，升至吏部郎中，任《一统志》纂修官。诗文、书法名扬一时，为“金台十子”之首。孔尚任与颜光敏同为曲阜人，友情由来已久，且颜光敏之女颜恤讳嫁于孔尚任的族孙孔兴焯，两人还有姻亲关系，交往自然更多。

康熙六年中秋，颜光敏同诸乡亲造访，且读孔尚任新作，孔尚任赋诗以记：

中秋独坐，喜颜修来考功同诸乡亲枉顾，读予新作

孔尚任

缓步长吁节又过，扫除闲院奈秋何。

寻谁看月愁霜重，自去摊衾惹梦多。

寒邸叨承深慰籍，拙诗惭愧朗吟哦。

同来话旧亲朋满，顿时心情忘薜萝。[2]

康熙二十年（1681）年，孔尚任典田捐纳为国子监生，首先向颜光敏写信说明，“弟近况支离可笑，尽典负郭田，纳一国子生，倒行逆施，不足为外

[1] 黄云：《别孔东塘使君》，《桐引楼诗》卷3。

[2] 孔尚任：《中秋独坐，喜颜修来考功同诸乡亲枉顾，读予新作》，汪蔚林编：《孔尚任诗文集》，第2页。

人道也"[1]，二人无话不谈。

淮扬治河之际，孔尚任听闻颜光敏的讣告更是悲痛欲绝：

维扬闻颜修来考功讣，北郭为位而哭之（节选）

孔尚任

七月出都掩别泪，久立迟回语再四。
南来不得故人书，漫天雪下寒江气。
为君日阅京邸抄，有人补却考功次。
或论资俸移选曹，及看选曹又非是。
此时疑病又疑归，中夜转侧添愁思。
书来实为考功亡，顷刻山崩斗星坠。
高哭低泣俱无声，精神强半从之逝。[2]

孔尚任与顾彩是终生的朋友。顾彩（1650—1718），字天石，号补斋，又号湘槎，江苏无锡人，工音律。孔尚任与顾彩相识于孔尚任在京为国子监博士期间，两人交往甚深。曾合作《小忽雷》传奇，由孔尚任构思情节，后由顾彩执笔填词。两人因戏剧多次交流，顾彩作《楚词谱》一部，完成后交由孔尚任，孔尚任以诗评价说："顾郎新谱楚词成，南雅清商绝妙声。何事招魂删一折？筵前无泪与君倾。"[3] 康熙三十四年（1695），顾彩离京去潮阳，孔尚任以诗赠之：

踏青日送顾天石之潮阳

孔尚任

正是津亭看柳条，送君何处不魂消！
巫云十二词留楚，春水八千路向潮。
放眼鳄溪连凤岭，垂涎丹荔与黄蕉。
相思只待归帆说，此地从来雁寂寥。[4]

[1] 孔尚任：《孔员外尚任》，《颜氏家藏尺牍》卷4，《丛书集成初编》，第199页。
[2] 孔尚任：《维扬闻颜修来考功讣，北郭为位而哭之》，汪蔚林编：《孔尚任诗文集》，第18—19页。
[3] 孔尚任：《燕台杂兴四十首》其一，汪蔚林编：《孔尚任诗文集》，第370页。
[4] 孔尚任：《踏青日送顾天石之潮阳》，汪蔚林编：《孔尚任诗文集》，第294页。

顾彩返京后，曾参加孔尚任组织的多次诗社聚会，孔尚任在《长留集》中留下许多集会诗作：《长至日集观音庵，同顾天石、林桐叔、王汉卓、陈健夫、李苍存论诗联社》、《展重阳同杨耐庵、闵左诚、蒋玉渊、费滋衡、颜季相、王汉卓、张远亭、李万资、陈健夫、程书焉、杨恭士、徐芝仙、顾天石、吴镜菴、张昭敬集岸堂》、《饮刺梅园松下，同庞雪崖、顾天石、沈驺士、樊花坡分韵》、《寒食集岸堂，同李万资、费厚蕃、顾天石、张玉山》等。孔尚任更是以诗记录下两人相聚的一次喜悦场景：

中春日大雪，与顾天石小饮

孔尚任

花朝雪逐晓风来，莺敛新簧蝶护胎。
琼树压残春锦绣，凤城修起玉楼台。
还留炉火今宵对，又缓园花下月开。
歌舞诗瓢休冷落，西山如画好传杯。[1]

衍圣公孔传铎与顾彩交情也很深，顾彩曾经在衍圣公府客居多年，孔传铎在《双调望江南·送顾天石南归》有“廿载深交千里隔”[2]之语，评价他“命世宏才捡绝伦，一谈一笑暖如春”[3]。与顾彩唱酬不少：

品泉同天石分韵三首（实为四首，选两首）

孔尚任

到处采奇为少留，载泉归去免虚舟。
偶尝涓滴皆清福，当筵侍史擘箜篌。
山光似黛千竿直，溪水如烟一鹭浮。
此景故园那可得，多君夹袋已全收。

---

[1] 孔尚任：《中春日大雪，与顾天石小饮》，汪蔚林编：《孔尚任诗文集》，第303页。

[2] 孔传铎：《红萼词》卷下。

[3] 孔传铎：《绘心集》卷上。

每偕徐儒醉花前，忽漫河干上别筵。
陶令停云词再赋，子荆零雨意相牵。
谢家不断鳞鸿史，米氏常通书画船。
报答琼瑶知有日，迟君来访杏坛边。[1]

如此情深义重，故在得知顾彩去世后，孔传铎悲痛万分，写诗悼念：

哭顾天石四首（选两首）
孔传铎
交情久不逾，投分荷忘年。
狷介贫方见，诗文老更传。
羁栖消岁月，囊橐累瑶编。
石上三生约，相于结后缘。

君与东塘友，生前若弟昆。
后先相谢世，花下孰开樽。
湖海稀宗匠，风骚失讨论。
天涯知己遍，怜我独招魂。[2]

孔传铎一生游历较广，结交众多。他曾多次与好友组织诗社，留下有《七夕前五日社集》、《社集限韵》等。他与孔尚任交情很深，二人好友互有交叉，组织的聚会活动也多有参加。孔传铎与清初诗文大家宋荦以及孙致弥、陈健夫等多有交往。

宋荦（1634—1713），字牧仲，号漫堂，历任江西巡抚、江宁巡抚、吏部尚书。作诗"意在规仿东坡时，宗之者非苏不学矣"[3]，著有《绵津山人集》六十九卷，《西陂类稿》五十卷，《漫堂说诗》及《江左十五子诗选》等。孔传

[1] 孔传铎：《盟鸥草》。
[2] 孔传铎：《绘心集》卷下。
[3] 钱林辑，王藻编：《文献征存录》（二），《清代传记丛刊》第11册，第683页。

铎《绘心集》中有写与宋荦的诗多首，从诗稿中可以看出孔传铎曾经多次前往宋荦的住所梁园拜访：

宋冢宰牧仲先生予告还里十六韵（节选）

孔传铎

画锦兼驰传，熙朝礼遇隆。
卿云标启事，汗简注肤功。
丽泽加吴会，荣光返宋中。
世乘商马白，屡赐汉袍红。
润度涵沧海，高文迈古风。
骏声山岳峙，龙剑斗牛冲。[1]

梁园怀古（节选）

孔传铎

孝王池台秋草没，沦落邻枚旧人物。
汉朝陵谷几推迁，惟剩梁园古时月。[2]

望宋牧仲冢宰西坡未至二首（其一）

孔传铎

闻说西坡好，清泠最擅名。
缘堤杨柳密，浮渚芰荷平。
泛艇鸥前导，开屏鹤出迎。
谢公游赏地，堪系古今情。[3]

孙致弥，字恺似，号松坪，江南嘉定人，康熙二十七年（1688）进士，官侍读学士，有《秋左堂集》。孙致弥诗“以跌宕流逸为长，而率易亦不

[1] 孔传铎：《绘心集》卷上。
[2] 孔传铎：《绘心集》卷上。
[3] 孔传铎：《绘心集》卷上。

免”[1]。孔传铎曾经在孙致弥去世之后，撰有挽诗：

挽学士孙松坪二十韵（节选）

孔传铎

学士银鱼此日焚，玉楼飘渺赋招魂。
锦衣无复过东舍，丹旐空闻返故园。
伊昔盛名起韦布，早膺天遣使雄藩。
遐陬喜观文星灿，属国咸知汉道尊。[2]

孔传铎与陈健夫交往也较多，曾多次赠诗予陈健夫。

寄陈健夫

孔传铎

西峰高士平安否，北望云山意邈然。
九月寒花应自好，五言佳句定多传。
热心无曳长裾日，古貌非弹短铗年。
若问近来相忆处，每回盥手诵瑶编。[3]

二、乾隆时期诗人团体

乾隆年间及其前后，曲阜孔氏形成了几个文化世家，他们都是衍圣公孔毓圻的后裔，著名的有孔继汾、孔广林、孔广森、孔昭虔祖孙，孔传铦、孔继浩、孔继汧父子，孔传钲、孔继涵、孔广栻、孔广根祖孙，孔广彬、孔昭杰、孔宪阶、孔宪彝、孔宪庚祖孙。颜氏家族有颜氏三兄弟后人颜肇维、颜肇恤、颜懋伦、颜懋价、颜懋侨、颜崇槼、颜崇渠等人，这几个文化世家相互交往唱和，以孔继涵和孔广森叔侄为核心，形成诗人群体。

[1] 张维屏：《国朝诗人征略初编》，《清代传记丛刊》第21册，第553页。
[2] 孔传铎：《绘心集》卷上。
[3] 孔传铎：《绘心集》卷上。

孔继涵和孔广森叔侄同为乾隆时期经学家，两人仕途轨迹相似，同为乾隆辛卯科（1771）进士，孔继涵官户部河南司主事，孔广森散馆授检讨，同在京师为官，朋友圈也互有交叉。

孔继涵曾自叙交友“过从者，钱唐卢裒经文弨，嘉兴钱晓征大昕，休宁戴东原震，程瑶田易田，长洲胡东表士震，大兴朱笥河筠，歙程鱼门晋芳，杭郡邵二云晋涵，鹤庆李仙嵒根玉，兴化任幼植大椿，桐城姚昔抱鼐，历下周林汲永季，扬州罗金牛聘”[1]，这批学者均为乾隆政坛、文坛的风流人物，大多参与过《四库全书》的纂修。卢文弨是著名校勘学家、经学家，翰林院侍读学士；钱大昕是著名经学家、史学家，翰林院侍读学士；戴震是皖派经学大师，天文、历算、音韵、小学，无不精通；程晋芳为经学家，官吏部主事，吏部员外郎；任大椿为经学家，官礼部主事；姚鼐为著名文学家、经学家，惜抱学派开山人，官礼部主事；周永年是著名藏书家、校勘学家；罗聘为“扬州八怪”之一。

在学派传承上，孔继涵和孔广森同为戴震弟子。戴震（1724—1777），字东原，又字慎修，号杲溪，安徽休宁人，与孔继涵、孔广森交情极深，将其女嫁与孔继涵之子孔广根，师友关系又增加了姻亲关系，卢文弨评价两人文风“其臭味之无差池也”[2]。戴震曾为孔继涵所校勘的《五经文字》、《九经字样》作《重刊五经文字九经字样序》，赞叹孔继涵“孔君好古而知所从事，能去华取实于世之所不讲。余读是刻，核定精审，不徒有功小学而已。治经之儒，欲先识字，其必自此书始”[3]。去世前，戴震把全部书稿付与孔继涵托其校勘付梓，孔继涵不负故人所托，校勘整理后寄予学有所长的戴震的门生故吏乞请作序，致书段玉裁说“兄与东原论韵最深，特相寄者，欲丐一序”[4]。书成后，孔广森为之作总序，序骈文，概括戴震一生之成就“敏而好学，信而好古，惟于戴君见之已”[5]。《戴震遗书》问世后，卢文弨感叹说“东原于是乎为不亡矣”。《清史稿·戴震列传》认为孔广森为戴震衣钵传人，“震卒后，测算之学，曲阜

[1]　孔继涵：《因居记》，《杂体文稿》卷 3，《续修四库全书》卷 1460，第 437 页。

[2]　卢文弨：《戴氏遗书序》，《戴震全集》，清华大学出版社 1999 年版，第 3453 页。

[3]　戴震：《重刊五经文字九经字样序》，《微波榭丛书》本。

[4]　《孔继涵致段玉裁书》，《戴震全集》，第 3460 页。

[5]　孔广森：《戴氏遗书总序》，《续修四库全书》卷 1476，第 377 页。

孔广森传之"[1]。

孔继涵、孔广森叔侄均与翁方纲有交往。翁方纲（1733—1818），字正三，又字忠叙，号覃溪，直隶大兴人，乾隆十七年（1752）进士，官至内阁学士，精通金石、谱牒和书画，书法与刘墉、梁同书、王文治齐名，苏斋学派开创人。三人相识于在京任职期间，爱好相同，交往颇多。乾隆四十一年（1776），孔继涵邀请翁方纲等人同游慈寿寺，二人均有诗作：

丙申四月十五日，同翁覃溪学士、张瘦铜舍人、吴蓉塘编修、周椒明孝廉、儿子广栻游慈寿寺，看娑罗树花，寺有明慈圣太后画像，归饮青柳书屋，同观光尧阁石经，瘦铜约用其看芍药韵（节选）

孔继涵

浪传异种种香台，废寺门涳破便开。
四树高花齐合裹，中天卵塔欲干魁。
闻馨得侣逡巡去，好事关心一再来。
疑是文官栽举院，谁笺尔雅擅通才。[2]

荭谷招同诸公游慈寿寺二首（其一）

翁方纲

百尺娑罗木，戎戎浮毳初。
会闻譬坚固，聊假散晴虚。
叩应芭蕉义，皤寻贝叶书。
白松时落子，雷雨欻阶除。[3]

孔继涵、翁方纲两人赠诗颇多，孔继涵有《翁学士以五律简示再同二首》、《翁学士过寿云簃观石鼓旧拓二本》[4]等诗，翁方纲有《孔荭谷户部席上

[1]《清史稿·戴震列传》。
[2] 孔继涵：《红榈书屋诗集》卷4，《续修四库全书》卷1460，第416页。
[3] 翁方纲：《复初斋诗集》卷14，《续修四库全书》卷1454，第475页。
[4] 孔继涵：《红榈书屋诗集》卷4，《续修四库全书》卷1460，第417页。

赋高丽茶花》[1]、《李南磵至都，荭谷书仓小山竹厂集鱼门斋同用南字》[2]、《芝山为荭谷作夏山欲雨图》[3] 诸作。孔继涵辞官归乡养母之时，翁方纲以诗赠之：

送孔荭谷农部请养归曲阜二首（其一）

翁方纲

敏捷钞书手，优闲奉母身。
归当仍壮岁，行及小阳春。
日下编初蒇，章邱箭更新。
牙签精点勘，勿笑北方人。[4]

乾隆四十八年（1783），孔继涵突然重病而逝，翁方纲得知后悲痛万分，为之亲撰《皇清诰授朝议大夫户部河南司主事孔君墓志铭》[5]，并亲笔题写了墓碑。

孔广森与翁方纲也有诗文来往，翁方纲曾为孔广森文集作序，序中谈到了二人交往，“凡作序者必于其书有所资证而后序之，予从来不欲以泛赞作题辞也，况吾扐约相与对榻论析非一日矣”[6]。翁方纲《复初斋诗集》中还有一首赠予孔广森的诗：

岐鼓凡将歌，为扐约赋（节选）

翁方纲

孔生嗜古不可量，手摹欵识穷夏商。
上丁陪祀戟门下，目无施薛潘与杨。
作诗作篆册示我，四字七字何琅琅。
仓颉爰历与博学，皆本史籀为津梁。[7]

---

[1] 翁方纲：《复初斋诗集》卷 11，《续修四库全书》卷 1454，第 457 页。
[2] 翁方纲：《复初斋诗集》卷 15，《续修四库全书》卷 1454，第 487 页。
[3] 翁方纲：《复初斋诗集》卷 15，《续修四库全书》卷 1454，第 490 页。
[4] 翁方纲：《复初斋诗集》卷 16，《续修四库全书》卷 1454，第 495 页。
[5] 翁方纲：《皇清诰授朝议大夫户部河南司主事孔君墓志铭》，《复初斋文集》卷 14，《续修四库全书》第 1455 卷，第 481 页。
[6] 翁方纲：《孔伪约集序》，《复初斋文集》卷 3，《续修四库全书》卷 1455，第 372 页。
[7] 翁方纲：《复初斋诗集》卷 12，《续修四库全书》卷 1454，第 458 页。

孔继涵与卢文弨友情很深。卢文弨（1717—1796），字召弓，号矶渔，又号抱经，乾隆十七年（1752）一甲三名进士。孔继涵与之有多封书信来往，两人同为校勘大家，信中多有心得交流。在乾隆庚子年信中，卢文弨说"古书之流传者稀矣，全赖好古有力之士摹印流通嘉惠后学。若复过于吹毛令人意怠，非乐与为善者所可出此，唯是古人大儒传注亦不能一无可訾。而校书之难则又如扫落叶，瑜多瑕少，转不妨略献所疑，如书中定之"[1]。孔继涵常把已校勘完毕的书籍付与卢文弨予以指正，卢文弨也往往提出中肯的建议，如针对孔继涵校勘的《九经字样》及《方言疏证》等书，卢文弨就指出"《石经》之字不尽依《说文》、张氏唐氏之书，唯《石经》是从。故校者不当以《说文》绳之，且张参于小学殊不精，故于夲本陕陜氾汜等字其说多混"[2]。孔继涵死后，卢文弨以一篇情真意切的祭文悼念，赞扬他淡于名禄而专志学问，"呜呼，君盖天下学士之所以为宗主者也！自成进士后嗜学转笃，服官农部，恐不能卒所业，亟告归。左图右书日有所采，获得古来遗文坠简为一一整齐补缀出……"[3]

孔继涵与戚学标交往也很多。戚学标（1742—1824），字翰芳，号鹤泉，浙江太平人，乾隆辛丑（1781）科进士，官涉县知县，后改宁波教授。著有《毛诗证读》、《读诗或问》、《四书偶谈》、《方言》、《汉学谐音》等，诗文集有《景风堂诗集》、《鹤泉文钞》、《鹤泉文钞续编》。

乾隆四十三年（1778），孔继涵邀请戚学标至孔府任教，黄河清在《鹤泉文钞》中曾记载说"鹤泉冠即游松冈，中间馆曲阜孔氏"。[4] 在曲阜任教期间，孔继涵与戚学标遍游曲阜名胜古迹，留下众多唱酬诗：

庚子二月二十日饮浴风亭

孔继涵

此行端为杏花来，破晓将军上墓回。
数齿礼先群从饭，无人独进午前杯。

---

[1] 卢文弨：《与孔荭谷书》，《抱经堂文集》卷 20，《续修四库全书》卷 1432，第 716 页。
[2] 卢文弨：《与孔荭谷书》，《抱经堂文集》卷 21，《续修四库全书》卷 1432，第 721 页。
[3] 卢文弨：《孔荭谷户部哀辞》，《抱经堂文集》卷 34，《续修四库全书》卷 1433，第 84 页。
[4] 黄河清：《鹤泉文钞序》，《鹤泉文钞》，《续修四库全书》卷 1462，第 341 页。

杨花落地蜂儿出，麦叶扬旗布谷催。
只惜去年吟赏处，垂杨一树十围摧。[1]

次孔农部渶谷浴风亭韵

戚学标

散发归来罢六参，利名繮锁尽情戡。
新词绮艳倾黄九，野服粗疏效魏三。
雨洗晓山青入画，云溶春水白于泔。
老狂故态时时发，笑折林花向客簪。[2]

乾隆四十五年（1780）二月三十日，同戚鹤泉出城，由长松亭沿沂而东，至逵泉观至元石幢，登郊台，遂至旧县城北看桃花，饮于春及园，幢刻记并诗。

同鹤泉，次韵

孔继涵

为看城南十九泉，泉源珠贯复星圆。
杯携黑暗新筜酒，时值清明禁火天。
科斗春流蛙子聒，沟塍细径蚁行缘。
闲身休负闲碑版，始识元时寓老禅。[3]

逵泉同渶谷观元人同乐碑，次韵

戚学标

石门游罢到逵泉，一路松排似盖圆。
潜伏水源深出地，倒悬云影静涵天。
山林盛事耆英会，风雨残碑翰墨缘。

[1] 孔继涵：《红榈书屋诗集》卷 4，《续修四库全书》卷 1460，第 420 页。两个“催”字有误，但原书如此。
[2] 戚学标：《景文堂诗集》卷 8，《续修四库全书》卷 1462，第 305 页。
[3] 孔继涵：《红榈书屋诗集》卷 4，《续修四库全书》卷 1460，第 420 页。

何处一声钟杵落，由来此地本无禅。[1]

同鹤泉围棋，复叠前韵

孔继涵

松声稷稷尽歕泉，袌手看人用智圆。
热处难忘翻旧谱，闲中好与补先天。
双持劫缓从容应，一线边长急遽缘。
著子究当宽路稳，休嗤只木野狐禅。[2]

端午同�谷围棋，用前韵

戚学标

醒心一歃润南泉，细审楸枰落子圆。
颇似攻围成蔽国，还从动静悟先天。
疏帘清簟浑忘暑，绿醑香蒲具有缘。
得共中郎耽坐稳，从教人笑木狐禅。[3]

此类唱酬诗在二人的诗集中还有许多，足可见二人情谊之深厚。

孔广森与姚鼐有着亦师亦友的关系。姚鼐（1731—1815），字姬传，又字梦谷，室名惜抱轩，世人称其惜抱先生，安徽桐城人。乾隆三十三年（1768），姚鼐主持山东戊子科乡试，年仅十七岁的孔广森被姚鼐选拔中举，从此交往终生。孔广森去信与姚鼐探讨古代禘祫之事，姚鼐在指出孔广森持论偏颇后提出：“夫读经者，趣于经义明而已，而不必为己名；期异于人以为己名者，皆陋儒也。撝约以为然乎？鼐于义苟有所疑，不敢不尽，非有争心也。苟不当，愿更教之，得是而后已。”[4] 乾隆四十二年（1777），孔广森因母亲去世，辞官回乡，姚鼐作序为之送归：“撝约年仅二十而有高才，广学而远

[1] 戚学标：《景文堂诗集》卷 8，《续修四库全书》卷 1462，第 306 页。
[2] 孔继涵：《红榈书屋诗集》卷 4，《续修四库全书》卷 1460，第 420 页。
[3] 戚学标：《景文堂诗集》卷 8，《续修四库全书》卷 1462，第 306 页。
[4] 姚鼐：《复孔撝约论禘祭文》，《惜抱轩全集》，第 70 页。

志，蕲为古人而不溺于富贵。然则其必不以人之所以乐之者自乐也。《传》曰：‘莫知其苗之硕。’何也？诚爱之深也。余诚无状，然爱㧑约之深，殆未有若余者。”[1]孔广森回到曲阜之后，在城外筑“仪郑堂”专心读书，致信与姚鼐请求为之作记。姚鼐欣然承接，作《仪郑堂记》：“曲阜孔君㧑约，博学工为词章，天下方诵以为善。㧑约顾不自足，作堂于其居，名之曰‘仪郑’，自庶几于康成，遗书告余为之记，㧑约之志，可谓善矣。”[2]收到姚鼐来信后，孔广森欣喜若狂，向姚鼐回信述说其激动的心情“如来郳骑，方穷宝玦之绳；恐效津龙，遽化丰城之锷。雕陵顾字，涣水腾文，欢喜奉持，回还诵读，去天三尺未喻声高，绕极一旬定知尘起”[3]。

在得知孔广森英年早逝后，姚鼐作《哭孔㧑约三十二韵》以哀之：“孔梦兴畴昔，斯文失在兹。世从乖大义，家尚诵闻诗。旧德诚遥矣，通家愿附之。壁中书若授，坐上客何辞。往岁南宫直，东征使节持。鹿鸣君始赋，骏骨窃先知。庾信升朝岁，扬雄好赋诗。翰林真不忝，家法亦胡亏。文富韩陵石，书摹邹峄碑。谈经工折角，好学复深思。海宇承无事，宫庭大有为。九流雠秘省，三俊接彤墀。博诵先王语，当求孔氏师。二刘今几见，后郑独勤仪。……”[4]赞扬孔广森好学博识。

三、结语

康熙、乾隆年间以孔氏家族诗人群体交游网络反映出，作为一个文化世家，孔氏后裔博览群书，诗词创作卓有水平。

与家族繁荣情况同步。自汉以后，孔子地位不断上升，历代政府对孔氏家族的优抚也逐渐增加，到清朝达到极致。教育、经济上的优待，诗礼传家的家族传统，浓郁的学习氛围，使得家族成员能把更多的精力投入到治学中，随之而来的是深厚的学术造诣，以及不断提高诗词水平。

---

[1] 姚鼐：《赠孔㧑约假归序》，《惜抱轩全集》，第 83 页。

[2] 姚鼐：《仪郑堂记》，《惜抱轩全集》，第 165 页。

[3] 孔广森：《上座主桐城姚大夫书》，《骈俪文》卷 2，《续修四库全书》卷 1476，第 374 页。

[4] 姚鼐：《哭孔㧑约三十二韵》，《惜抱轩全集》，第 427 页。

除了孔氏家族成员的个人魅力外，政府对孔子的推崇，对孔氏后裔的优渥，让士人心目中对曲阜，对与孔氏族人结识交往产生向往。

这两方面因素的契合，使得在康熙、乾隆两个时期形成了以孔氏家族成员为核心的诗人团体。以文会友，以友辅仁，孔氏家族周旋政坛，优游文坛，既充实自己，提高自己的素养，也提高了家族的素质，增强了家族的影响力，使孔氏家族成为名副其实的文化世家。

《礼记·经解篇》曰：“入其国，其教可知也。其为人也，温柔敦厚，诗教也；疏通知远，书教也；广博易良，乐教也；絜静精微，易教也；恭俭庄敬，礼教也；属辞比事，春秋教也。……其为人也，温柔敦厚而不愚，则深于诗者也。”孔子诗教理论有着“温柔敦厚”、“兴观群怨”、“思无邪”等诸多作用。孔氏家族成员的诗作水平虽有参差，但作为孔氏后裔能覃心经史，吟诗赋词，其社会意义远远大于对诗作艺术价值的评判。倍受优待的孔子后裔都可以专心读书著述，何况士人百姓，如此一来社会上开卷有益蔚然成风，更多的人把精力投入到读书中。

曲阜孔氏家风与党员干部家庭建设

孔庆国　胡亚军

习近平总书记2015年参加春节团拜会时指出："不论时代发生多大变化，不论生活格局发生多大变化，我们都要重视家庭建设，注重家庭、注重家教、注重家风，紧密结合培育和弘扬社会主义核心价值观，发扬光大中华民族传统家庭美德。"在十八届中央纪律检查委员会六次全会上，习总书记再次强调："抓作风建设要返璞归真、固本培元，在加强党性修养的同时，弘扬中华优秀传统文化。……每一位领导干部都要把家风建设摆在重要位置，廉洁修身、廉洁齐家。"优秀的传统家风文化，尤其是儒家思想的创立者孔子树立的家风，积淀着孔氏家族最深沉的精神追求和治家经验，是我们当今建设新时代的家风不可或缺的精神内核。

一、曲阜孔氏家风的基本理念和核心价值

孔氏家族重视教育的传统、好学善学的经验、学诗学礼的遗训、帝王恪谨家声的鼓励、国家设学科举的优待、衍圣公严格的规范管理，使孔氏家族保持了良好的家风，身体力行去践行孝、悌、忠、信、礼、义、廉、耻，受到人们敬慕。从春秋时代的"学诗礼"到明代的《孔氏祖训箴规》，家训一直是孔氏族人的行为指南和道德规范。孔氏家风呈现出体系化特征，包含诸如家庭教育、祭祀制度、管理组织、礼仪文化、惩戒制度、族规祖训、饮食起居等各个方面。家风的力量在于明是非，知廉耻，懂礼让，奉孝道，讲诚信，尚向上，守本分，有良知。曲阜孔氏家风的内容体现在孔氏家族的身体力行上。归纳提

炼起来，其所蕴含的基本理念和核心价值，有以下几个部分：

第一，学诗学礼，诗礼传家。孔子一生把精力用在教育事业上，他打破教育垄断，开创了私学的先河，弟子三千、贤人七十二。弟子及其再传弟子把孔子及其弟子的言行语录和思想记录下来，整理编成儒家经典《论语》。他的思想对后世影响深远，被后世尊为至圣、万世师表。曾修《诗》、《书》，定礼、乐，序《周易》，作《春秋》。孔子一生勤奋好学，为子孙和学生树立了光辉的榜样。孔子教子的庭训散见于《论语》中，据《论语》记载，有一天孔子独立庭院中静默沉思，其子孔鲤快步从他身边走过，孔子突然叫住孔鲤问："学诗乎？"孔鲤回答："未也。"孔子教导他："不学诗，无以言。"孔鲤退而学诗。又有一天，孔子又独立庭院中，孔鲤快步过其侧，孔子又叫住他，问："学礼乎？"孔鲤对曰："未也。"孔子教育他："不学礼，无以立。"孔鲤退而学礼。孔子在家庭教育中要求儿子孔鲤努力学习中国古代的传统文化，学习社会的典章制度和伦理道德规范，使之在学业和道德上能够有所建树，将来成就一番伟业。所谓"不学诗，无以言"，"不学礼，无以立"，强调的就是读书与做人的结合，治学与修身的统一。《孔氏祖训箴规》说："祖训宗规，朝夕教训子孙，务要读书明理，显亲扬名，勿得入于流俗，甘为人下。"其实就是教导训诫子孙，一定要让他们多读书明白事理，显名称誉于世，光耀祖宗。不得入于流俗，甘愿居于他人之下。

第二，家和睦邻，善于治家。孔氏族规、家训具有强烈的圣裔意识，有着严格要求自己，提倡伦理道德，践行孝悌忠信礼义廉耻等特点，集中体现在家和睦邻。在孔子看来，一个人日常的生活首先存在于与其家庭成员的交往中。因此，家庭伦理是最重要的伦理规范。子曰："仁者人也，亲亲为大。"在人与人的关系之中，最根本、最首要的，莫过于父母与子女的关系、兄弟姐妹间的关系。具体说是父慈子孝，兄弟相爱，夫妻相敬如宾，正所谓"家和万事兴"。孔子的家庭伦理规范主要处理两类关系：父子关系和兄弟关系。针对前者的关键词是"孝"，针对后者的则是"弟"（悌）。《孔氏祖训箴规》："谱牒之设，正所以联同支而亲一本。务宜父慈子孝，兄友弟恭，雍睦一堂，方不愧为圣裔。"家谱的修订，起到了联系同一支脉亲近同源所出的人的作用。家庭成员务必提倡"父慈子孝，兄友弟恭"，和睦一家亲，才不愧为圣人的后代。

对于这一伦理规范在孔子看来，如果一个人能够践行家庭伦理规范，那么他对家庭成员以外的人也能够心存仁心。孔子说，晚辈在家应当孝顺父母，出外则会尊敬长辈，做事谨慎而说话诚信。这样的人会将家庭中的孝道用于所有人，从而使整个社会形成亲如一家的氛围。由此，家庭伦理规范上升成为公民道德。《孔氏祖训箴规》："春秋祭祀，各随土宜。必丰必洁，必诚必敬。此报本追远之道，子孙所当知者。"春秋祭祀，各地根据自身的条件行事。但主祭之人必须举止得当，穿着整洁，真心实意，有所敬畏。这是报恩思源、追怀祖先的方法，子孙应该知道。《孔氏祖训箴规》："圣裔设立族长，给与衣顶，原以总理圣谱，约束族人，务要克己秉公，庶足以为族望。"圣人后代设立族长，给予相应功名，是让他统一管理族谱，约束族人的行为。族长一定要克己秉公，不辜负族人的期望。

第三，先义后利，力为良吏。《孔氏祖训箴规》："崇儒重道，好礼尚德，孔门素为佩服。为子孙者，勿嗜利忘义，出入衙门，有亏先德。"强调崇儒重道，好礼尚德，向来是孔门传统。作为孔氏子孙，不能嗜利忘义；做官不要做出有损祖先德行的事情。《孔氏祖训箴规》："子孙出仕者，凡遇民间词讼，所犯自有虚实，务从理断而哀矜勿喜，庶不愧为良吏。"这是要求出来做官的子孙，凡是遇到民间诉讼，案件自有虚实，务必理性判断，怀哀怜之心，切莫自鸣得意，但愿不愧为贤能的官吏。

第四，践行忠孝，家国同构。孔子努力以家庭伦理为基础构建政治秩序，在他回答"为什么不从事政事"这个问题的时候，甚至直接把传播孝悌之举视为政治。《论语·为政》："《书》云：'孝乎惟孝，友于兄弟，施于有政。'是亦为政，奚其为为政？"这就是说，一个人孝顺于父母，与兄弟友爱，把这个孝悌的道理传布到当政者那里，就是在从政，如果这都不算从事政事的话，要怎样才算是从事政治呢？孔子还说："教以孝，所以敬天下之为人父者也；教以悌，所以敬天下之为人兄者也；教以臣，所以敬天下之为人君者也。"（《孝经·广至德章》）家与国这两个最重要的人类联合体之间就有了一致性。因此，孔氏家族强调："孔氏子孙徙寓各府州县，朝廷追念圣裔，优免差徭，其正供国课，只凭族长催征。皇恩深为浩大。宜各踊跃输将，照限完纳，勿误有司奏销之期。"（《孔氏祖训箴规》）徙居于各府州县的孔氏子孙，朝廷追念你们是圣人后代，优抚免除徭役，应当缴纳的国家税收只通过族长征收。皇家恩宠实在盛大。孔氏子孙理应踊跃缴纳赋税，按期足额完成，不要耽误了官府上报征收钱粮的期限。同时强调了个人命运与国家命运要紧密结合起来。

二、曲阜孔氏家风传承的主要方式

第一，以家学相承为主的教化劝勉。孔氏后裔，大都能恪守祖训，通习儒学，虽然经历了历朝历代的变革，以儒家学说为核心的孔氏家学，在孔子后裔中代代相传，经久不废。一个家庭或家族的“家教”、“家学”等不仅是社会道德内化为家庭道德和个体道德的重要途径，而且是家风传承的主要方式和重要途径。家风传承这一内化过程并不是一开始就在全社会范围内发生的，而是一个由世家大族制定并引领公共舆论的渐进过程。正如陈寅恪先生在《唐代政治史述论稿》中篇《政治革命及党派分野》中曾指出：“所谓士族者，其初并不专用其先代之高官厚禄为其唯一之表征，而实以家学及礼法等标异于其他诸姓。”“夫士族之特点既在其门风之优美，不同于凡庶，而优美之门风实基于学业之因袭。故士族家世相传之学业乃与当时之政治社会有极重要之影响。”可见，在中国传统社会，世家望族的“家教”、“家学”不仅发挥维系家族传衍的功用，而且曾经引领社会风尚的潮流和方向，成为中国传统社会文化的基调和底色。

第二，以族训家规家谱为主的文本样式。曲阜孔氏家风沿袭传承了两千多年，经久不衰。有必要对孔氏家风的传承方式进行探索分析。

居住在曲阜的衍圣公即孔府的主人，是孔氏全族中的大宗主。由衍圣公直接管理的曲阜孔氏宗族与分布在全国各地的孔氏支族保持着紧密的主属关系。孔府为了加强对孔氏族人的管理，于明万历十一年（1583）颁布了具有纲领性质的族规——《孔氏祖训箴规》，它对全体孔氏族人具有总体的指导作用，要求各地族人严格遵守，各支族机构也负有义务保证它的实施。《孔氏祖训箴规》主要目的是告诫族人要“崇儒重道，好礼尚德，务要读书明理”。核心理念是“勿要嗜利忘义，勿要有辱圣门”。《孔氏祖训箴规》在家庭生活方面，要求子孙祭祀祖先，不忘其本；与家人相处要遵循父慈子孝，兄友弟恭的和睦原则。在个人行为方面，则强调面对利益勿嗜利忘义，管理公务要秉承克己秉公的原则。族训家规不仅是用来教育子弟、惩戒家族成员的道德准绳和行为规范，而且是孔氏家风的具体表现形式和重要符号标识。

第三，以身体力行为主要内容的身教示范。曲阜孔氏家风传承，主要通过口头方式传承，亲子相传、子弟自相师友，还有长辈的“身体力行”，其中包含历代嫡裔“圣人之母”的教育及身体力行。孔氏家族在肯定“言传”价值的基础上，更强调居“上伦位”者对居“下伦位”者进行教育时，要自律立德，以身示教，直接体现为居“上伦位”者能以身作则，率先垂范。《论语·子路》载：“其身正，不令而行；其身不正，虽令不从。”“不能正其身，如正人何？”这其中“言传身教，身教为贵”的家庭教育思想，更加彰显出恒久的生命力，其闪耀着的智慧光芒，光耀后世家规家训。

第四，以衍圣公府儒景教育为主要内容的情景样式。孔府中建筑物的名称、绘画及匾额对联，如“重光门”、“戒贪图”、“忠恕堂”、“安怀堂”，显示了孔子嫡裔努力廉政为官、报效家国、感恩圣哲的决心。衍圣公在孔府里办公和生活，孔府的一景一品、一石一树、一匾一联，均受博大精深的儒家思想泽被，以及为政以德的孔氏家风熏陶。

第五，以追思祖先为主的祭祀仪式。孔子推崇周礼，强调“慎终追远”，重视丧葬与祭祀。《孔氏祖训箴规》强调：“春秋祭祀，各随土宜，必丰必洁，必诚必敬，此报本追远之道，子孙所当知者。”春秋祭祀，各地根据自身的条件行事。但主祭之人必须举止得当、穿着整洁，真心实意、有所敬畏。这是报恩思源、追怀祖先的方法，子孙应该知道。孔氏家族奉祭祀以践行尊孔崇儒。孔氏家族的祭祀体系以“祭孔”为核心，包括国家祭祀和家族祭祀两个层面。孔子去世后的第二年（前 478），鲁哀公因旧宅立庙，命孔子后裔“岁时奉祀”，这是家族祭孔的开始。始祖祭祀是孔氏家族祭祀礼仪制度的基本内容和基本特征，其目的在于维持家族内部秩序起到慎终追远，奉祖收族的作用。

第六，以加强管理为主的制度样式。孔子后裔，自孔子起两千余年来，族属繁衍日益增多。为使其族属代代不乱、长幼有序，老少尊卑各有条理，必须有一套科学的管理方法。包括管理组织和管理规则。管理组织主要是指以家族族长为首的组织机构，管理规则是指族规家训。这两个方面紧密结合，形成了孔氏家族牢固的管理基础。

三、曲阜孔氏家风对当今党员干部家庭建设的启示

当代党员干部家庭发生的变化，已经从传统家族社会转变为今天法治社会，从原来血缘关系结构转变为今天地缘性共同体关系，同时少数党员干部家庭也出现了一些问题和教训。搞好党员领导干部的家风建设既是提高执政能力的直接体现，也是促进我们党的事业长期发展的坚实基础。因此，必须对曲阜孔氏家风进行现代转换，深入挖掘曲阜孔氏家风的当今社会适应性，以曲阜孔氏家风作为构建现代家风的重要底色，按照构建社会主义核心价值观的要求赋予其新的时代内涵，对传统文化视域下当代党员干部家庭建设，提出行之有效的、合理的、科学的、具有前瞻性的原则与方法，实现古为今用。可从中汲取的现代启示可以概括为以下六个方面。

第一，重视立德为上，修身立德。党风、政风对社会风气大有影响，党员干部的家庭家风问题，仍旧被广大群众所关注。虽然家风并不是领导干部工作的全部，但是它就像一个晴雨表，对于监测领导干部自身的党性修养具有重要作用。因此，治家以德应当成为新时期党员干部的一门必修课。在传统儒家的价值观体系中，自古即有“三不朽”（《左传·襄公二十四年》载：“太上有立德，其次有立功，其次有立言。虽久不废，此之谓不朽。”）之说，三者之中又视“立德”为“太上”之功。这种立德为上的价值取向深刻地影响了古人的教育观念，致使传统家规家训特别强调立德为上，将德育置于教育的首位，将教育的根本目的确定为树人，并以此理念教育子孙修身立德，以德立身。《大学》中“自天子以至庶人，壹是以修身为本”的说法，旨在告诫子孙修身立德的重要性，教育子孙要修身立德，以德立身，从小培养他们的道德行为习惯和道德品质。

第二，重视家庭教育，撰训立规。重视家庭教育是中国传统文化当中最重要的优良传统之一。孔氏家族亲力亲为撰训治家，是为了贯彻祖训精神，约束族人的不当行为。万历十一年（1583），孔尚贤颁布了具有纲领性质的族规《箴规》，强调了崇儒重道，好礼尚德等孔门传统，要求子孙无论何地、从事

何种职业都要遵守“父慈子孝，兄友弟恭，雍睦一堂”、“克己秉公”、“读书明理”、“勿嗜利忘义”的家规。尤其难能可贵的是，从训主身份看，历代衍圣公承担了大量的社会责任，他们的工作重心应当是为官从政，但即便是日理万机，仍旧亲力亲为、撰写家训，嘱诫家族成员修身成人。党员干部要注重对子女的教育，要倡导以孝立家、以俭持家、以善固家之风气，立家规重家教，就是发挥祖训家教在家风建设中的涵养和约束作用。家庭是思想性格的塑造场，家教是人生价值的奠基石，是人生的“第一粒扣子”。老一辈无产阶级革命家都非常重视立家规。毛泽东同志要求子女树立平民思想。周恩来同志要求家人和亲戚严格遵守“十条家规”。这些都为我们树立了光辉的榜样。因此，我们要建立起优良家风并传承下去。

第三，重视“朴素家风的培养”，树立社会主义义利观念。艰苦朴素是中华民族的优良传统，在孔氏家风中，俭以养德是一个非常重要的教家要求，俭以养德则是从物质消费的角度教家的，孔子在温、良、恭、俭、让中把俭作为为人的态度之一。他本人在生活中是很注意节俭的，他说过：“麻冕，礼也；今也纯，俭，吾从众。”孔子认为，做行冠礼的帽子，用麻用丝，只是原料不同，和礼的本质无关，所以用什么节俭，就用什么。这就体现了孔子“礼，与其奢也，宁俭”的思想。孔子不但自己保持着艰苦朴素的生活作风，而且还在家庭中提倡这一生活作风。节俭在古代家庭教育当中被认为是一种美德，但并不是要无度节俭，反而强调的是一种适当、合理。要求人们消费的水平和需要的程度相适应，既不做吝啬鬼，也不做奢靡浪费之人。由此可见，对照古人这种简素持家、俭以养德的教家方式，今天的物质生活虽然丰富了很多，但是仍旧存在着世界性的粮食危机，节俭的传统并没有过时，干部家庭，尤其要时时教诫家庭成员养成朴素家风，避免享乐主义和奢靡之风，从而树立社会主义义利观念、家国观念、干群观念，做为民务实的好干部、好公仆。

第四，重视培育践行社会主义核心价值观，涵养家庭美德。社会主义核心价值观是党员干部家庭美德建设的精神旗帜和政治文化导向，是党员干部修身的主题、治家的规范、家风的核心、家德的灵魂。要通过特殊的甚至是行政化、政治化的手段和方式，把践行社会主义核心价值观的要求与党员干部良好家风具体生动地呈现出来，使干部及其家庭成员在潜移默化中受到熏陶，在平常生活中增强认同，在享有社会尊重中提升品位，在引领社会风尚中涵养尊严，从而更好地发挥党员干部在家庭生活中的主导作用、在社会生活中的独特作用、在家庭示范带动中的优势作用。把中国家庭传统的基本原则与现代化家庭元素结合起来，大力倡导家庭民主、成员平等、生存自立、正义为怀的人性品格，并使这种品格在涵养于“自家”的同时，也能为社会中的“他家”树立榜样。

第五，重视德法共济，遵守党纪国法。教化与法律治理在本质上殊途同归，在效能上互为补充。要让法成为党员干部内心的道德，让道德成为约束党员干部家庭的法律。同时要在家庭伦理建设中完善有关党员干部家风的党规党纪。从党员干部家风建设来说，党员领导干部在家庭问题上是要讲党性和政治原则的。因此，要有对党员干部处理公私各种工作关系的伦理动机、道德素质、行为方式、人格信用和社会声誉进行评估的制度化安排，建立相应的党员干部家庭信用档案和道德档案，完善党员干部个人与家庭重大事项报告制度，从严制定领导干部家属子女和直系亲属从业回避制度，重视建立健全包括家庭主要成员在内的干部征信体系。要明确党员干部应遵循的伦理原则、道德底线及行为规范准则。做好党规与国法在监督党员干部上的制度统一对接、体制合理转换、机制有机协调、行动同频共振的整合性工作。

第六，重视榜样促进，学习治家之道。当代家风建设应以社会主义核心价值观为指导，以引领人们追求真正的家庭幸福为旨归，力求做到继承传统，推陈出新，统筹兼顾。（一）党员干部要正己身，就是以身作则，当好表率。家风好不好，家长、掌门人起主导作用。领导干部在家庭乃至家族中往往都是核心人物，其一言一行都是家规的模板、家风的旗帜，只有以身作则，恪守家规，传承家风，才能为家人做出榜样。要廉洁自律、清白做人、干净做事。要知行合一、言行一致，做到家里和家外一个样、台下和台上一个样、八小时外和八小时内一个样，始终保持高尚的道德情操和健康的生活情趣。（二）将家庭、家教、家风建设与传统文化、红色精神和时代内涵相结合，树立“干部最美家庭”的示范模式和规范标本，倡导和推广党内先进人物和道德模范的家训，确立优秀传统文化传承与“干部家庭当表率、干部家教作样板、干部家风促民风”相结合的建设目标，形成家风正促进党风正，党风正促进民风正的良性循环。（三）我们党历来要求领导干部要管好配偶、子女和身边的工作人员，搞好家风建设。在这方面，毛泽东、周恩来、邓小平、习仲勋等老一辈革命家给我们树立了很好的榜样。他们倡导的优良家风，以及其中蕴含的治家理念，早已成为我们党和国家有口皆碑的佳话，值得我们品味和弘扬。

18世纪中日家训比较

杨　阳

中日两国，一衣带水，文化相通。自从平安时代《颜氏家训》传入日本后，日本人就借鉴了家训这一家庭教育形式。此后，尽管日本与中国在文化上仍有联系，但由于政治、经济的发展，家庭结构和家族生存模式的变化，家训也呈现出了不同的发展方向。

一

18世纪的中国，正处于康乾盛世。经济繁荣、人口增多的同时，统治者开始逐步实行闭关锁国的政策。但是，商人的往来以及城市文化的发展，使得社会分层更加多元。这一时期，传统家训的各种形式，例如专著、诗歌、规条、书信等，都被继承下来。整个社会，上至皇室，下到平民，都非常重视训家教子。

如果把历代家训的数量用线形图来表示，18世纪可以说是达到了一个顶点。与前代相比，特别是与宋以前的家训相比，这一时期的家训，对社会大众的思想和思维方式的影响更明显。在内容上，这一时期的家训也不只是谈理论，而是更注重其操作性。现存资料表明，隋唐及以前的家训，更多地集中在贵族家庭中。这些家训对整个社会的影响力相对较弱。而宋代以后，由于士人家训的兴起，以及家族组织的日渐严密，家训中的思想，影响了千家万户。进入明清，连长期不受重视的商贾家训，都得到了长足发展。到了18世纪，家训的思想渗透能力更是无孔不入。

18世纪的日本，正处在江户时代，闭关锁国政策已实行很久。人口和耕地面积增长很快，农业和手工业进一步分离。“城下町”遍布全国，以商人和手工业者为主的町人阶层日益壮大，商家家训和农家家训因此获得了发展。由于皇室和贵族的衰落，公家家训走向衰落。而随着武士对政权影响力的增加，武家家训日渐繁荣。女训书的集大成之作《女大学》也在18世纪诞生。从典型性和数量来看，这一时期的主流家训是武家家训和商家家训。

最早的武家家训是诞生于13世纪的《北条重时家训》，这部家训内容抽象，佛家色彩浓重。到室町幕府时期，武家家训开始注重实用，内容变得简明扼要。战国以后，家训训诫的对象扩大，虽也强调人伦，但是更注重战斗，例如《武田信玄家法》里就有不少与军事有关的内容。到了江户时代，天下统一，社会安定，家训的风格变化极大。由于朱子学在日本成为官学，家训中关于品性修为以及身份差异的论述越来越多。同时，家训中依然保留了普通武士的基本教训。可以说，18世纪的武家家训既重视理论，又重视实践。

商家家训出现于武家家训之后。在17世纪，商品流通稳定，商家才在借鉴武家家训的基础上，或请学者代笔，或自家总结创作，慢慢发展起来。进入18世纪，大商家由创业时期进入扩大再生产或守成时期，商家家训开始兴盛。到了18世纪后半期，中小商家也开始制定家训。家训中包括经营理念、日常用度、教育管理、人力配置等，还出现了《店规》、《店则》等附录文献。可以说，18世纪的商家家训，为后世日本企业的家训发展奠定了基础。

二

由于江户时代的官学是儒学，所以，18世纪的中日家训具有相同的思想基础。对于治家关键的论述，中日家训也都有一致的看法。

中日两国的家训，都是为了冀望“家”之长久。而组成家的基本元素是人，因此，人的素质培养，也就是家庭或家族成员的“修身”得到了两国人民的高度重视。健康是修身的基础，因此，18世纪的中日家训有很多涉及“养生”的内容。康熙皇帝在《庭训格言》里不仅有对延医看病的论述，还有很多对日常养生的经验总结。他训示子弟：“人能清心寡欲，不惟少忘，且病亦鲜矣。”张英关于养生的家训，比康熙帝还要详尽。他告诫弟子：“脏腑胃肠，常令宽舒有余地。”细川重贤也认为“为人不养生则失天命，鸟畜饥而暴食而亡，人贪享美味则脾无病”。

修身的另一个法门，就是“事事从读书起”。康熙帝认为读书当“以经书为要”。《高氏塾铎》第一则就是“好读书”。《霜红龛家训》则大多是谈读书的。总之，与其留给儿孙十亩田，不如让他们多读一年书。18 世纪的日本家训，《德川光国教训》开篇第一句就是“读书之事，此前亦曾有言，于自身大有益处”，并强调“读书要下功夫”。室鸠巢则在《明君家训》中主张“读书当以古之圣贤言语为要”，他认为四书五经需要“字字句句深思彻悟……方为真学问”。

在治家方面，中日两国都首重孝悌治家。几乎每部家训都会提到与孝悌相关的内容。清人的《白公家训》开篇就说：“孝悌通神明，言行动天地。”康熙皇帝在《庭训格言》中说“真孝”就是要“持善心，行合道理，以慰父母而得其欢心”。张英在《聪训斋语》中以“孟武伯问孝”的例子，来说明大孝的方式是“安其身以安父母之心”。张履祥还在《训子语》中讲了不孝的表现：“私财有无，所系孝弟之道不小。无则不欺于亲，不欺于兄弟，大段已是和顺。若是好货财，私妻子，便将不顺父母，而况兄弟？不孝每从此始！”在日本家训中，《伊势贞丈家训》的第一和第二部分，就通过讲“五常之事”和“五伦之事”来详述“孝行”和“为悌”。日本的《明君家训》中也明确要求“对于父母要竭尽孝顺，兄弟竭尽友爱”。伊势家的家训认为“万事以父母喜欢为要。纵然父母不良，无端虐待，亦不忿怨憎恨，愈发善事以博其欢心，方为孝行”。家族中的兄弟相处，和姊妹相处的道理是一样的：“为兄事事行于弟先，引领照应；为弟事事居兄之次，跟随无悖，尊敬善事。”

中日两国家训关于治家的另一重要内容是勤俭持家。钟于序在《家规》中专门用“勤本业”和“崇节俭”两则来告诉子孙“勤俭持身，更可渐渐充裕”。《高氏塾铎》中讲“勤有三益”：“勤则不匮”、“勤可以远淫僻”、“勤可以致寿考”；“俭有四益”：“俭可以养德”、“俭可以养寿”、“俭可以养神”、“俭可以养气”。日本家训同样崇尚勤俭。《伊势贞丈家训》说：“衣食住之本意，不可奢侈。”家训中还有名为“俭约之事”的部分来论述治家要“宽紧适度、取其得当，是为俭约”。《肥后侯训诫书》中则说：“所谓俭约者，无论贵贱，当一意省俭，不使生民艰涩，莫生庞大出费，以致一国运衰遗恨。”《住友长崎店家法书》规定：“店内生活万事宜行简素，朝夕食事一菜一汤，不许喝酒。”《本间家家训》的规定更加详细：“清晨六时起床。”

此外，中日两国的家训，都非常重视交游往来。清人李淦的《燕翼篇》就有“取友”、“亲戚”二则来专门论述交游原则。张英则训诫子弟“人生以择友为第一事”。同一时期的日本，对于亲族，《明君家训》要求“亲敬和睦”，对于“旁辈”，要“以信为本”。要与固守节操、人品贞信的人交往。《伊势贞丈家训》中认为“与朋友交”和“与奉公之同僚交”，都要真心待人，诚实可靠。

三

比起相同之处而言，18 世纪中日家训的不同之处更多。第一，训诫对象的不同。清人家训中，多出现子弟、诸祖、诸父、儿女等训诫对象，均是针对有血缘关系的人来教训的。日本的家训虽然也有子孙、亲戚等对象，但“家中之士”、“诸士”、“全员”的称呼更常见。训诫的对象除了嫡系子孙，还有养子、家臣、手代全员等。例如《宗利家训》就要求嫡系子弟在听课时，手代全员也要跟着学习。也许正是这种开放性的特点，使得日本家训在进入近代社会之后，依然能够被运用于企业的管理。

第二，在语言上，18 世纪的清人家训，多是文人所作，语言优美，逻辑清晰，甚至可以当美文来阅读。类似“富贵贫贱，总难称意，知足即是称意；山水花竹，无恒主人，得闲便是主人”这样的句子不胜枚举。还有的家训引经据典，绘景描态，颇有古文之风。而日本的家训大多言语浅近，注重叙事。在文章逻辑上，前后重复的内容很多。大概是作者考虑到训诫对象的文化水平，因此语言比较直白简单。

第三，就每个人不同阶段读书求学的任务而言，18 世纪中日家训的差异也很明显。清人认为“六经秦汉之文，词语古奥，必须幼年读”。一是因为孩童的记忆好；二是为了写的文章能更有思想内涵。等到二十岁左右，为了作文，才开始接触一些相对简单的时文。等到年纪大了，著书立说，教训儿孙，常看《老子》、《庄子》、《周易》，又步入了为学的一个新境界。整体而言，是一个“难—易—难”的过程。也许是因为翻译的原因，日本人对儒家经典的学习和清人不同。《明君家训》中认为追求学问，应当先熟读小学、四书、《近思录》之类，之后为了修行，求得真学问，就“若有余力，可及于五经”。对于四十岁以上的人，“精力钝减”，只读前三部书就可。对于六十至八九十岁的人，“仅《大学》、《论语》，或择其一”。大体上，是一个“易—难—易”的次序。

第四，18 世纪的中日家庭，对于子孙就业择业的观点也不相同。虽然这一时期商人的地位上升极快，但是多数家庭还是只提倡耕读。钟于序在《宗规》中讲：“汉设力田之科，与茂才并重。农列四民之次，视工贾为先。”这种情况下，除了教子孙读书，也会让他们学习一些“田界”、“塘堰”、“农夫用力”、“林木耗长”的知识。而同一时期的日本，择业和就业是已经注定的。《明君家训》中说：“天下人分士农工商四色，各司其职。”农、工、商三民“皆致用于天下”，士的职责只是“义理一事”。也就是说，一个人若属于农家，他的事业就是种田，属于商家的人，就只能做买卖。《宗利家训》中甚至直接表明“不得从事本业以外之商卖”。

第五，中日家训对待神佛的态度大相径庭。清人家训中只有不到一成的内容涉及了神佛。但是，读佛经要在“经史正课之暇”，不能“贪信福报之说”，“而矫揉造作，修桥修寺，便是愚昧”，清人甚至对“赛会迎神，罔念室家悬磬”持强烈的批判态度。这与日本的“虔敬”态度差异极大。在 18 世纪的日本，《伊势贞丈家训》中专门设有“神佛之事”一则，同时告诫子孙“善守人之操行，来世必能成佛”。为完成祈愿，本间家的《第三代光丘自戒三十条》规定：“念佛二千五百次，每天不可疏漏。”第十条规定：“今后应对神佛勤加礼拜。”在这份家训的末尾，还强调“上述总三十条，今后应怀佛心而遵守之。……早餐之前于佛前礼拜，内外万事不得随意。遵守先祖教训，常思佛恩及国恩之深广”。本间家传承两百多年，没有发生一件佃农争讼。可见，在当时的社会情况下，借神佛来理家，确实有有利的一面。

四

中日18世纪的家训，基本都是为了“不堕家风”，保“家之长久”而存在的。这些家训，有些是遗言，有些是作者对自己一生经验的总结。虽是“老生常谈”，但是“其言也善”，为后人良好家风的培养，提供了捷径和良方。整体而言，在儒家经典的影响下，中日家训都首重品德修养。把修德看作是“自处之道”，“有树德，无树怨”便是传家的法宝。因此，要“崇节俭”、“禁赌博”，培养健康环保的财富观念。又因为“家之不幸，莫如不肯教子弟”，所以中日都重视“勤读书，严教子”，都主张“学无常物，亦无常地”，要求子弟和家臣接受做人做事的教育。此外，对读书学习的道理还要“身体而力行之”。“不克自立”，只能是“辱其身，以及其亲”，更别说“教子孙，传家风”了。

18世纪中日家训的差异，主要集中在细节方面。中国的家训主要针对的是家庭大环境的建设。治家的人，要能够“和乡党”、“恤穷困”、“行方便”、“勤本业”、“赏罚分明”。而日本的家训则更多地针对个人小环境的选择。比如《宗利家训》中就要求子弟，“凡游乐场所，四十岁以后方得入”。类似这样的规定，都是以条文的形式呈现，全面而又细致，展现了与中国家训不同的气质，也表现了日本家训严密的一面。

孔子研究

孔子生年月日及形貌

黄怀信

孔子是中国的圣人，也是世界的圣人。有关孔子的思想及其哲学的研究，近年已蔚为热潮，而关于孔子生年月日及形貌，则迄今未能得到正确认识。应该说，正确确定孔子生年月日及形貌，既是对圣人的尊重，更是对历史及学术的尊重。古话说："祭不以时则神不享。"所以就祭孔而言，必须有正确的时间。而正确描绘孔子的形貌，更是对孔子的人格尊重。笔者数年前曾对这两个问题进行过专门研究，现在孔子宗亲大会上再次提出，希望能得到圣人后裔们的重视。

一、孔子生年月日

关于孔子的生年，"聚讼二千年矣"。目前通行的说法是孔子生于公元前551年即鲁襄公二十二年周历十月、夏历八月二十七日，每年曲阜祭孔，定为公历9月28日。

今相关之早期记载，于文献凡有四见：

1.《公羊传·襄公二十一年》：

> 冬十月，庚辰朔，日有食之。……十有一月庚子，孔子生。

2.《穀梁传·襄公二十一年》：

二十有一年春，王正月。……九月，庚戌朔，日有食之。冬十月，庚辰朔，日有食之。庚子，孔子生。

3.《史记·孔子世家》：

鲁襄公二十二年而孔子生。

《索隐》曰："《公羊传》：'襄公二十一年十有一月庚子，孔子生。'今以为二十二年，盖以周正十一月属明年，故误也。"

此外，《史记·十二诸侯年表》于周灵王二十一年、鲁襄公二十二年注"孔子生"三字，亦无月日。

可见二传皆为鲁襄公二十一年，《史记》为鲁襄公二十二年。钱穆先生根据韩非两人争讼"后息者为胜"的原理，取后说，并认为"至于详考确论，不徒不可能，抑且无所用"[1]。事实上，这个问题在今天不仅已经可以得到确论，而且变得非常简单。因为现代天文学的研究成果，已经使数千年前中国古历每个月的朔日干支及所对应的公历日期一一得到确定。比如南京天文台张培瑜先生所编制的《中国先秦史历表》[2]（以下简称《张表》），就已经将公元前1500年至公元前105年期间每一年之每个月的朔日干支与公历月日一一照应。其表不仅可以轻易地查算出其间任何一年之任何一月之任何一干支日在当月的日次及公历日期，而且可以验证古书年月历日记载的正误。所以，关于孔子之生年月日，现在完全可以得到最终的确定。而确定孔子的实际生年月日，自然有其实际的意义，比如知孔子之年寿，确定孔子的纪念日之类。钱穆先生所谓"无所用"，实际上只是因为"不可能"而发的推托之辞。那么孔子究竟生于何年何月何日？以上所引的文献材料究竟何说为是？

首先，从上面的材料我们可以看到，二传之"庚子"月份虽然相差一个月，但其九月"庚戌朔"与十月"庚辰朔"则是相同的，而且皆有日食记录。

---

[1] 钱穆：《先秦诸子系年·孔子生年考》，商务印书馆2001年版，第2页。

[2] 张培瑜：《中国先秦史历表》，齐鲁书社1987年版。

考《春秋经》，于襄公二十一年也有“九月，庚戌朔，日有食之。冬十月，庚辰朔，日有食之”的记载。这一记载是否可靠？据《张表》所附《春秋日食表》，襄公二十一年之庚戌朔确实发生过曲阜可见的食分为0.77的日食，说明二传所记九月天象及干支是可信的。《张表》襄公二十一年十月庚辰朔无日食，说明二传该月“日有食之”四字可能是承《春秋经》以来之误记。杨伯峻于此经下注曰：“此日不入食限，史官误记，或司天者误认。两月比食虽有之，惟皆为偏食，而非同一地所能迭见。若全食、环食之后，决无两月连食之理。”[1]可见此十月庚辰朔之日食确实不当有。十月日食虽属误记，但并不影响九月“庚戌朔”日食的可信性，因为已经得到天文学的验证。九月“庚戌朔”日食既可信，那么十月“庚辰朔”自然也就没有问题。十月既为“庚辰朔”，庚子去庚辰21日，庚子日自然就是十月之二十一日（按：钱大昕据三统术推出襄公二十一年十月己卯朔，得庚子为二十二日），而十一月则不得有庚子。可见《穀梁传》之“十月”是正确的。那么也就是说，孔子之生日应为当时“庚辰朔”之十月二十一日，这是首先可以确定的。

关于生年，《史记》虽记在襄公二十二年，但无月日，加之时代晚于二传，其可信度理应不如二传。更重要的是，查《张表》，襄公二十二年整个一年都没有庚辰朔之月，也没有日食，可见其说确实不可信。所以，当以二传为是。钱大昕曰：“贾逵注《左传》于襄公二十一年云：‘此年仲尼生。’又昭二十四年服虔注引贾逵说云：‘仲尼时年三十五。’是汉儒皆以孔子生在襄公二十一年也。”[2]看来汉儒以孔子生在襄公二十一年的说法是正确的。《史记》定为襄公二十二年没有任何依据，应当属于误记。《阙里志》云周灵王二十一年、鲁襄公二十二年孔子生，无疑也是本于《史记》，所以不可信。司马贞《史记索隐》曰：“《公羊传》：‘襄公二十一年十有一月庚子，孔子生。’今以为二十二年，盖以周正十一月属明年，故误也。”[3]今按：周正十一月仅为夏正九月，断无属明年之理，司马贞之说非是。看来所谓“后息者为胜”的说法，并不科学。所以我们不能轻从《史记》。

---

[1] 杨伯峻编著：《春秋左传注》，中华书局1990年版，第1055—1056页。

[2] 钱大昕：《十驾斋养新录》卷2，上海书店出版社1983年版。

[3]《史记》，中华书局1982年版，第1906页。

如上所辨，《穀梁传》的材料最为合理可信。那么孔子之实际生年月日，就应是鲁襄公二十一年“庚辰朔”之十月“庚子”——二十一日。清人郑晓如《阙里述闻》云：“或谓周灵王二十年、鲁襄公之二十一年岁在己酉，冬十月建癸酉，二十一日庚子也。据穀梁赤《春秋传》、唐陆德明古本公羊高《春秋传》及杜预《春秋长历》。”[1]结论正同。看来这一日期之农历推算并不困难，只是传言“王正月”，说明用的是周历。周历十月，即夏历八月。目前通行的说法以孔子生于公元前551年即鲁襄公二十二年周历十月、夏历八月，说明是年从《史记》，月从《穀梁传》。宋代孔元措撰《孔氏祖庭广记》云：“鲁襄公二十二年冬十月庚子日，孔子生。”[2]应该是此一组合的最早出处。然而年从《史记》本已不可信，而月从《穀梁传》更等于是张冠李戴。因为中国古历每年同一个月的朔日干支并不相同，求其具体日期，必须从该月之朔日推算。月配错了年，具体日期自然会产生差异。可见目前所谓“鲁襄公二十二年周历十月、夏历八月”的说法，绝对不可取。

目前通行说法之“二十七日”由何而来？考明人陈镐《阙里志·尼山毓圣》云：“周灵王二十一年庚戌，即鲁襄公二十二年。是年冬十月庚子日，先圣生。十月庚子，即今之八月二十七日。”注云：“出《孔庭纂要》。”[3]《路史》卷43云：“以《孔氏家谱》及《祖庭记》等所以俱云二十二年十月庚子，乃二十有七日。”[4]看来也有依据。具体是怎么得出来的，古人自有其方法。我们根据干支推算，如果庚子为二十七日，则该月为甲戌朔。因为庚子去甲戌，正好27日。那么此说是否合理？查《张表》，公元前551年即灵王二十一、鲁襄公二十二年周历十月为甲戌朔。看来其依据确实是“庚子，孔子生”的记载。然而，原始记载明明是“庚戌朔”月之庚子，怎么可以拿来与甲戌朔之月相配？众所周知，同名的干支日，一年之内可以出现6次，如果朔日不确定，任何干支日辰几乎都可以是任意的。《孔氏家谱》及《祖庭记》、《阕里志》等文献都按照后世纪日的习惯而忽略了朔日干支，无疑是不可以直接据以推算

[1]《阙里述闻》卷1，同治七年刻本。
[2] 孔元措：《孔氏祖庭广记》卷1，山东友谊书社1998年影印本。
[3] 陈镐：《阙里志》卷4，山东友谊书社1998年影印本。
[4] 罗泌：《路史》，文渊阁《四库全书》本。

的。如果直接据之推算，结论自然不可能正确。而一旦确定了朔日，其干支日辰就只能是唯一的。那么甲戌朔之庚子，怎么能等于甲辰朔之庚子？可见将本来属甲辰朔之庚子拿来与甲戌朔相配，也无异于张冠李戴。那么如果年从二传定为鲁襄公二十一年，周十月夏八月二十七日的说法是否能够成立呢？也不能。因为鲁襄公二十一年十月庚戌朔，二十七日为己卯，根本就没有庚子。由此可见，目前关于孔子诞辰的通行说法之农历年月日组合，完全是一种无理的、不合逻辑的组合。

那么正确的农历组合，即鲁襄公二十一年庚辰朔之周历十月庚子日，于公历为何年何月何日？查《张表》，公元前552年即灵王二十年鲁襄公二十一年周历十一月庚辰朔，与二传及《春秋经》差一个月。然而其表之十月为庚戌朔，与二传及《春秋经》之九月庚戌朔又一致。可见是递差一个月。这就说明，二传及《春秋经》历日干支记载虽然是真实的，但当时实际历法失真，上年误闰一月。就是说，当时上年本不应有闰月，而误置了一个闰月，使当年月份统一提前了一个月，这样一来，十一月就成了十月，十月就成了九月。误闰及失闰的现象，在古代是常有的，所以不足为怪。总之，该月庚辰朔没有问题。庚辰朔既无问题，那么只要查出其所对应的公历日期，孔子所生庚子日所对应的公历日期自然也就可以确定。查《张表》，此庚辰朔为公历公元前552年9月19日。庚子去庚辰21日，那么孔子生之庚子日，即该月之二十一日，于公历就是公元前552年10月9日。江晓原教授运用现代天体力学方法回推，验证了“庚戌朔”日食，并结合儒略日，排算出的结果也是公元前552年10月9日[1]，与我们的结论完全一致。看来孔子的实际生年月日，确应如是定。

近年曲阜祭孔定在公历9月28日，这个日期又是怎么来的？换算回去，公元前551年公历9月28日在当年即鲁襄公二十二年为周历十月、夏历八月二十一日。正与《阙里述闻》所记之或谓说及我们所求出的农历日期相同。看来公历9月28日，确是由周历十月、夏历八月二十一日之说换算而来。然而《阙里述闻》所说的是鲁襄公之二十一年之十月二十一日，怎么可以当鲁襄公

[1] 江晓原：《走来走去·孔子诞辰》，华东师范大学出版社2001年版，第186—188页。

之二十二年之十月二十一日？如果置于鲁襄公之二十二年，则十月二十一日为甲午，朔日为甲戌，干支完全不同。而甲戌朔与甲午日，于文献根本没有任何记载。可见近年祭孔定为公历9月28日，完全没有道理。

综上可知，目前通行说法之孔子生于公元前551年即鲁襄公二十二年周历十月、夏历八月二十七日，是年从《史记》之误记，月日从《榖梁传》而忽略了月朔干支；近年祭孔所定之公历9月28日，其月日虽从《榖梁传》换算，而其所由得之年又从《史记》之误记，可见都不合理。所以，如果要讲求实际、讲求科学，孔子的生年月日及每年祭孔时日就必须重新颁定。

二、孔子之形貌

孔子之形貌，理应有一个客观真实的描绘。近年来有绘制孔子标准像之举，应该说是一件很有意义的工作，因为它不仅意味着对孔子本人的尊重，同时也意味着对中国文化的尊重。很多人以为真实的孔子像根本无法绘制，因为孔子以后的人谁也没有见过孔子。其实，这只是一偏之见：后人虽不可能见知孔子，不等于当时人没有见闻。而文献之中，恰有当年亲见者对孔子形貌的描述。既是亲见，必当真实。所以，通过对文献材料的分析诠释，完全可以描绘出接近真实的孔子形象。以下，我们分三步进行考察：

（一）基本材料

有关孔子形貌的早期较完整记载，于文献主要有四见：

1.《孔丛子·嘉言》：

> 夫子适周，见苌宏。言终退，苌宏语刘文公曰："吾观孔仲尼有圣人之表：河目而隆颡，黄帝之形貌也；脩肱而龟背，长九尺有六寸，成汤之容体也。"

2.《史记·孔子世家》：

孔子适郑，与弟子相失，孔子独立郭东门。郑人或谓子贡曰："东门有人，其颡似尧，其项类皋陶，其肩类子产，然自要（腰）以下不及禹三寸，累累（然）若丧家之狗。"（《论衡·骨相》同）

3.《孔子家语·困誓》：

孔子适郑，与弟子相失，独立东郭门外。或人谓子贡曰："东门外有一人焉，其长九尺有六寸，河目隆颡；其头似尧，其颈似皋繇，其肩似子产；然自腰已下，不及禹者三寸；累然如丧家之狗。"

4.《韩诗外传》卷9：

孔子出卫之东门，逆姑布子卿。曰："二三子引车避，有人将来，必相我者也，志之。"姑布子卿亦曰："二三子引车避，有圣人将来。"孔子下，步。姑布子卿迎而视之五十步，从而望之五十步，顾子贡曰："是何为者也？"子贡曰："赐之师也，所谓鲁孔丘也。"姑布子卿曰："是鲁孔丘欤？！吾固闻之。"子贡曰："赐之师何如？"姑布子卿曰："得尧之颡，舜之目，禹之颈，皋陶之喙。从前视之，盎盎乎似有王者；从后视之，高肩弱脊，此惟不及四圣者也。"子贡吁然。姑布子卿曰："子何患焉！污面而不恶，葭喙而不藉，远而望之，羸乎若丧家之狗。"

（二）材料的可信性分析

《孔丛子》一书，长期被视为伪书。近年研究证明，该书虽然最终成书较晚，但其本身有丛聚性质，为多人多次作成。其中记孔子、子思、子高、子顺的部分，确当为孔子八代孙孔鲋所辑撰，均有较早的材料来源。《嘉言》为《孔丛子》第一篇，至少目前我们还无法证明其所记不真。即如孔子适周一事，《史记·孔子世家》亦记之曰："鲁南宫敬叔言鲁君曰：'请与孔子适周。'鲁君与之一乘车、两马，一竖子俱，适周问礼，盖见老子云。"可见事有原委。尽管对其发生的具体时间尚存争议，但随着描绘孔、老相会场面汉画像石的出土，今人多已不再怀疑其事。而苌宏与刘文公，更是真实的历史人物，二人分别为周敬王（前519—前476）之大夫与卿士。孔子既曾适周，苌宏自有可能见之。《左传·昭公二十三年》载："八月丁酉，南宫极震。苌弘谓刘文公曰：'君其勉之！先君之力可济也。周之亡也，其三川震。今西王之大臣亦震，天弃之矣！东王必大克。'"亦可见苌弘与刘文公关系亲密。而孔子适周，则很有可能就在昭公二十四年。所以，苌弘见孔子而语刘文公孔子形貌，完全可能。苌弘称"吾观孔仲尼有圣人之表"，说明他对孔子体表形貌有过仔细观察。所以，其说必当可信。应该说，《孔丛子·嘉言》的记载，是目前可见最早也最真实的关于孔子形貌的材料。《论语·述而》记孔子曰"若圣与仁，则吾岂敢"，说明当时确有尊孔子为圣人者，亦可证苌弘之说不妄。

《史记》中的材料，一般均不怀疑。《家语》伪书说，近年亦被打破，只是其中偶有"浮说"，或经后人润色改造之处，诚为事实。这里二书所记基本相同，说明二者有共同的材料来源，本身证明其出不晚。而所记郑人谓子贡云云，说明该郑人亲见孔子，所以其说亦必可信。唯一值得怀疑的，是《家语》"长九尺有六寸"、"河目隆颡"二句为《史记》所无，却与《孔丛子》相同。以理而言，郑人与苌弘地隔千里，不可能讲同样的话；而据文言之，郑人只是路过偶见，也不可能确知孔子长九尺六寸。所以可以肯定，《家语》二句当为后人据《孔丛子》补增。因为增加了"河目隆颡"，所以后面的"其颡"又改成了"其头"。

《韩诗外传》虽为汉初作品，但其材料也多来自先秦。具体如孔子出卫之东门遇姑布子卿之事，似非后人所能凭空杜撰。尤其是姑布子卿相孔子亦言其颡、目、颈、肩部特征，与苌宏和郑人所道基本一致，本身就说明较为可信，可证其确为亲见。所以，我们也宁可信其真。只是"远而望之，羸乎若丧家之狗"一句，似与其上文不谐：上文姑布子卿安慰子贡"子何患焉"，所言"污面而不恶"，"葭喙而不藉"，亦皆正面之辞。既安慰之，不可能忽曰"羸乎若丧家之狗"，而且他也不可能与郑人讲同样的话。所以，该句当是流传过程中后人据《史记》或《家语》的材料补增。

以上可见，尽管《家语》及《韩诗外传》的材料或有后人补增，但也是各有所据。所以，四条材料基本上都是可信的。关键是均出于亲见者之口，为第一手材料。那么，我们自可以之为主要依据，描绘真实的孔子形貌。

三、孔子的真实形貌

根据以上的基本材料，再参照其他零星记载，我们可以从以下诸多方面对孔子的真实形貌进行描绘：

（一）身高

苌宏亲观孔子，言其“长九尺有六寸”，应属可信。另外《荀子·非相》亦云：“仲尼长，子弓短。”《史记·孔子世家》云：“孔子长九尺有六寸，人皆谓之‘长人’而异之。”亦均言孔子身长。虽非亲见，但与旧合，说明是有所依据。所以，孔子身高“九尺六寸”，应该没有问题。问题是“九尺六寸”相当于现今多高？解决这个问题，关键是明确其“尺”是什么尺。

如众所知，三代之尺不同，战国秦汉尺又不同。苌弘为周人，所言自应是周尺。所以，“九尺六寸”之“尺”必是周尺。周尺长度无明确记载，但我们知道周代“人长八尺”，而秦汉“人长七尺”。说明两尺之比例为 8 ∶ 7。秦汉尺长 23 厘米。那么秦汉 7 尺，就是 161 厘米。除以 8，周尺就应是 20.1 厘米强。那么周尺“九尺六寸”，就应是 193 厘米。所以我们说，孔子身高应为 193 厘米。或谓孔子身高 226.7 厘米，当是用战国秦汉之尺折算。

（二）面相

关于孔子面相，《韩诗外传》之姑布子卿谓“污面而不恶”，为亲眼所见。而《荀子·非相》又云：“仲尼之状，面若蒙倛。”倛，是古代驱疫避邪的神像。面若蒙倛，就是说脸好像戴着驱邪的面具，形容怪异可怕。荀子未见孔子，人也不可能长成这个样子，其说完全是出于猜测，或者故意夸张，言其正直、威严而已；或者由“污面”说演化而来，也有可能。如果那样，就更加证明“污面”说之可信。所以，孔子“污面而不恶”当无疑问。污，即污秽、不干净，具体应指黑。恶，谓丑陋。“污面而不恶”，就是脸黑，但不丑陋。

（三）嘴巴

姑布子卿说孔子得“皋陶之喙”，说明孔子的嘴巴有特点。具体他描绘成“葭喙而不藉”。葭，借为“嘏”，大也。喙，即嘴。藉，同“借”，假也。意思是嘴大但很协调，不像借的、假的。说明其嘴形与脸形一致。

另外，《太平御览·人事部八》引《孝经援神契》曰：“孔子海口，言若含泽。”海口，也形容嘴大。可见孔子嘴大，有较多的流传。所以，孔子嘴大应是事实。

又《太平御览·人事部九》引《孝经钩命诀》云：“仲尼斗唇。”也可姑妄信之，因为与“葭喙而不藉”及“海口”说并无矛盾，说明有所依据。斗，方形之物。斗唇，说明嘴是方形。嘴呈方形，意味着嘴角上翘。若然，可知孔子嘴大，方形，嘴角上翘。当然，嘴大而方又与脸形一致，说明其脸庞较大而且也是方形。

（四）眼睛

姑布子卿说孔子得“舜之目”，说明孔子的眼睛有特点。而苌弘描绘为“河目”，看来也应可信。何谓“河目”？王肃《家语》注云：“河目，上下匡平而长。”眼匡平而长，意味着眼睛不圆，像一道缝。另外，“河”还可能有深的意思。而《路史·后记》云：“仲尼……堤眉谷窍。”谷，形容深陷。堤眉谷窍，即高眉骨深眼窝。正与“隆颡”之说相合，也与“河目”之说一致。所以，尽管苌宏、郑人、姑布子卿三人均未言，我们也可知孔子为高眉骨深眼窝。

（五）牙齿

苌宏、郑人、姑布子卿三人均不言孔子牙齿，文献亦别无所言，说明孔子牙齿正常。唯《太平御览·人事部九》引《孝经钩命诀》云：“夫子骈齿。”并二为一谓之骈。齿，谓门牙。两颗门牙连为一体，不符合人体生理科学，人亦未见有两颗门牙长为一体的，所以不可信，此应是后人神异孔子的想象之辞，如同谓帝舜骈齿、武王骈齿一样。

常见孔子画像和塑像几乎均有两颗大板牙，当是相信并误解《钩命诀》

“夫子骈齿”所致，实际上是对孔子形象的丑化，应该予以纠正。

（六）额头

姑布子卿说孔子“得尧之颡”，颡，就是额头。说明孔子的额头有特点。那么苌弘所道“隆颡”，自应可信。隆，谓高、突出。所以，孔子应是高（长）额。额头高（隆起），头顶自然会显得低凹。可证所谓孔子“生而首上圩顶”说并非完全是空穴来风。另外，孔子“隆颡”，与其大智慧正相称，所以完全可能。因为正如民间所云，额头高之人聪明。

（七）身材

苌宏言其“脩肱”，说明孔子臂长于常人。郑人又说“自腰已下，不及禹者三寸”，意思是孔子下半身较短。下半身之所以短，可能正是因为臂长。所以，孔子臂长应该是真实的。

另外，所谓“丧家之狗”，也与身材有关。

何谓“丧家之狗”？一般理解为无家可归之狗，其实完全属于误解。因为我们看到，《史记》云“累累（然）若丧家之狗”，《家语》云“累然如丧家之狗”，《论衡》云“儽儽若丧家之狗”，《韩诗外传》云“羸乎若丧家之狗”，原文前面均有形容词“累然”（“儽儽”或“羸乎”），而且《韩诗外传》前面更有“远而望之”四字。那么何谓“累然”？王肃曰：“丧家之狗，主人哀荒，不见饮食，故累然而不得意。孔子生于乱世，道不得行，故累然不得志之貌也。”

王肃之说完全属于意解。因为“累”，是积累、增多之义；“儽”，谓垂貌，均与不得意、不得志或丧家狗不伦。而且此话本出偶见孔子之郑人之口，只能指其形貌。所以，这里的“累”、“儽”只能看成“羸”的通假字。就是说《家语》“累然”、《史记》“累累”、《论衡》“儽儽”，都是“羸乎”或“羸然”的意思。何谓“羸然”？《说文解字》云：“羸，瘦也。”《礼记·问丧》有“身病体羸”之说，无疑也是瘦的意思。可见“羸乎”或“羸然”，是形容瘦的样子。所以，所谓“累然若丧家之狗”、“累累若丧家之狗”、“儽儽若丧家之狗”、“羸乎若丧家之狗”，都只能是说他瘦得像丧家狗，而不是说他无家可归像丧家狗，更不是不得志像丧家狗。那么，根据“累然若丧家之狗”或“羸乎若丧家之狗”的材料，我们就知道孔子的身材比较瘦。看来后世所谓孔子“大九围，坐如蹲龙”之类，皆无稽之说，纯粹是出于对孔子的敬重。

（八）肩背

郑人说“其肩似子产”，说明孔子之肩确有特点。那么姑布子卿也说“高肩弱脊”，自应可信。高肩，谓双肩高耸。弱脊，谓其脊背柔弱不直，正与苌宏“龟背”之说相合。《太平御览·人事部十二》引《孝经钩命诀》也云：“仲尼龟背。”另贾谊《新书·容经》载：“子路见孔子之背，罄折举哀。”也见脊背异常。所以“弱脊”、“龟背”之说当属可信。“龟背”，即脊背弓起如龟背，也就是驼背。可知孔子驼背。当然不可能太驼，否则不可能高九尺六寸。

（九）头形

《白虎通·姓名》云：“孔子首类鲁国尼丘山，故名丘。”尼丘山是何形状？传统的说法，谓尼山有五峰，周边四峰高，中峰略低。《兖州府志》承其说，亦云：“其山五峰连峙。”事实如何？我们曾作实际考察发现，尼山并非五峰，也不是周边四峰高，中峰略，更无凹顶。所以，旧说不可信。

又《史记·孔子世家》云：“（孔子）生而首上圩顶，故因名曰丘云，字仲尼。”《论衡·骨相》云：“孔子反羽（宇）。”

因为生而首上圩顶，而起名为丘取字为尼，固亦不可信，但所谓“圩顶”、“反羽（宇）”，结合“隆颡”看则并非纯是妄语。因为人之前额高，头顶部分自然会显得下凹。所以，孔子头顶较之前额略显稍凹，应是事实，但绝非四周高中间低，也不可能完全是“圩顶”或“反羽（宇）”状。所谓“圩顶”、“反羽（宇）”，无疑有讹传的成分。

（十）胡须

孔子有无胡须，《孔丛子·居卫》有明确记载：“子思适齐，齐君之嬖臣美须眉立乎侧。齐君指之而笑，且言曰：‘假貌可相易，寡人不惜此之须眉于先生也。’子思曰：‘非所愿也。所愿者唯君修礼义，富百姓，而伋得寄帑于君之境内，从缧负之列，其荣多矣。若无此须鬣，非伋所病也。昔尧身修十尺，眉乃八彩，实圣；舜身修八尺有奇，面颔无毛，亦圣；禹、汤、文、武及周公勤思劳体，或折臂望视，或秃骭背偻，亦圣：不以须眉美鬣为称也。人之贤圣在德，岂在貌乎？且吾先君生无须眉，而天下王侯不以此损其敬。由是言之，伋徒患德之不邵，不病毛鬓之不茂也。'"

子思为孔子之孙，所称"吾先君"即孔子。孔安国《尚书序》有"先君孔子"之说，亦可证。子思亲见孔子，所言孔子"生无须眉"理应可信。然则可知孔子无胡须可知。

需要指出，一本《孔丛子》"吾先君生无须眉"作"吾性无须眉"，如此则成了子思无胡须。然而作"吾性无须眉"，则与上下文子思自称"伋"并言其"毛鬓不茂"不合。所以必非原作，一本当非，可能是传者为了维护孔子形象而改。

综合上考，孔子真实形貌大致可以描绘为：身高193厘米，较瘦，背稍驼，高肩、长臂；大方脸，脸较黑，长四方嘴；高额头，高眉骨，深眼窝，眯缝眼；无板牙，无胡须。

孔子的真实形象，似应如此画。可见真实孔子的形象，至少是没有胡须。所以单从这一点说，自古及今的所有孔子画像或雕像，没有一副或一件是符合事实的。所以，我们必须重新为孔子绘制标准像，这也是我个人的郑重建议。

孔子“孝”论的三个维度*

罗安宪

《孝经》是否为孔子所作，尚有争议。今天讨论孔子关于“孝”的理论，主要以《论语》一书为主。“孝”一字在《论语》中，凡 19 见，然有些章节虽无“孝”字，而其意旨，却是“孝”之重要理论。《论语》关于“孝”的理论，分布于 22 章之中。其中有子所言 1 章，曾子所言 3 章，子夏所言 1 章，其余 17 章，为孔子之言。《里仁》“三年无改于父之道”一章，是对《学而》的重复，实际所言，共 16 章。

考察孔子关于“孝”的理论，就会发现，其所论所议，并非只是随时所发、因事而议，实是系统的理论。孔子关于“孝”的理论，主要包括两个方面的内容：一是何为“孝”；二是“孝”与仁以及其他德行之间的关系。今只就《论语》有关章节，论述第一个方面的问题。

何为“孝”？《说文解字》曰：“善事父母者也。”怎样才算“善事父母”？孔子从三个方面，也可以说从三个层次、三个维度对“孝”作了解释和说明。

第一个层次，亦即第一个维度，是养父母。子女对于父母，首先要做到赡养和养护。

> 子游问孝，子曰：“今之孝者，是谓能养。”（《论语·为政》）
>
> 子夏问孝，子曰：“色难。有事，弟子服其劳；有酒食，先生馔，曾是以为孝乎？”（《论语·为政》）

---

* 原载《黑龙江社会科学》2013 年第 5 期，收入本书时有修改。

“能养”，首先是能从饮食上供养父母，这是“孝”最基本、最基础的表现，也是当时人们最为普遍的看法。所以才有所谓“今之孝者，是谓能养”这样的说法。中国人的基本价值观念即是“老有所养”以及“养儿防老”。但“孝”并不只体现在父母“老”之后，未“老”之前难道不存在“孝”的问题？孔子思考问题的深度正表现于此。从饮食上供养父母，在“孝”的义理中是最基本的，但也是最为低级的层次。

虽然父母身体健康，他们还正当年，物质生活方面也有可靠的保障。但仍有“孝”的问题，因为他们也需要关心爱护，作为儿女也有责任和义务关心和爱护父母，所以才有了所谓：“有事，弟子服其劳；有酒食，先生馔。”先生即父兄。家有劳烦之事，应代父兄而为之；有好的饮食，亦应先请父兄享用之。这里不存在饮食供养不足的问题，但其所要表明的却是：物质享用上应当先父母，劳烦之事则要为父母承担。所以，“能养”并不只是饮食上的供养，还包括“养护”的含义。“养护”之“护”包含有爱护、守护、保护的含义。[1]

第二个层次，亦即第二个维度，是继承父志，完成父业，并使父之事业发扬光大。《礼记·哀公问》云：“子也者，亲之后也。”董仲舒《春秋繁露·基义》云：“子者，父之合也。”《汉书·杜钦传》云：“子者，父之阴也。”《白虎通·三纲六纪》云：“子者，孳孳无已也。”在中国传统社会，子首先是个家庭成员，其历史责任是使家族的事业兴旺发达。加之在中国古代，社会产业并不发达，职业部门相对有限。所以，“子承父业”是基本的职业习惯。在这种条件下，社会要求一个人继承父志、完成父业，成为理所当然。并且，继承父志、完成父业，不仅是人子的职责，也是“孝”的重要内容。

---

[1] 子游问孝，孔子之所言者，突出“敬”；子夏问孝，孔子之所言者，突出“色难”。“能养”、“服劳”、“先生馔”等，于此二章并非重点或关键。历代注家为突出此两章之重点或关键，或多或少都对“能养”与“服劳”有所轻视，甚至予以否认。马融曰：“孔子喻子夏，服劳先食，汝谓此为孝乎？未孝也。”邢昺曰：“言若家有劳辱之事，或弟或子服其勤劳，有酒有食，进与父兄饮食，汝则谓是以为孝乎？言此未孝也。”（参见何晏注，邢昺疏：《论语注疏》，北京大学出版社 2000 年版，第 19 页）常人以为“能养”、“服劳”、“先食”等即是孝，孔子非认为此不是孝，而是认为此并非孝的全部。马融与邢昺的解释均是错误的。以此为孝之全部是错，以此不为孝也是错。朱熹曰：“服劳奉养未足为孝也。”（朱熹：《四书章句集注》，中华书局 1983 年版，第 56 页）朱子之说是矣。“能养”、“服劳”、“先食”等事无疑是孝的重要内容，是需要大加肯定的。

子曰："父在，观其志；父没，观其行；三年无改于父之道，可谓孝矣。"（《论语·学而》）

孔安国曰："父在，子不得自专，故观其志而已。父没乃观其行。孝子在丧，哀慕犹若存，无所改变父之道。"[1] 宋人范祖禹不同意此说，认为："为人子者，父在则能观其父之志而承顺之，父没则能观其父之行而继述之。"[2] 朱熹、张栻、钱大昕、李光地等人均肯定范氏之说。查后文关于"三年无改于父之道"，范氏之说是矣。

然"三年无改于父之道"又何谓也？《礼记·坊记》曰："子云：君子驰其亲之过，而敬其美。""三年无改于父之道"非于普通人言之，而是于继位之君言之。皇侃曰："所以是孝者，其义有二也：一则哀毁之深，岂复识政之是非，故君薨，世子听冢宰三年也。二则三年之内哀慕心事亡如存，则所不忍改也。或问曰：'若父政善，则不改为可。若父政恶，恶教伤民，宁可不改乎？'答曰：'本不论父政之善恶，自论孝子之心耳。若人君风政之恶，则冢宰自行政；若卿大夫之心恶，则其家相邑宰自行事，无关于孝子也。'"[3]"三年无改于父之道"，重点所言是孝子三年居丧之内敬慕、爱戴其父之心。

曾子曰："吾闻诸夫子：孟庄子之孝也，其他可能也；其不改父之臣与父之政，是难能也。"（《论语·子张》）

虽是曾子之言，所述则是孔子之意。孟庄子之孝虽有数项可举，然"其不改父之臣与父之政"，却是最为难能可贵的。所以如此，胡寅曰："庄子之继世也，必其先臣先政有不利于己者，他人不能不改而庄子能之，是以称难。"[4] 孔子所以称孟庄子"不改父之臣与父之政"为"难能"，定然有其道理与事实根据，其事实之根据现已不明，想必当如胡寅之所说。儿子的基本职责是继承父志，

[1] 何晏注，邢昺疏：《论语注疏》，第 11 页。

[2] 程树德：《论语集释》，中华书局 1990 年版，第 44 页。

[3] 程树德：《论语集释》，第 44 页。

[4] 程树德：《论语集释》，第 1130 页。

完成父业，这才是孔子所要表达的基本思想。

在孔子看来，孝子之所事者，即是使父亲所开创的事业发扬光大。[1] 使父亲开创的事业发扬光大，这是儿子的本分，所以也是身为人子最基本的“礼”。

> 孟懿子问孝，子曰：“无违。”樊迟御，子告之曰：“孟孙问孝于我，我对曰‘无违’。”樊迟曰：“何谓也？”子曰：“生，事之以礼；死，葬之以礼，祭之以礼。”（《论语·为政》）

“无违”即是无违于“礼”。具体而言，即是生之时、死之事、祭之制，严格依礼而事。依礼而事亲，就是按照社会规范而事亲。社会规范虽是外在的，但对于孝子而言，则要求其必须是自觉地依照规范行事。朱熹曰：“人之事亲，自始至终，一于礼而不苟，其尊亲也至矣。”[2] 依于礼而行事，依于礼而尽“孝”，其所要求与突出的是作为人子的本分，是社会对于人子的要求。不管一个人内心如何，不管一个人内心里是否爱戴父母，他必须依照“礼”，依照当时的社会规范来待父母，否则，必将受到谴责。社会如此要求个人，个人亦须如此要求自己，这就是孔子所说的：“出则事公卿，入则事父兄，丧事不敢不勉，不为酒困，何有于我哉？”（《论语·子罕》）上述四者即是个人对于自己的要求。

第三个层次，亦即第三个维度，是要从内心里对父母充满爱意。“孝”不单单是尽到子女对于父母的职责上的本分。本分是外在的，是人所共睹的，但子女对于父母的“孝”应当是发自内心的真诚，而不是做出来给他人看的。孔子“孝”论的第一层含义与第二层含义，即“能养”与继承父志、完成父业，可以说是对当时社会普遍观念的认可，是对当时世俗观念的概括与总结。但这些只是作为人子的本分，是社会对于人子的基本要求。

---

[1] 《孝经》所言：“立身行道，扬名于后世，以显父母，孝之终也。”宣扬光宗耀祖，孔子之“孝”论尚不至于此。《孟子·离娄上》说：“不孝有三，无后为大。”赵岐注曰：“于礼有不孝者三事，谓阿意曲从，陷亲不义，一不孝也。家穷亲老，不为禄仕，二不孝也。不娶无子，绝先祖祀，三不孝也。三者之中，无后为大。”（赵岐注，孙奭疏：《孟子注疏》，北京大学出版社 2000 年版，第 248 页）孔子之“孝”论尚不至于此。

[2] 朱熹：《四书章句集注》，第 56 页。

在孔子看来，一个人只是尽到自己作为人子的本分还不够，更为重要的是要具有发自内心的对于父母真诚的爱意。作为人子的本分、职责还是外在的，对于父母真诚的爱意才是内在的。孔子“孝”论的最大理论意义正在于强调这种对于父母真诚的爱，这也是孔子对于传统“孝”论思想最大的发挥。

> 子游问孝，子曰：“今之孝者，是谓能养。至于犬马，皆能有养；不敬，何以别乎？”（《论语·为政》）

“能养”，这是传统的观点，也是世俗的观念。但只是“能养”，还远远不够，如果没有对于父母的“敬”，“养父母”与“养犬马”又有什么区别？对于“至于犬马，皆能有养；不敬，何以别乎？”以往之解释，略有四种不同：（一）谓犬马养人。包咸曰：“犬以守御，马以代劳，皆养人者。”[1]皇侃曰：“犬能为人守御，马能为人负重载人，皆是能养而不能行敬者。”[2]邢昺曰：“犬以守御，马以代劳，皆能有以养人者，但畜兽无知，不能生敬于人，若人唯能供养于父母而不敬，则何以别于犬马乎？”[3]（二）谓人养犬马。朱熹曰：“犬马待人而食，亦若养然。言人畜犬马，皆能有以养之，若能养其亲而敬不至，则与养犬马者何异。”[4]（三）谓养父母之犬马。包慎曰：“犬马二句，盖极言养之事。虽父母之犬马，今亦能养之。”[5]（四）谓犬马之相养。程友菊曰：“言犬马之子皆有以养其亲，但养以敬为本，不敬，何以别于犬马之子养其亲乎？”[6]

然于此四种解释之外，尚有别解。邢昺于上述解释之外，还有一说：“人之所养，乃至于犬马，同其饥渴，饮之食之，皆能有以养之也。但人养犬马，资其为人用耳，而不敬此犬马也，人若养其父母而不敬，则何以别于犬马乎？”[7]邢昺此说，言人养犬马，“资其为人用耳”，是因为犬马对人而有用，

---

[1] 何晏注，邢昺疏：《论语注疏》，第 18 页。
[2] 程树德：《论语集释》，第 86 页。
[3] 何晏注，邢昺疏：《论语注疏》，第 18 页。
[4] 朱熹：《四书章句集注》，第 56 页。
[5] 程树德：《论语集释》，第 87 页。
[6] 程树德：《论语集释》，第 87 页。
[7] 何晏注，邢昺疏：《论语注疏》，第 19 页。

此意定当细说。今人之所以养父母，如果出于父母对自己尚有用，比如可以给自己做饭、做家务、带小孩，或者父母有存款、有可观的财产，或者现在父母还有较为可观的收入，等等，如果出于此方面的考虑而善待父母，可否理解为"孝"呢？答案一定是否定的。因为出于此方面原因而善待父母，并非出于对于父母的爱，而是出于自私的考虑。孔子认为只是"能养"父母还不够，更为重要的是"敬"。"敬"既有尊敬的含义，也有敬爱的含义。无论尊敬还是敬爱，其根本是对于父母真诚的爱。不管父母现在有用还是无用，不管父母有知还是无知，甚至不管父母有德还是无德，对于父母的爱一点也不减少，对于父母的爱一点都不改变。如此，才是"孝"的根本。所以，简单的"孝"还不够，还必须是"孝敬"父母。"孝"必须和"敬"、"爱"紧紧地联结在一起，方才是真正意义上的"孝"。

"孝"的根本是对于父母真诚无私的爱。正因为如此，如果只做到"能养"，只做到"服劳"、"先食"等事，是远远不够的。孔子在回答"子夏问孝"时，答曰"色难"。何为"色难"？包咸曰："色难者，谓承顺父母颜色为难。"[1] 其意以为不使父母有不悦之色为难。朱熹的解释则是："色难，谓事亲之际，惟色为难也。……盖孝子之有深爱者，必有和气；有和气者，必有愉色；有愉色者，必有婉容；故事亲之际，惟色为难耳，服劳奉养未足为孝也。"[2] 谓总是和颜悦色地对待父母，是难为也。如此两说，虽有不同，而其对于父母真切深刻的爱则是肯定的。

因为有对于父母真诚深刻的爱，所以凡事会替父母着想，会设身处地地为父母着想。

> 孟武伯问孝，子曰："父母唯其疾之忧。"（《论语·为政》）
> 子曰："父母在，不远游，游必有方。"（《论语·里仁》）

"父母唯其疾之忧"，是言除疾病之事外，不使父母因为自己而有任何担

---

[1] 何晏注，邢昺疏：《论语注疏》，第 19 页。

[2] 朱熹：《四书章句集注》，第 56 页。

忧。马融曰：“言孝子不妄为非，唯疾病然后使父母忧。”[1]不妄为非，是因为惧怕父母为自己担忧。“父母在，不远游，游必有方。”其意也是不使父母为自己担忧。《礼记·祭义》记载乐正子春之事曰：

> 乐正子春下堂而伤其足，数月不出，犹有忧色。门弟子曰：“夫子之足瘳矣，数月不出，犹有忧色，何也？”乐正子春曰：“善如尔之问也，善如尔之问也！吾闻诸曾子，曾子闻诸夫子曰：‘天之所生，地之所养，无人为大。父母全而生之，子全而归之，可谓孝矣。不亏其体，不辱其身，可谓全矣。故君子顷步而弗敢忘孝也。’今予忘孝之道，予是以有忧色也。壹举足而不敢忘父母，壹出言而不敢忘父母。壹举足而不敢忘父母，是故道而不径，舟而不游，不敢以先父母之遗体行殆。壹出言而不敢忘父母，是故恶言不出于口，忿言不反于身。不辱其身，不羞其亲，可谓孝矣。”

乐正子春乃曾子弟子，其所行所言，不敢忘父母，“不辱其身，不羞其亲”，亦出于对于父母深深的爱意。曾子本人亦是如此。

> 曾子有疾，召门弟子曰：“启予足！启予手！《诗》云：‘战战兢兢，如临深渊，如履薄冰。’而今而后，吾知免夫！小子！”（《论语·泰伯》）

曾子一生小心谨慎，唯恐伤害到自己的身体，唯恐做出不法之事而伤及自己的身体。[2]只是到临死之时，他那一直提着的心才终于放了下来。《孝经》所谓：“身体发肤，受之父母，不敢毁伤，孝至始也。”爱护自己的身体其实也是出于对于父母的爱。“父母全而生之，子全而归之。”我的身体本不归我所有，而是归我的父母所有，我必须为我的父母照看好我的身体。这种“受全归完”的思想观念很有中国文化的特色。

---

[1] 何晏注，邢昺疏：《论语注疏》，第 18 页。

[2] 因为曾子时代尚普遍实行肉刑，做出不法之事，可能会遭到肉刑而伤及身体。

因为有对于父母真诚深刻的爱，所以父母的任何变化，以至于年龄的变化，总是牵动着孝子的心。

子曰：“父母之年，不可不知也。一则以喜，一则以惧。”（《论语·里仁》）

邢昺曰：“言孝子当知父母之年也。其意有二：一则以父母年多，见其寿考则喜也；一则以父母年老，形必衰弱，见其衰老则忧惧也。”[1]一年过去了，父母仍然健康，这是多么值得高兴的事。由此体会孟子所谓君子之三乐，其第一乐即是“父母俱存，兄弟无故”（《孟子·尽心上》）。盖父母身体无故，真是孝子最大的幸福。但另一方面，父母的身体又明显不如从前了，这又是多么令人忧伤的事。

因为有对于父母真诚深刻的爱，所以，父母的事，就是自己的事；父母的安危，就是自己的安危；父母的错误，就是自己的错误；父母受过，就是自己受过。孝子对于父母，不仅要有“爱”，还要有“护”。“护”不仅是维护，更重要的是爱护，是保护。

子曰：“事父母几谏。见志不从，又敬不违，劳而不怨。”（《论语·里仁》）

知父母有过，出于爱护、保护父母，所以要“谏”，但却要是“几谏”，亦即以委婉的方式指出。父母也许不听，但却不因父母不听从自己的意见而丝毫减损对于父母的爱意与尊敬。然而其结果证明自己真的是正确的，父母是错误的，并且因为父母的错误而带来一定的损失甚至灾难。面对如此情境，自己所要做的，不是对于父母的怨，而是为父母承担责任，而是自觉地并且无怨无悔地承担一切后果，并且因此而丝毫不减损对于父母的爱意与尊敬。这就是所谓的“劳而无怨”，“劳”意味着为父母代劳，“无怨”意味着不因为父母的过

---

[1] 何晏注，邢昺疏：《论语注疏》，第57页。

失、不因为父母不听从自己的“几谏”而有任何怨气。这就是孝子之行，这也才是孔子“孝”论中最深刻的内容。

理解了“劳而不怨”，才有可能理解孔子所谓的“父为子隐，子为父隐”。

> 叶公语孔子曰：“吾党有直躬者，其父攘羊，而子证之。”孔子曰：“吾党之直者异于是。父为子隐，子为父隐，直在其中矣。”（《论语·子路》）

父子关系是儒家最为强调的一种关系。《郭店楚墓竹简》有《六德》一篇，指出：“为父绝君，不为君绝父。”在孔子以至稍后的时代，父子关系远远高于君臣关系。君臣关系、夫妻关系、朋友关系、邻里关系，都是可以改变的，唯有父子关系，是不可改变的。父子关系不是利益关系，甚至不是情义关系，而是一种最为亲密的血缘关系。此人是你的父亲，无论如何，这是永远无法改变的事实。处理父子关系的根本是“慈”与“孝”，亦即“父慈子孝”。“慈孝”之中，儒家更强调“孝”。认为：“孝弟也者，其为仁之本与！”（《论语·学而》）孝是为人之子的根本[1]，如果离开这一根本，不仅不能谓为人之子，甚至简直就不可谓为人。《礼记·冠义》曰：“孝弟忠顺之行立，而后可以为人。”子之爱父，父之爱子，是自然而然的，是无须任何外力使然的。如王阳明《传习录》所言：“见父自然知孝，见兄自然知弟。”如果一个人连自己的父亲都不爱，连自己的儿子都不爱，而置自己的父亲、自己的儿子于不义，那么这个人还有什么事情干不出来呢？我们对于这样的人还能有什么期待呢？“父慈子孝”，就其无须任何外力使然而言，是父子关系的常态。

“其父攘羊，而子证之。”子何以要证父之攘羊？[2]是因为在子的心目中

---

[1] 有子言：“孝弟也者，其为仁之本与！”“仁”当作“人”，言孝弟乃为人之本。陈善曰：“古人多假借用字，《论语》中如‘孝弟也者，其为仁之本与’，又曰‘观过，斯知仁矣’，又曰‘井有仁焉’，窃谓此‘仁’字皆当作‘人’。”王恕曰：“‘为仁’之‘仁’当作‘人’，盖承上文‘其为人也孝弟’而言。孝弟乃是为人之本。”其说是矣。（其二人之言参见程树德：《论语集释》，第13页）二程亦反对“孝弟为仁之本”，以为：“谓行仁自孝弟始，孝弟是仁之一事。谓之行仁之本则可，谓是仁之本则不可。”（参见朱熹：《四书章句集注》，第48页）

[2] 邢昺曰：“有因而盗曰攘。言因羊来入己家，父即取之，而子言于失羊之主，证父之盗。”（何晏注，邢昺疏：《论语注疏》，第201页）

有一个更为强大的东西压倒了对于父的“爱”，对于父的“孝”。那么这一可以压倒对于父的“爱”、对于父的“孝”的东西是什么呢？只能是对于自己的爱，只能是狭隘的私利。为己之私利而陷父于不义，这难道是人子可为之事吗？相反，“父为子隐，子为父隐”，所体现的正是“父慈子孝”，所体现的正是父子关系的常态，所体现的正是父子之“直”。所以，孔子说：“父为子隐，子为父隐，直在其中矣。”

“父子相隐”表现出的是人情之常，而这一人情之常维护的是人伦关系中最为重要的一层关系。如果父子关系遭受破坏，所破坏的不仅仅是父子关系，而是整个社会赖以维系的根基。《韩非子·五蠹》书中记载有一则故事：“楚之有直躬，其父窃羊而谒之吏，令尹曰：‘杀之。’以为直于君而曲于父，报而罪之。”窃羊一事固然对社会有危害性，但由此而引发的子证父之窃羊，则破坏了正常的父子关系，破坏了整个社会赖以维系的根基，此一危害远远超过了窃羊这一事件本身。所以，父子相隐，不仅反映了父子关系的常态，而且有助于维护人伦关系的根本，故此孔子对其持肯定态度。

子不可证父，不仅出于人伦之常，而且子从来不具有证父的资格。在子看来，攘羊者为己之父而非己。而问题在于，攘羊者为尔父而非他人之父。在尔看来，攘羊者为尔父而非尔自己，而在他人看来，这里的差别其实并不很大。《白虎通·谏诤》曰：“君不为臣隐，父独为子隐为何？以为父子一体，荣耻相及。”父子关系是永远不可改变的，是荣辱与共的。“其父攘羊，而子证之。”在子看来，父为父，己为己；而在他人看来，尔父为尔父而非他人之父。尔可以举报他人之父攘羊越货，却不能举报自己的父亲越货攘羊。一个人，作为独立存在的实体，作为一个自然人，有很多权利和义务，但是，并不具有指证自己父亲的权利和义务。因为一个人天生不具有、后天亦永远不可取得这样一种指证父亲的资格。

子不证父，父不证子，“父子相隐”，乃人情之常。儒家对于父子人情世故的关注，并非只停留于人之常情的层面。父子关系的本质是“父子一体，荣耻相及”，“一体”意味着永不分离；“相及”意味着相互担当。如前所述，“孝”并非一意曲从，并非不分是非，而是要替父母着想，而是在父母未为不善时，力谏；父母已为不善时，勇于自己承担。用现代的观点讲，一个儿子或父亲所能做的，不是当自己的父亲或儿子违法犯罪以后去指证他，也不是千方百计去包庇他，而是劝告其投案自首，而是勇于担当由此所产生的一切责任。

孔子“孝”论的三个维度，是依次展开的，亦是逐次上升而升华的。第一个维度之所谓“能养”，是最基础的；第二个维度之所谓继承父志、完成父业，是社会对于人子的基本要求；第三个维度，从内心里对父母充满爱意，才是问题的根本所在。第一个维度与第二个维度的理论是孔子对于世俗理论的总结和概括，第三个维度的理论，才是孔子“孝”论的根本与核心。

世人如何看孔子

刘　伟

作为儒家学派的开创者、杰出的教育家、中国传统文化的重要代表，孔子无疑是中国历史上影响最大的人物之一。但正如顾颉刚先生所谓“各时代有各时代的孔子”，历代对他的评价也不是一成不变的，而这种变化既反映了不同时代的历史风貌与社会变迁，又体现了不同地区、不同人群对孔子及其学说的不同认识，也反映了人们阅读、理解与诠释儒家经典的不同方式。

一

德国学者雅斯贝斯曾将孔子放在全球视野中，在《历史的起源与目标》一书中把他作为人类历史上“轴心时代”的重要代表，这是对孔子及其时代所作出的精辟论断。孔子生活的春秋末期，正是新兴势力崛起、新旧秩序更替的变革时代，孔子提出“正名”等主张，并在鲁国进行过政治实践；其周游列国，也在很大程度上是为了实现自己的政治理想。因此，孔子在当时就受到列国的广泛关注，但不同阶层和身份的人对其评价就已经有了明显差别。鲁国大夫孟釐子评价他是“达者”，齐、卫、楚等国也都曾有意任用，足见对其学说与才能的肯定。孔子的弟子们对老师更是推崇备至，如子贡说他“固天纵之将圣，又多能也”，后来孟子更是用“自有生民以来，未有孔子也”这样的话来赞美他，认为孔子是“集大成者”。大约一千年以后的宋代儒者甚至给出了“天不生仲尼，万古长如夜”这样的论断，这当然是在儒学已经在国家和社会层面都已经占据主导地位之后的极端推崇了。事实上，大约与孔子同时的老子已经建议他“为人子者毋以有己，为人臣者毋以有己”，晏婴则认为儒者过于重视礼仪容饰，“累世不能殚其学，当年不能究其礼”，二者所说实质上都是孔子与儒家学说容易受到个人与社会因素影响从而游离于现实之外的问题，但也正是由于这一点，客观上促成了此后儒家学说的政治化、神学化乃至世俗化。

孔子评价日隆与地位之提升，关键在于汉代以后官方的认可。董仲舒在《天人三策》中提出“诸不在六艺之科孔子之术者，皆绝其道，勿使并进”的主张，随后汉武帝“罢黜百家，表章六经”，并在太学设五经博士，由是孔子和儒家的影响力越来越大。司马迁在《史记·太史公自序》中说他“为天下制仪法，垂六艺之统纪于后世”，又在《孔子世家》中评价他“自天子王侯，中国言六艺者折中于夫子，可谓至圣矣”。汉平帝时，追封孔子为褒成宣尼公，孔子后裔为褒成侯，这是历代国家政权褒封孔子之始。此后的两千年间，孔子又曾被追封为文圣尼父（北魏孝文帝）、先师尼父（隋文帝）、先圣（唐太宗）、先师（唐高宗）、文宣王（唐玄宗）、至圣文宣王（宋真宗）、大成至圣文宣王（元成宗）、至圣先师（明世宗）、大成至圣文宣王先师（清世祖）等，体现了历代王朝利用孔子与儒学为己服务的政治意图。在这一过程中，对于以《论语》为代表的儒家经典的诠释往往也具有明显的时代性，并表现出了强烈的政治色彩。

二

相较于官方层面与儒家后学的高度认可，历代民间与其他学派对孔子的认识则呈现出多元化的特点。影响最大的评价，当属“素王”之称，这一称谓虽然可指上古时代的诸位帝王以及其他有帝王之德而未居帝王之位者，但汉代以后几乎成为孔子的专用称谓。如刘勰在《文心雕龙·原道》中说“玄圣创典，素王述训”，唐人刘沧《经曲阜城》诗中说“三千弟子标青史，万代先生号素王”，孔尚任也在《桃花扇》中写下了“百尺翠云巅，仰见宸题金匾；素王端拱，颜曾四座冠冕”之句。与儒家并存的道家、墨家等学派，虽与儒家在思想主张上都有不小的差别，但对孔子本人及其学说则都是非常尊敬、赞誉有加的。最有代表性的故事，见于《庄子·田子方》中假托庄子与鲁哀公关于鲁国儒者的对话。庄子认为尽管当时“举鲁国而儒服”，但真正的儒者屈指可数，因为“君子有其道者，未必为其服也；为其服者，未必知其道也”。后来的事实果然如庄子所说，“以鲁国而儒者一人耳，可谓多乎？”这个故事当然只是庄子用来讽刺当时儒者大都徒有虚名的，而其蕴含的意思则是：真正的儒者是值得尊敬的。显然，庄子对于孔子及其学说是持肯定态度的，只是儒家后学未能真正领会与贯彻孔子思想而已。

清末以来，对孔子及其学说的评价出现了很多值得注意的新说法。太平天国运动时期的《太平诏书》宣称“敢将孔孟横称妖，经史文章尽日烧”，还在《太平天日》中编造了上帝审判、鞭挞孔子的神话，太平军所到之处，孔庙、孔子像往往被捣毁破坏。后来康有为则在《春秋笔削大义微言考序》中说孔子是“圣之时者”，把孔子塑造成与时俱进的改革者形象。考虑到清末西学冲击下维新变法思潮的巨大影响，其意显然在于为自己倡导的变法维新提供理论依据。而章太炎著有《订孔》一文，认为儒学是“中国的祸本”，“我们今日要想实行革命，提倡民权，孔教是断不可用的”。李大钊也认为“孔子之道施于今日之社会不适于生存，任诸自然之淘汰，其势力迟早必归于消灭。”这样的论调在当时非常流行，显然是受到了西方科学与民主思想的影响，但其偏颇之处则在于未能在更深的层次上理解和把握儒学与西学的内涵。

三

西方人对孔子的认识与评价，最晚可以追溯到传教士东来时期。著名的意大利传教士利玛窦曾评价说：“中国最伟大的哲学家是孔子。他所说的和他的生活态度，绝不逊于我们古代的哲学家；许多西方哲学家无法与他相提并论。故此，他所说的或所写的，没有一个中国人不奉为金科玉律；直到现在，所有的帝王都尊敬孔子，并感激他留下的遗产。”与此接近的评价还有著名的法国启蒙思想家伏尔泰，他认为“西方民族，无论如何格言，如何教理，无可与此纯粹道德相比拟者。孔子常说仁义，若使人们实行此种道德，地上就不会有什么战争了”。德国哲学家黑格尔认为孔子“是中国人的主要的哲学家”，还评论说：“孔子的哲学就是国家哲学，构成中国人教育、文化和实际活动的基础。”进入 20 世纪以后，随着中西文化交流的不断深入，西方学者对孔子的认识也越来越全面而丰满。如曾任美国哲学学会主席的芬格莱特在《孔子：即凡而圣》一书中认为，由于受到地域、历史、文化等多种因素的影响，西方人眼中孔子的形象往往是变形的、不真实的。而孔子思想的主旨在于礼仪行为的强调，圣人境界就是人性在不离凡俗世界的礼仪实践中所透射出的神圣光辉。这一认识颇具价值，英国著名学者葛瑞汉甚至认为此书影响了西方中国思想文化研究的方向。

总起来看，西方学者对孔子与儒家学说的认识与理解，正随着全球化的脚步而前进，当前孔子学院在世界各国落地生根、开花结果，既是中国综合国力增强的必然结果，也反映了各国民众对于孔子及其所代表的中国文化的认可与接受程度。

四

纵观中外学者对孔子及其思想的评价，我们不难看出，尽管推崇者有之，批评者亦有之，甚至还有违背常理进行攻击者，然正如牟钟鉴先生所言：“神化孔子是不对的，丑化孔子是罪过，敬重孔子应是常态。”在今天看来，要对孔子及其思想学说在中国与世界历史发展中的地位作出合理评价，可以从两方面来考虑。一方面，要用历史的眼光来认识孔子。孔子生活在向称“礼坏乐崩”的春秋时代，其思想学说当然是为自己的政治理想与实践服务。孔子构建了一个包括仁、礼在内的比较系统的思想体系，其意在于如何让原有的政治体制与礼法原则在新形势下得以延续。因此，孔子的思想学说虽然具有强烈的现实意义，但“礼坏乐崩”本身就是旧秩序逐渐解体、新秩序逐渐确立的过程，是社会发展过程中正常的新陈代谢，孔子的政治理想无所施展，可谓是形势使然。另一方面，要立足于当前，为孔子思想精华及其现代性转化注入时代精神与活力。孔子终究是一位具有超越性的人物，其思想学说中的精髓穿越时空，如仁爱、和、忠恕等，已经内化为中华民族精神中不可磨灭的印记，并日益显示出其价值。正是这一点，使得孔子赢得古往今来有识之士的普遍敬重，孔子的思想学说则成为全人类的共同遗产。

进入 21 世纪以来，伴随着社会经济的巨大发展与全球化的脚步，如何在新的历史背景下认识孔子及其为代表的儒家文化，也成为学界讨论的热点话题。在当前情况下，文化全球化虽为大势所趋，却尚在过程中，中国文化的未来正取决于我们如何再造传统。我们有理由相信，孔子不仅仅是中华传统文化的符号与象征，在实现中华民族伟大复兴的过程中，其思想学说必将为国家软实力的提升提供丰富的营养，为人类社会的和谐发展与命运共同体构建提供重要的理论支撑。

《孔丛子》与先秦孔氏家学的酝酿与演化

孙少华

作为记载孔氏子孙二十余代的家谱式作品,《孔丛子》一向是学术界研究孔氏家学的主要参考书目。《连丛子》记载至孔子二十代孙，孔氏家学由二十一代孙孔羡正式创立，则本书又可作为研究汉代孔氏家学发展与创立的基本依据。

孔氏家学的形成，有一个漫长的酝酿与发展过程。战国士人的学术品格与游士之风，与孔氏家风互相影响、互相作用，对孔氏家法的形成具有积极的作用。孔氏家学的创建，就离不开孔氏家风的长期推动与孔氏家法的最终规定。本文将结合《孔丛子》与其他典籍的记载，揭示先秦时期孔氏家学的有关问题。

值得注意的是,《孔丛子》一向被视作伪书，但是根据笔者考察，本书成书虽晚，但确实有先秦资料。后儒如朱熹等人，虽然有时也将其称作伪书，但他们著书立说，又屡次引用该书资料。另外，对于历史上所谓的“伪书”，我们可以对其成书时间、作者有怀疑态度，但对其中的文献，一方面应该慎重对待其学术价值，另一方面也要客观认识到该书产生之后，在流传过程中带来的学术影响以及由此而形成的“学术史价值”与“思想史价值”[1]。

一、孔氏家风的初步形成

所谓“孔氏家风”，应该是孔氏子孙在长期的学术与社会实践活动中，逐

[1] 对于“伪书”的认识，可参见拙文《文本系统与汉魏六朝文学的综合性研究》,《中国社会科学》2016年第5期。

渐形成的比较稳定的孔氏“门风”，包括思想价值体系与道德价值观念。从形式上看来，它主要是意识层面上的精神架构，与主流社会的价值理想和谐而统一。它可以随着社会的发展，不断臻于完善。同时，它还可以为孔氏后人所继承，为主流社会的价值体系所认同。但它对孔氏子孙还没有严格的道德约束力或家族宗法的控制力。孔氏家风的形成，有一个发展历程。《孔丛子·居卫》记载：

> 曾子谓子思曰：“昔者吾从夫子游于诸侯，夫子未尝失人臣之礼，而犹圣道不行。今吾观子有傲世主之心，无乃不容乎？”子思曰：“时移世异，各有宜也。当吾先君，周制虽毁，君臣固位，上下相持，若一体然。夫欲行其道，不执礼以求之，则不能入也。今天下诸侯方欲力争，竞招英雄以自辅翼，此乃得士则昌、失士则亡之秋也。伋于此时不自高，人将下吾；不自贵，人将贱吾。舜禹揖让，汤武用师，非故相诡，乃各时也。”

从这段材料可以看出来：第一，孔子与弟子有游士身份，故曾子等“从夫子游于诸侯”，孔氏子孙也是如此。说明当时的游士之风，对孔氏家风的形成具有直接关系。第二，子思的“时移世异，各有宜”，是自孔子以来就有的思想，所以子思说“当吾先君”云云。这是当时游士之风在孔氏子孙身上的集中表现，也体现了孔氏家风的内在传承。第三，子思称：“伋于此时不自高，人将下吾；不自贵，人将贱吾。”这是当时士人身上一种普遍的学者品格，对孔氏家风的酝酿，具有直接的影响。

（一）战国游士之风与孔氏家风

春秋以降，游士之风兴起。顾炎武有云：“春秋以后，游士日多。《齐语》言桓公为游士八十人奉以车马衣裘，多其资币，使周游四方，以号召天下之贤士。而战国之君遂以士为轻重，文者为儒，武者为侠。”[1] 战国游士最鲜明的思想是“知时变”。当时，战国诸侯为增强国力，纷纷出台吸引人才的各种优惠

---

[1] 黄汝成：《日知录集释》，岳麓书社 1996 年版，第 261 页。

政策，甚至吸纳其他国家的贤士、高才。卫鞅、张仪亡魏入秦，吴起亡魏入楚，苏秦则佩六国相印，这一方面造成了当时士人国家忠诚观念的淡漠，另一方面也使“知时变”思想成为一种社会共识。如《史记·苏秦列传》即称苏秦“其术长于权变”。但如果进一步考虑，这种思想应该上溯于道家哲学，因为崇尚权变思想的张仪、苏秦，皆学于鬼谷子。再者，卫鞅“少好刑名之学”，吴起曾学于曾子，可证当时各家学派都接受了这种哲学思想。这不能不推动整个社会思潮向这个方向发生转变。处于这种时代风尚的潮流中，孔氏子孙自亦难以免俗。孔穿游走于赵、魏、齐诸国，厕身于信陵君、平原君之间，子顺任魏相、子鱼投陈涉，等等，都是这种思想的作用。孔氏子孙这种特殊的思想，是孔氏家风养成的主要思想基础。战国游士“知时变”思想对孔氏家风的影响，在孔氏子孙身上，则为“时移世异”与“待时”思想，且递代相承而不辍。

春秋末季，礼崩乐坏，孔子知世不可仕，故生退隐待时之念。《孔丛子·记问》载鲁哀公欲聘孔子，孔子知必不见用，故作《丘陵之歌》，发“枳棘充路，陟之无缘”之叹。楚昭王欲聘并封赏孔子，被令尹子西谏止。孔子以独善其身之许由、兼利天下之姜尚自比，认为当世无文王，自己并不见用：“大道隐兮礼为基，贤人窜兮将待时，天下如一欲何之？”孔子在《论语》中也表达过此类思想。如孔子对颜渊所说的“用之则行，舍之则藏”，即为此意。孔子的这些观点，在《孟子》、《荀子》也有体现。孟子引齐人之言，曾有“虽有镃基，不如待时”之语。孟子认为孔子是识时务的人：“孔子，圣之时者也。”《尽心上》曾引古人“独善其身”与“兼善天下”之说。至荀子，则成了“兼利天下”。

孔子的这种积极的“待时”思想，在《周易》中亦有记载，如《系辞下》：“君子藏器于身，待时而动，何不利之有？”[1]《左传》中更是屡见此词。这充分证明《孔丛子》孔子的“待时”观念，与先秦其他典籍中孔子的这种思想一致。孔子西狩获麟而泣，正为此故：“唐虞世兮麟凤游，今非其时来何求？麟兮麟兮我心忧。”《论语》中，孔子基本上是抱着积极救世的心态，“知其不可为而为之”；但在这里，孔子的思想明显发生了变化。《论语》中，孔子与隐

[1] 高亨：《周易大传今注》，齐鲁书社 1988 年版，第 572 页。

者的交往，证明孔子与退隐思想已有所接触，并且孔子对那些引者也有接引之意。朱子云："孔子于三仁、逸民、师挚、八士，既皆称赞而品列之。于接舆、沮溺、丈人，又每有惓惓接引之意，皆衰世之志也，其所感者深矣。"[1]当然孔子并不是真的想学习那些隐士，《孔丛子》中孔子的"待时"思想，应该是《论语》中孔子对那些隐士发生"惓惓接引之意"的思想反映。荀子对"待时"思想，亦有详细论述。《荀子·宥坐》引孔子"厄于陈蔡之间"事，并就孔子"君子博学深谋，不遇时者多矣。由是观之，不遇世者众矣"之论进行了论析，最后总结道："遇不遇者，时也。死生者，命也。今有其人，不遇其时，虽贤，其能行乎？苟遇其时，何难之有？故君子博学深谋，身端行以俟其时。"[2]

孔子的这种"待时"观念，在战国时代颇为流行，在《孔丛子》历代子孙身上也有不同程度的体现。如上文，曾子问子思为何有"傲世主之心"，子思答以"时移世异，各有宜也"；"舜禹揖让，汤武用师，非故相诡，乃各时也"。曾子之问，与老莱子说子思"性惟太刚而傲不肖"意同。子思所说的"时移世异"与"乃各时也"，正是对孔子"待时"思想的推阐。乐朔认为《尚书》中的《虞书》、《夏书》以下，皆不如"尧舜之言"，子思认为："事变有极，正自当尔。假令周公、尧、舜不更时异处，其书同矣。"另外子思还有"子去殷，纪季之齐，良知时也"一语。这里的"更时异处"与"知时"观念，与孔子"待时"观念一脉相承。孟子似乎继承了子思的"时移世异"思想，如《孟子·公孙丑下》"彼一时，此一时"之说，恰是子思"时移世异"思想的最佳注脚。

战国末年，孔子"用之则行，舍之则藏"的思想，在孔子顺身上表现得最为明显。子顺相魏九月不见用，欲退居山东而不仕。但其时秦欲并山东诸国，子顺以为秦为不义之国，"义所不入"，于是隐居不出，此确为"知时变"之士。其"义不入不义之邦"的思想，与"待时"、"时移世异"思想并不矛盾，且是其"知时变"思想的必然选择。至于其"义所不入"之"义"，王应麟解释为"天利之公，人心之正"，并认为是自孔子、子思以来，孔氏子孙世

[1] 朱熹：《四书集注》，岳麓书社 1985 年版，第 225 页。
[2] 王先谦：《荀子集解》，中华书局 1988 年版，第 527 页。

守之家法，汉代孔臧、孔霸亦曾守而不辍：“子顺谓义所不入，义者，天理之公，人心之正，夫子、子思以来，孔氏世守之家法也。在汉如臧，如霸，亦能守而弗坠。谨进退，严辞受，圣人之泽远哉。”[1]孔子、孟子皆不曾入秦，荀子入秦，以为秦国无儒学而去。王应麟认为孔子顺之举，有鲁仲连之志。叶适亦云：“周衰，诸侯皆恣已自便，而秦以夷狄之治，翦灭先王之典法，吞噬其天下，别治为区域。孔子力不能救，不过能不入秦而已。子孙守其家法，故曰秦为不义、义所不入，遂死于家。”[2]他认为，孔子义不入秦，其子孙世守其家法，孔子顺之举，即为此故。孔子顺之子孔鲋，则用“见时变”来称呼这种思想，并将其视作适应时代的一种权谋。《孔丛子・独治》中，孔鲋劝叔孙通仕秦。叔孙通认为自己所学的知识与时代不合，不可出仕；孔鲋则认为他“能见时变”。从这里说来，孔鲋对“见时变”并不反感，并且还鼓励有此思想的叔孙通积极仕秦。

孔氏家风的这种思想，由叔孙通带入汉，对汉人“士不遇”的思想影响至深。董仲舒有《士不遇赋》，司马迁亦作《悲士不遇赋》以效之，东方朔《答客难》中“此一时也，彼一时也”的思想，更是对孔氏“时移事异”思想的直接诠释。李炳海先生即称“遇与不遇这个富有哲学意味的人生课题，成为两汉文学的重要主题”[3]。

（二）战国士人品格与孔氏家风

战国士人的学术品格，具有一定的普遍性与稳定性。孔氏子孙，处于当时的学术环境中，必然也带有当时整个时代的学术品质与士人习气。上文子思有“自高”、“自贵”精神，钱穆先生在其著作中曾引用此段材料，认为孔氏子孙的这种自贵、自高观念，与战国时代的学术风气是一致的。其《先秦诸子系年》认为：“《孔丛》伪书，固不足信。然其论足以征先秦儒家称礼之推移，行己之不同，发明世局之变。”[4]严耕望非常赞同钱穆的观点，他将战国时期孔

[1] 王应麟：《通鉴答问》。《四库全书》本，上海古籍出版社1987年版，第645页。
[2] 叶适：《习学记言序目》，中华书局1977年版，第648页。
[3] 李炳海：《汉代文学的情理世界》，东北师范大学出版社2000年版，第19页。
[4] 钱穆：《先秦诸子系年》，商务印书馆2001年版，第181页。

氏子孙一类的学者所表现的这种精神称为“倨高”或“倔高”，并认为这是他们治学的一种“自发原动力”。其《战国学术地理与人才分布》评论上面钱穆的观点说：“此论甚是。足见伪作者颇能洞察历史大潮流。而学人之倔高，亦正为其治学之一自发原动力也。”[1] 宋人黄震则将这种“自高”、“自贵”理解为“自任”。他认为，孔氏子孙历经战国秦汉流俗，而不受其影响，证明孔氏子孙自有其内在的家学渊源。黄氏将这种渊源溯于子思之学，并将孔氏的这种家学清品总结为“守正”、“自任之重”和“弘毅强立”。他考证，这种学术品格，最早即源于《孔丛子》中子思对“其父析薪，其子不克负荷，谓之不肖者”的阐述[2]。其后，子思告诫其子孔子上：

> 有可以为公侯之尊而富贵人众不与焉者，非唯志乎！成其志者，非唯无欲乎！夫锦缋纷华，所服不过温体；三牲大牢，所食不过充腹。知以身取节者，则知足矣。苟知足，则不累其志矣！（《孔丛子·居卫》）

如何有志？子思提出“无欲”、“知足”，凡此则“不累其志”，这实际上是在向子上阐释其“自任之重”的理念。子思也曾向孟轲阐释其“自任”思想，如孟轲问子思尧舜文武之道是否可致，子思云：“彼人也，我人也。称其言，履其行；夜思之，昼行之；滋滋焉，汲汲焉，如农之赴时，商之趣利，恶有不至者乎！”（《孔丛子·居卫》）子思所云，与孔子“我欲仁斯仁至矣”思想一脉相承。其他如《孔丛子·公仪》子思曾劝谏鲁穆公，待贤士不应以高官厚禄利诱，不能“钩饵君子，无信用之意”。《孔丛子·抗志》中，鲁穆公欲以子思为相，被子思拒绝，子思认为：“君子犹凤，疑则举之”。《孔丛子·居卫》中，子思更是告诫孟子，君子一定要“高其行”、“远其志”，具有“高远”之志，人不能欺。此即《诗经》所说的“高山仰止，景行行止”，也即《易经》中的“谦尊而光卑而不可喻”之意。可见子思的这种思想也是其来有自。当老莱子闻鲁穆公欲以子思为相，认为子思“性惟太刚而傲不肖”；曾申

[1] 严耕望：《严耕望史学论文选集》，中华书局 2006 年版，第 49 页。
[2] 黄震：《黄氏日钞》，北京图书馆出版社 1998 年版，第 477 页。

问子思对“屈己以伸道”与“抗志以贫贱”如何选择，子思直接告诉他：“与屈己以富贵，不若抗志以贫贱。屈己则制于人，抗志则不愧于道。”此皆“自任”或“自高”思想在子思身上的体现。

《孔丛子》中子思的这种学术品格，后来诸子也有继承。《荀子·非十二子》中即云“材剧志大，闻见驳杂”是由“子思倡之”。孟子曾云：“养心莫善于寡欲。”（《孟子·尽心下》）又如万章问孟子“士之不托诸侯”之事，孟子即曾举鲁缪公与子思的事情来说明自己的观点。子思对鲁缪公“亟问，亟馈鼎肉”的做法非常不满，认为鲁缪公是以子思为犬马，“悦贤不能举，又不能养。”（《孟子·万章下》）从这里一方面可以看出当时诸侯“尊贤”的事实，另一方面也可以看出子思“自贵”的一面。《孟子·公孙丑下》：“昔者鲁缪公无人乎子思之侧，则不能安子思。”证明鲁缪公对子思比较尊重。这更加证明孟子的确具有子思所说的“自任”、“自贵”的思想。本书中孔氏后人显然也继承了子思的这种精神，历代不辍。《孔丛子·儒服》中，孔子高与邹文、季节分别，二人“流涕交颐”，与子高泣别，子高仅“抗手而已”，并耻笑二人为“妇人”。他认为：“人生则有四方之志，岂鹿豕也哉而常聚乎！”《孔丛子·陈士义》中，枚产向孔子顺询问致富之术，子顺拒绝回答，其云：“我且自贫，安能教子以富乎？”这都是“自任”的表现。战国孔氏子孙历代秉承的“自高”、“自贵”或“自任”思想，是孔氏子孙递代相传的学术品格，对后世文人清高、自傲的道德养成，具有不可忽视的影响。

我们认为，这应该是当时存在于儒者之中的一种普遍性的学术品质。战国时代，诸家学术并兴，王侯以禄利招致名士，但在其人格上并不十分尊敬他们，仅仅将学者及其学术作为开疆拓土的一种工具，也就是子思说的“犬马畜之”。在这种时代背景下，安于操守的学者，必然趋于“自高”、“自贵”的精神选择。《战国策·齐策》记载颜斶见齐宣王，齐宣王问：“王者贵乎？士贵乎？”颜斶即爽快地回答：“士贵耳，王者不贵。”这种品格应该源于当时某些高士的高行，如魏安釐王问子顺天下之高士，子顺首先肯定地说：“世无其人也。抑可以为次，其鲁仲连乎？”从儒者的思想渊源上来说，这种认识应该是有道理的。孔子对当时某些隐士的品格也有深入理解。《论语》记其欲见接舆、长沮、桀溺等人，似乎能够说明一点问题。儒者提倡积极入世，他们可能不会接受隐者的生活方式，但这并不代表他们也对隐士们的品格一并排斥。再说，当时虽有儒、道之分，但各家思想是相通的。它们之间也没有严格的门派限制，百家思想相互交融，儒学于老，墨出于儒，时代学术风尚的同步性，保持了当时学者学术品格的一致性。战国学术风尚，对《孔丛子》孔氏子孙的学术品格的养成具有直接的影响。而孔氏家风的形成，则带有鲜明的时代特色。

（三）《孔丛子》与孔氏家风的内在传承

上面我们论述的这两种学术风气或者学者品格，是《孔丛子》中体现出来的比较突出的两个基本特征。这些特征反映在《孔丛子》材料的采择与编纂上，就使得其中的材料无不具有相应的逻辑一致性。记载孔子与子思的材料中，其中心主旨主要体现了“自高”、“自贵”、“自任”的思想特点。尤其是本书编纂的《论书》、《刑论》、《记问》、《记义》等篇章，一方面体现了本书对《论语》之外关于孔子材料的辑佚功能，另一方面还表现了孔子及其门弟子在学术理解与阐释上的自信与贯通。这与其“自高”精神是一致的。子思曾经反复表示要坚守自己的这种思想，其答鲁穆公、子上、孟子等人之间的《杂训》、解释周季历史与礼仪及编著《中庸》的《居卫》、解释古天子巡守之礼的《巡守》、记载其生活交游与言行的《公仪》、《抗志》，与孔子材料的性质特别相近。孔子、子思还是希望有所作为的。以孔子为例，孔子在《获麟歌》中慨叹麒麟“今非其时来何求”，实际上也蕴含着对自己生命际遇的同病相怜。当他将要应赵简子之聘而听说闻窦鸣犊与舜华被杀的消息的时候，迅速“回舆而旋之卫，息鄹”，并表示要选择“翱翔于卫，复我旧庐。从吾所好，其乐只且”。他适齐、使楚、至陈、居鲁，无不积极参政，体现了儒家积极入世的思想。子思亦然，他表示“与屈己以富贵，不若抗志以贫贱”，在鲁，他可以为鲁国之兴出谋划策；在卫，可以帮助卫君选贤任能；在齐，可以帮助齐民革俗化政。

全书材料的一致性与逻辑性，从另一个角度看来，实际上是“孔氏家风”在《孔丛子》中的集中体现。战国末年，随着时代形势的不断发展，孔穿、子顺犹能保持这种家风，且对“穷”、“达”选择的自由度更大，意识更强烈。如孔穿与公孙龙辩争的《公孙龙》，记载他“曳长裾，振褒袖”、“厉声高揖”、向信陵君解释祈胜军礼的《儒服》，谏魏王及齐王之《对魏王》，都暗含着孔氏家族的“自贵”精神。但他也适应当时的时代精神，积极斡旋于平原君、信陵君周围，奔波于韩、赵、魏、齐之间，显然颇具战国纵横家风。孔子顺材料中，这种思想仍然存在，如《陈士义》子顺回答魏王聘使：“若王信能用吾道，吾道故为治世也；虽蔬食水饮，吾犹为之。若徒欲制服吾身，委以重禄；吾犹一夫尔，则魏王不少于一夫。子度魏王之心以告我。”表现了他对出仕的审慎与自许。任魏相后，其“改嬖宠之官以事贤才，夺无任之禄以赐有功”，又表现了对政治理想的最高追求。《论势》中，子顺为合纵游走于韩、赵、魏之间，而当自己的政治理想无法实现的时候，又选择了主动离开：“不见用，是吾言之不当也。言不当于主，而居人之官、食人之禄，是尸利也。尸利素飧，吾罪深矣！”《执节》中，子顺答何谓“高士”：“人皆作之，作之不止，乃成君子。文、武欲作尧、舜而至焉，昔我先君夫子欲作文、武而至焉，作之不变，习与体成，则自然矣。”仍然与其一贯的“自高”思想及“时移世异”精神保持了高度的一致。孔鲋材料的性质，也基本上体现了这种精神，陈余说他“居乱世，能正其行，修其祖业，不为时变”，正为此故。但他能在陈余引荐下投奔陈涉，说明他虽然在学术上可以“不为时变”，但在时代精神的选择上，他不能不选择“知时变”。《问军礼》、《答问》体现了他对礼制与上古历史的深切理解，与孔子、子思材料体现的思想完全一致。尤其是他回答武臣引韩非语的话，更能体现孔鲋对孔氏家风的真正继承：“故吾以是默口于小道，塞耳于诸子久矣。而子立尺表以度天，直寸指以测渊，豫大道而不悟，信诬说以疑圣，殆非所望也。”但是我们不得不承认，孔鲋还是具有浓厚的“穷则独善其身”的思想意识的。在张楚政权里面，孔鲋任博士、太师谘度，然而陈涉对于孔鲋的很多合理建议并未采纳，孔鲋也没有强谏，而是同张楚一起“老于陈”。

一个学派，有一个学派的学术气质。作为孔氏家族，在长期的发展过程中，逐渐形成了独特的学术品格，独立的学术思想。他们受影响于社会大学术环境而又能长期坚持、递代继承，必然形成独特的“家风”。这对其家族观念的形成与家学思想的酝酿，很有意义。

二、“孔氏家法”向“孔氏家学”的转换

孔氏家风的形成与演变，使孔氏子孙的许多思想与观念，形成了在家族内部递代传承的传统。他们的“时移世异”观念，来源于孔氏子孙对传统学术的承继与发扬，同时又对社会价值与政治理念具有强大影响力；他们的“自高”、“自贵”思想，是孔氏子孙独立于社会主流价值观之外的一种品质与操守。孔氏家风的长期稳固性演化，逐步在孔氏子孙中形成了一种自觉性规范，并逐步具有了一定的道德约束力与宗法控制力。这就形成了孔氏子孙历代传承并遵守的一种“家法”。这种“孔氏家法”与其学术思想的进一步融合与衍化，就成为孔氏家学产生的思想基础。从思想意义上来看，孔氏家学具有“孔氏家风”的一切基本特征，具有特定的学术规范；从物质形式上来说，它又继承了“孔氏家法”的宗法制约作用，具有特殊的强制规定性与基础形式，这就是孔氏家族的“庙学”。

先秦孔氏子孙无论是从社会、政治管理上，还是从哲学、学术思想上，都为孔氏家学在汉代的顺利展开创造了良好的条件。但是由于历史与现实的原因，先秦孔氏子孙参与政治与社会管理的机会比较少，所以他们的学术思想大多在家族内部与弟子们中传播。作为独立的“孔氏家学”，还缺乏成熟的政治机遇与社会条件。一个家族观念的形成，必然经历几个顺序相承的发展阶段才会臻于成熟[1]。孔氏家族的形成与发展，经历了春秋战国漫长的历史阶段。《诗经》中保留了大量的描写祭祀、宴饮等家庭成员聚会的场面，《左传》中也存在为数不少的追溯祖先光荣业绩、叙述家族兴衰荣辱的记载。先秦时期，关于以家族之情作为文学主题的文学作品的出现，表明春秋时期已经出现了意识明确的家族观念。至汉代，此风尤为兴盛[2]。《孔丛子》子思有“意子孙不修，将忝祖乎”之问，孔子有“吾无忧矣，世不废业，其可昌乎”之论，证明自孔子始，已经有意识地培养子孙继承祖业的思想，家族观念确实比较浓厚。但伯鱼早逝，未及继承孔子衣钵。至子思，才开始有意识搜集孔子事迹。《公仪》子

[1]〔美〕路易斯·亨利·摩尔根著，杨东莼、马雍、马巨译：《古代社会》，商务印书馆 1977 年版，第 381 页。

[2] 李炳海：《汉代文学的情理世界·导言》，第 3 页。

思有云："臣所记臣祖之言，或亲闻之者，有闻之于人者，虽非其正辞，然犹不失其意焉。"证明子思已经开始有意识记录整理孔子事迹。但子思既云其记孔子之言"非正辞"，说明他还并未形成自觉意识去创造某种"家学"思想。但我们必须认识到，自孔子开始，已经开始具有培养子孙学术思想的意识，如《论语》中，虽然孔子不承认对子鱼有所单独教导，但他确曾多次勉励伯鱼研治《诗》、《书》。《孔丛子》中，孔子赞子思"然乎？吾无忧矣！世不废业，其克昌乎"显然对子鱼寄予了极高的期望。子思对其子子上，亦是如此，《杂训》中子上问学于子思，子思即以孔子之言教诲之。他既称"先人有训"，说明孔子以后的嘉言，已成为孔氏子孙教育后人的"家训"。子上之后，其子与孙子家与子京，事无记载。但我们怀疑，子上等人之学，恐非纯儒。《杂训》"子上杂所习请于子思"，宋咸与冢田虎注皆以为子上所习之"杂"，当为"诸子百家"之学，证明子上时代，孔氏家学尚未酝酿成熟。此阶段只能是"孔氏家法"初步酝酿的时期。

孔子第七代孙孔穿（子高），常衣儒服游历，已以儒者自居。平原君曾问及孔穿"子之先君"关于"子见南子"的逸闻，而孔穿将此斥为"流言"。事实上，"子见南子"于《论语》中已有记载，但孔穿为孔子强辩，足证孔穿已经开始有意识维护家法尊严，并且已经存在将家法神圣化的意识。孔穿之子孔子顺与乃父一样，言必称"先君"。值得注意的是，自子顺始，孔氏"家法"有向"家学"演变的趋势。或者说，子顺之时，已对传统守旧的孔氏家法有所改变，而增加了"知时变"的因素。《执节》中，赵王对孔子顺的一段话，说明孔氏家学开始为社会所认识：

> 赵王谓子顺曰："寡人闻孔氏之世，自正考甫以来，儒林相继。仲尼重之以大圣，自兹以降，世业不替。天下诸侯，咸宾礼焉。先生承其绪，作二国师，从古及今，载德流声，未有若先生之家者也。先生之嗣，率由前训，将与天地相敌矣。"答曰："若先祖父，并禀圣人之性，如君王之言也。至如臣者，学行不敏，寄食于赵，禄仕于魏，幸遇二国之君，宽以容之。若乃师也，未敢承命，假令赖君之福，愿后世克祚，不忝前人，不泯祖业，岂徒一家之赐哉！亦天下之庆也。"王曰："必然！必然！"

详细分析这段材料，我们会发现很多关于孔氏“家法”向“家学”转化的信息。孔子顺之时，当时学术风气，已将孔氏家庭内部的学术起源，上推至正考甫时代。但其真正开始发展，却是孔子以后的事情。“仲尼重之以大圣，自兹以降，世业不替”，就是很好的证据。子顺继承家业，为赵、魏国师，大大提高了孔家的社会地位，故赵王说“从古及今，载德流声，未有若先生之家者也”。这是孔氏家学在当时社会上初步得到承认的重要体现。子顺所云“愿后世克祚，不忝前人，不泯祖业，岂徒一家之赐哉！亦天下之庆也”，说明子顺思想中对“前人”之训与“祖业”有所持守，并证明孔氏家学与“天下之庆”的结合，已经为孔氏家学的创立奠定了社会基础。同时，这也可以证明，子顺是先秦孔氏家学复兴的关键人物。他对淳朴的孔氏家风，有所继承又有所改变。《公仪》“闾丘温见田氏将必危齐”一节，可以清楚看出子思与子顺之差异。故匡援认为此段材料：“与子路不要盟同一志气操守，此乃孔氏家法也。至子顺少变焉，凌迟以及孔光，则大有愧于先圣矣。”

子顺之子孔鲋，继承了乃父的家学思想。《独治》说他“独乐先王之道，讲习不倦”。另外，当时孔氏家族内部，已经保存了很多孔氏先人的书籍，孔鲋则是这些书籍的保存者。《独治》中陈余对孔鲋所说“秦将灭先王之籍，而子为书籍之主”，足以为证。当时，孔氏家学不仅已经存在专门的学习内容，而且还有专人管理这些书籍。这是孔氏“家法”转化为“家学”的思想基础。孔鲋为避秦焚所藏书籍，也是汉代孔氏家学顺利进展的物质基础。问题是，子高以后，子顺、孔鲋一直居魏，孔氏“家学”，还只能停留在形而上的层面。这些思想只有与社会政治相结合，才能在整个社会的学术大环境中逐渐展露自己的学术特色，并逐渐形成一以贯之的“家法”。

孔氏“家法”，实际上具有整个儒学“家法”的普遍性特征。关于孔氏家族的作品，之所以还保留了“传”、“记”甚至先秦“语”类特征，就是这个原因。但是“家学”就不同了，它更接近于孔氏一家之私学的特殊性。如从上面的考察可以看出，自子思而下，孔氏子孙多能坚守“孔氏家法”，而最能守其“家法”者当属孔鲋。匡援认为：“孟子道性善言必称尧舜，子鱼举礼以对亦必首唐尧，孔氏之教法，实孔氏之家法也。”《孔丛子》中，叙及子顺，云其“以圣道辅战国，见利不易操，名称诸侯。世有家法”。先前子思答孔子“其父析薪，其子弗克负荷，是谓不肖”之语，匡援评价子思道：“孔门家法，首在鼎铭之训，故世之有心者，犹知道及之，圣人之许子思无然，许其不忘先人。”[1]由《孔丛子》，足见其中孔氏子孙守其家法之大略。除继承了儒家“家法”的精髓，它还自成思想体系，自有学术著作。“家学”虽然是一个与“官学”相对应的概念，但是，我们还要承认，秦末汉初之际，以子顺、孔鲋为主，大概已经具备了孔氏“家法”向“家学”转化的条件。首先，孔鲋可能继承了孔子的教授门风，周围汇集了很多弟子，如曾为秦、汉博士的叔孙通，甚至其弟子襄。其次，孔鲋已经保存了大量孔氏书籍，并在秦始皇焚书时有了“藏之以待其求”的自觉意识。所以，孔子顺时期，孔氏“家法”开始转化；孔鲋时期，已略见孔氏“家学”之雏形。是以匡援在其著作中多次探讨孔氏子孙对“家学”之承继情况，如对子思与老莱子对答语，其“不能为舌”之说，即深得匡援赞许：“上不悖至圣之家学，中不负宗圣之师传，下不虚亚圣之私淑。”由子顺之言行，匡援以为其对传孔氏家学大有裨益，如其评子顺答秦王“锟铻刀、火浣布”之语曰“辞醇理正”，并云：“此对与大圣人商羊、防风、慎肃诸事亦相类，可见孔氏家学未尝不以傲为先。”又评其答魏王问“长生不死”事：“以孔氏之家学，作天下万世之砥柱，此道学中第一义，子顺真不愧为圣裔矣。”然其对孔鲋评价最高：“子鱼之守家学，较之子高子顺有过之而无不及也。不炫己长不讳己短，真不愧圣裔矣。”匡援“家法”、“家学”并用，只是称呼上的方便，并不是承认“家学”自孔子即已产生。但从其论述中我们可以知道，孔鲋也是秦汉“孔氏家学”发展的关键人物。故匡援称：“《孔丛子》中第一大事，亦孔氏家第一大功，即子鱼一生第一学业。”

当然，先秦时期的孔氏家学，还仅仅处于初期酝酿阶段。这是因为，先秦孔氏九代单传，作为完整“家族”还尚未形成，“家学”当然无从谈起。直到东汉末年，学校废弛，私学、家学逐渐兴盛，孔氏子孙亦收门徒授业，如孔僖之子长彦、季彦“研精坟典，十余年间，会徒数百”，故时人称曰：“鲁国孔氏好读经，兄弟讲诵皆可听。学士来者有声名，不过孔氏郝得成。”《孔丛子》又称：“长彦颇随时，为今学。季彦壹其家业，兼修史汉，不好诸家之

[1] 匡援：《孔丛子辨说》，中国国家图书馆藏手稿本。

书。”可见，孔季彦应该是东汉继承与传授“孔氏家学”的关键人物。

从历史传统上来说，《孔丛子》作为记载孔氏子孙的重要著作，或许在成书作者与时代、出现的时间与地点上存在可疑之处，但其在当时出现之后产生的重要学术影响是不容忽视的；在长期的流传过程中，《孔丛子》带来的学术影响以及由此产生的学术史、思想史影响，同样是不容否认的。那种简单地将《孔丛子》冠以“伪书”，并将其学术价值、思想价值完全抹杀的标签化做法，是不科学的。

孔氏家学与《尚书》学关系考论

马士远

《尚书》是我国最早的政史散文集，其内容广博而深刻，在政治、文学、历史、哲学、天文、地理等诸多学科领域都有肇始性论述。作为儒家学派的开创者，孔子“祖述尧舜，宪章文武”，对西周以来传世的文献典籍进行了系统的整理，并开启了私家讲学之风。孔子在传授《尚书》于诸弟子的同时，也传之于孔氏子孙；在创立儒家学派的同时，也开创了孔氏家学。但学界对战国、秦汉之际《尚书》与孔氏家学之关系历来多所怀疑，本文拟在时贤已有研究成果基础上，进行系统探讨。

一、孔子对《尚书》的整理与孔氏家学的开创

孔子与《尚书》之关系问题，一直是学术界众说纷纭的难题。笔者坚持“论从史出”的原则，采用“竭泽而渔”式的文献梳理方法，将相关传世文献与出土文献汇总，尝试重新探讨孔子与《尚书》之关系问题，发现了一些新的线索与思路。试简述如下：

现在能见到的58篇《尚书》的真伪问题，自宋代朱熹至今讨论了近千年，辨来辨去，似乎篇篇皆伪。若按这些辨伪者的标准，我们今天看到的58篇的大部分都是孔子以后的伪作，孔子编次《尚书》的真实性问题自然引起了质疑。今人郭仁成在其《尚书今古文全璧》一书中说：“现在讲古籍真伪，标准是古史真相。相对于古史真相而言，现存古籍没有绝对真的，也没有绝对伪

的；大都是真中有伪，伪中有真。”[1] 从文献考辨角度而言，笔者认为，在孔子之后《尚书》确曾在不同派别之间流传过，由于不同派别的古籍观不同，在其各自传《尚书》、用《尚书》、释《尚书》过程中，时有据己意增删、润色者，既有篇目的增删，亦有文本的润色加工，这是造成今传《尚书》之篇目、文本与周秦文献所称说的篇目、文本有一定差异的主要原因。那么，孔子与《尚书》之关系到底如何呢？试考述如下：

（一）孔子对《尚书》的整理

《史记·孔子世家》云：

> 孔子之时，周室微而礼乐废，《诗》、《书》缺。追迹三代之礼，序《书传》，上纪唐虞之际，下至秦缪，编次其事。……故《书传》、《礼记》自孔氏。[2]

《汉书·艺文志》云：

> 《书》之所起远矣，至孔子纂焉，上断于尧，下讫于秦，凡百篇，而为之序，言其作意。[3]

《书纬·璇玑钤》云：

> 孔子求《书》，得黄帝玄孙帝魁之《书》，迄于秦穆公，凡三千二百四十篇。断远取近，定可以为世法者百二十篇，以百二篇为《尚书》，十八篇为《中候》。[4]

---

[1] 郭仁成：《尚书今古文全璧》，岳麓书社 2006 年版，第 11 页。
[2]《史记》，中华书局 1975 年版，第 1935—1936 页。
[3]《汉书》，中华书局 1983 年版，第 1706 页。
[4] 孔安国传，孔颖达疏：《尚书正义》，北京大学出版社 1999 年版，第 11 页。

郑康成《书赞》云：

> 孔子乃尊而命之曰《尚书》。[1]

《伪孔传》云：

> 先君孔子，生于周末，……讨论坟、典，断自唐虞以下，迄于周。芟夷烦乱，翦截浮辞，举其宏纲，撮其机要，足以垂世立教，典、谟、训、诰、誓、命之文凡百篇。所以恢弘至道，示人主以轨范也。[2]

据此五条文献记载，似乎孔子不仅删过《书》，作过《书传》、《书序》，并且首称《尚书》之名。但此五条文献均为汉代或之后的文献，翻检各类先秦文献，未有一条言及孔子编次《书》之事，故这些记载曾引起了后人的长期争议。按理说，蕴含夏、商、周三代官方文化结晶的《书》，以及源远流长的以《书》赞治、以《书》造士的《书》学传统，对以天下为己任的孔子来讲，具有强大的吸引力是肯定无疑的。

孔子自己曾说“述而不作”，后世所谓孔子撰《书》的说法根本不值得一驳，但孔子编次《书》之说的真实性又如何呢？《书纬·璇玑钤》为汉代的纬书，其说自不可信，《汉书》之说又是建立在汉代《书》经学者之说和《史记》之说基础上的，“凡百篇，而为之序，言其作意”是汉儒的普遍观点，其可信度如何还很难说。只有大史学家司马迁的《史记》去古未远，其说应有部分的真实性。

孔子时“周室微而礼乐废，《诗》、《书》缺”，其意正说明《书》是以类之属性而存在于人们头脑之中的，而一“缺”字，再次证明在孔子之前，以类所存《书》的篇目具有相对的不稳定性，增减现象时有发生。今天看来，《诗》、《书》两类史料在孔子之时已经大量消亡，仅有少数被保存下来之史实

[1] 孔安国传，孔颖达疏：《尚书正义》，第 13 页。
[2] 孔安国传，孔颖达疏：《尚书正义》，第 9、10—11 页。

已被大量先秦文献所证实。

至于“序书传”，不管“序书传”指的是序《书》、《传》，还是序《书传》，至少都与《书》的诠释有关。“序”亦当为编次之义。孔子自言“述而不作”，“述”主要就是阐述的意思。在先秦时期直接传述经典的著论已有不少，如出土文献中的《孔子诗论》、《易传》，传世文献中的《易》之《系辞》、传述《春秋》的《左传》、传述《礼》的《礼记》等都应是“述”。从文献载记看，孔子确曾对《书》进行过大量的诠释，将这些诠释视作《书》之“传”是完全可以的。

有问题的是“上纪唐虞之际，下至秦缪，编次其事”之说。此说显然是一种时间断限，这种上、下断限，其本质就是一种取舍，就是一种形式的“删”。若就此而言，孔子删《书》说是能成立的，但问题是孔子有没有可能以此说来断限？《史记》所言上限为“唐虞之纪”，与《汉书》所言上限“尧”，《书纬》所言上限“黄帝玄孙帝魁之《书》”似乎有所不同，但相差不大，难以比较。《说文解字》云：“黄帝之史仓颉初造书契。依类象形，故谓之文。其后形声相益，即谓之字，著于竹帛谓之书。书，如也。”由“文”到“字”再到“书”，特别是到用于政教的、记言的、较长的《书》，必定经过了漫长的历程，唐虞之际，或尧或帝魁之时，即使已经产生了用于政教的、记言的、较长的《书》，恐怕也是非常少的；即使这些书能被王廷史官保存到孔子之时，恐怕孔子也很难有机会看到，何况又要删改呢！但从另一个角度看，《左传》、《国语》所称引《书》一类资料中，又有唐尧虞舜之前的相关资料，这些载记文本当为西周末期史官以古为鉴、收集既往的产物。《左传·昭公十二年》记载楚左史倚相能读三坟、五典、八索、九丘，《伪孔传》说孔子“讨论坟典，断自唐虞以下，迄于周”[1]。这说明孔子亦能读坟典一类的资料，但这些资料多是荒诞不经的传说，故孔子在编纂《书》一类资料时，断于唐虞之际，将那些荒诞不经的资料剔除，是完全正常的事。《史记·五帝本纪》记载：“太史公曰：‘学者多称五帝，尚矣。然《尚书》独载尧以来；而百家言黄

[1] 杨伯峻编著：《春秋左传注》，中华书局 2000 年版，第 11 页。

帝，其文不雅驯，荐绅先生难言之。”[1] 言黄帝之文不雅驯，而孔子皆“雅言”，亦可以看作孔子编次《书》断于唐虞之际的理由之一。

若孔子确曾编次过《书》，也确曾“上断于唐虞之际”，他又为什么要下断于“秦缪”呢？据今传《尚书》可知，《秦誓》为58篇《尚书》的最后一篇，“下至秦缪”，似乎就是指此篇为下限。据其《书序》知，鲁僖公三十三年，“秦穆公伐郑，晋襄公帅师败诸殽，还归，作《秦誓》[2]”。《秦誓》文本内容亦与此说相符。鲁僖公三十三年，即秦穆公三十三年，为公元前627年，故可知《秦誓》之文确是可信的春秋史料，但《春秋》三传、《国语》等均未提及秦穆公作誓一事，仅有《史记·秦本纪》提及秦穆公曾作过誓，不过将其作誓的时间定在王官之战后，即公元前624年，与《书序》不符，但与《秦誓》所记内容基本相符。从文献来看，《秦誓》之文应是春秋时期秦国的一篇真实文献，理应藏之秦国官府，由秦史官所掌，春秋中叶以后，秦偏寓于西方，直至战国中期，都不能算是中原强国，孔子“西行不到秦”，《春秋》三传及《国语》等均未提及此誓，亦说明该篇文献在先秦时期，至少在孔子时期，未得到广泛传播，孔子不可能看到藏在秦国官府中的这篇誓辞。翻检称引《书》的各类文献，仅有《孔丛子·论书篇》有“《秦誓》可以观义”一例，而《尚书大传》在与此相似的文本内是“‘六誓’可以观义”，《孔丛子》所记该例后出或曾被人篡改的可能性较大，不足信。既然孔子不可能见到《秦誓》之文，又怎能说孔子编次《尚书》“下至秦缪”或“下迄秦缪”呢？疑《秦誓》为战国末期至汉初之间的编纂《书》者加入。故孔子编次《尚书》“下至秦缪”的文献是不符合史实的。

虽然《史记》、《汉书》等所载孔子编次《书》“下至秦缪”是受秦汉时期“秦继周朝正统”之说影响下的产物，为不实之词，但也不能就此而肯定孔子未曾编次过《书》。倒是《伪孔传》所言“迄于周”更有可能符合孔子编次《书》的下限。

在诸霸争雄，周室衰微，诗书等文化史料渐趋消亡的关键时期，孔子积

---

[1]《史记》，第46页。
[2] 孔安国传，孔颖达疏：《尚书正义》，第667页。

极倡导传承周代礼乐文化，在早期《书》的传播及诠释方面起到了关键作用。孔子不仅自己雅言《书》，而且还将传统官方顺《书》以教的传统下移至民间。不仅用《书》教授弟子门人，而且也用《书》教授子孙，在周游列国及在鲁国为仕之际还引《书》以训，亦继承了引《书》以赞治的《书》学传统。

（二）孔子《书》学观的嬗变

《史记·孔子世家》云："季氏亦僭于公室，陪臣执国政，是以鲁自大夫以下皆僭离于正道。故孔子不仕，退而修诗书礼乐，弟子弥众，至自远方，莫不受业焉。"[1] 这段文本前面有"孔子年四十二，鲁昭公卒于乾侯，定公立"。后面有"定公九年，阳虎不胜，奔于齐。是时孔子年五十"。故此则文献记载说明孔子在 42 至 50 岁之间曾经"修"过《书》，且以《书》授徒。

《孔子世家》在"孔子之去鲁凡十四岁而反乎鲁"和"孔子年七十三，以鲁哀公十六年四月己丑卒"之间，又云："孔子之时，周室微而礼乐废，《诗》、《书》缺。追迹三代之礼，序《书传》，上纪唐虞之际，下至秦缪，编次其事。曰：'夏礼吾能言之，杞不足征也。殷礼吾能言之，宋不足征也。足，则吾能征之矣。'观殷、夏所损益，曰：'后虽百世可知也，以一文一质。周监于二代，郁郁乎文哉。吾从周。'故《书传》、《礼记》自孔氏。"[2] 这段文本说明，在鲁哀公十一年，即孔子 68 岁之后，孔子又曾序《书传》。

由以上两条文本来看，孔子之于《书》，在其一生中可分为三个时间段。即 42 岁之前曾学习过当时社会所流行的《书》，并以之授徒。在其 42 至 50 岁之间，曾系统地修过《书》，并以其修过的《书》授徒，在 50 岁之后至 67 岁反鲁之间，亦是以其修过的《书》教授弟子。在其 68 岁之后又为其修过的《书》作了"传"，并以其《书传》教授晚年弟子。孔子作为首开私教的第一人，在其传授《书》的过程中曾两次对《书》进行过系统研究，故其《书》学观有一个前后发展变化的过程。

由以上两条文献载记，亦可以得知孔子是以《书》为学的，其《书》学

[1] 《史记》，第 1914 页。
[2] 《史记》，第 1935—1936 页。

观主要体现在其“书教”思想之中。“书教”一词是与“诗教”、“礼教”、“乐教”等词同时由孔子提出来的。《礼记·经解》云：“孔子曰：‘入其国，其教可知也。其为人也，温柔敦厚，《诗》教也；疏通知远，《书》教也；……故《诗》之失愚，《书》之失诬，……其为人也，温柔敦厚而不愚，则深于《诗》者也；疏通知远而不诬，则深于《书》者也。’”[1]

《孔子家语·问玉篇》亦有同样的记载。孔子把《书》的教化功能定位为“疏通知远而不诬”，应是把《书》当作历史来看的，此定位可以说是准确地把握住了《书》所蕴含的文化价值的超越性。综观传世本《尚书》的核心内容，其主体是虞、夏、商、周时期的典、谟、训、诰、誓、命，是上古时期雄主能臣在斗争实践中总结出的中华先民智慧的结晶，这里不仅有对唐舜禅让的赞美，对汤武革命的称颂，亦有对明主贤臣的标榜，对民瘼冷暖的关注，从中不仅可以了解促使王朝兴替、历史巨变的底因，以古鉴今，甚至能为后世立法，而且可以学到修身、齐家、治国、平天下的大道理。其实，从孔安国受《古文尚书》的司马迁对孔子“疏通知远而不诬”的《书》教观领悟得最为深刻，其“究天人之际，通古今之变”之主张，可以说是对孔子早期以《书》为史的《书》教观的最好注脚。

孔子以《书》为史的《书》教观，还体现在下面一则论《书》文本之中：“孔子曰：‘《书》之于事也，远而不阔，近而不迫；志尽而不怨，辞顺而不谄。吾于《高宗肜日》，见德有报之疾也。苟由其道致其仁，则远方归志而致其敬焉。吾于《洪范》，见君子之不忍言人之恶，而质人之美也。发乎中而见乎外以成文者，其唯《洪范》乎！’”[2]

此则文本与孔子“疏通知远而不诬”的《书》学思想是一致的，“《书》之于事也，远而不阔，近而不迫；志尽而不怨，辞顺而不谄”。“发乎中而见乎外以成文”，都是与“不诬”相联系的，不阔、不迫、不怨、不谄，其义均是不诬，其意旨都是说《书》大体上是符合历史的。以《书》为史的《书》学观理应是孔子早期的思想。

---

[1] 王文锦译解：《礼记译解》，中华书局 2003 年版，第 727 页。

[2] 陈寿祺辑校：《尚书大传》，《丛书集成初编》，中华书局 1985 年版，第 361 页。

但孔子晚年的《书》学观则发生了变化。《艺文类聚》卷64引《尚书大传》有如下一条孔子与子夏论《书》的记载：

> 子夏读《书》毕，孔子问曰："吾子何为于《书》？"子夏曰："《书》之论事，昭昭然若日月，离离若参辰之错行，上有尧舜之道，下有三王之义。商所受于夫子者，志之弗敢忘也。虽退而穷居河、济之间，深山之中，壤室编蓬为户，于中弹琴，咏先王之道，则可发愤慷慨矣。"[1]

《外纪》卷9引《尚书大传》与此基本一致，不过比上文多了孔子对子夏的评价和孔子回答颜回的话，所记与《孔丛子》所载大体相一致，其多出的一段文本如下：

> 夫子愀然变容，曰："嘻！子殆可与言《书》矣。虽然，见其表，未见其里，窥其门，未入其中。"颜回曰："何谓也？"孔子曰："丘常悉心尽志以入其中，则前有高岸，后有大溪，填填正立而已。六誓可以观义，五诰可以观仁，《甫刑》可以观戒，《洪范》可以观度，《禹贡》可以观事，《皋陶谟》可以观治，《尧典》可以观美。"[2]

由郭店战国楚墓竹简知，孔子早在战国初期已经被尊为圣人，其言语已被广泛称引，而孔门弟子又先后曾在广大的区域内传播过孔子之术，战国时期流传的孔子论《书》、释《书》史料，或许有一些属于儒者臆造，但大部分文本的主旨出自孔子，当不无道理。故这两则文献正体现了孔子晚年《书》学观的基本主张。子夏受之于夫子且志之弗敢忘的"上有尧舜之道，下有三王之义"，在孔子看来只不过是《书》之"表"。后来孔子经过"悉心尽志以入其中"，又发现了《书》篇有"七观"之义，六誓可以观义，五诰可以观仁，《甫刑》可以观戒，《洪范》可以观度，《禹贡》可以观事，《皋陶谟》可以观

---

[1] 陈寿祺辑校：《尚书大传》，第131页。

[2] 陈寿祺辑校：《尚书大传》，第361页。

治，《尧典》可以观美，这才是《书》之“里”，足见孔子在“以《书》为史”的认识前提下，又进一步得出了“以《书》为训”的《书》教思想，这是孔子晚年《书》学观中最为本质的内容。义、仁、戒、度、事、治、美七者实为孔子实施王道政治的基本主张，由此足见《书》对孔子思想体系的形成起着核心影响作用，孔子的《书》学思想对后世儒家学说影响甚巨。

总之，孔子是中国历史上真正以《尚书》为学的第一人，正是在对当时流传的《书》一类资料的诠释、修改、编次、传授过程中形成了孔子丰富的《尚书》学思想，此一思想亦成为孔氏家学中的《尚书》学传统，一直绵延不断。孔子前后不同的《尚书》学思想不仅对秦汉时期的《尚书》阐释活动产生了重大影响，而且也对孔氏《尚书》家学传统的形成与丰富做出了开创性的贡献。

二、孔子《书》教传统在诸弟子中的承传

孔氏《尚书》家学的开创，是在孔子教授弟子门人过程中同步实现的。子思所承继和下传的《尚书》家学，除在少年时接受祖父孔子之学外，多来源于孔门弟子之《书》学。故为确保本文研究命题的完整性，实有必要对孔门弟子传《书》情况进行简要概述。《史记·孔子世家》说：“孔子以诗书礼乐教，弟子盖三千焉，身通六艺者七十有二人。”显然三千之说是虚数，七十二贤均通六艺之说，我们也难以确证，但孔子死后，“杨朱、墨翟之言盈天下，天下之言，不归杨，则归墨”，孔门儒学受到了前所未有的挑战，但赖以部分门徒的努力，儒学还是不断得以传播，最终发展成为战国两大显学之一。在孔子死后儒学发展传播的早期过程中，《书》的授受关系不详，据文献记载来看，确实与《书》传播有关者主要有漆雕开、子张、子夏数人。现分别考述如下：

漆雕氏之儒与《书》。孔门七十二弟子中有三个漆雕，即漆雕开（字子若）、漆雕哆、漆雕徒父，三千弟子中还有一个漆雕凭。子若小孔子十一岁，在孔门弟子中只有仲由比之年长，故漆雕开在孔门中应属于长者，《史记正义》云：“漆雕开，习《尚书》，不乐仕。”[1]《正义》谓其习“《尚书》，不乐仕”的

[1]《史记》，第2213页。

记载是可信的，《论语·公冶长》云：“子使漆雕开仕，对曰：‘吾斯之未能信。’子说。”[1]《孔子家语》亦有更为详细的记载：“孔子曰：‘子之齿可以仕矣，时将过！’子若报其书曰：‘吾斯之未能信。’孔子说焉！”[2]

漆雕开为蔡国人，据“报其书”来看，此时漆雕开当离开鲁国返回蔡，春秋末年的蔡国已沦落为楚国的附庸国，作为一个备受孔子重视并受孔子《书》教思想深刻影响的有仁有义的蔡籍文人，再加上漆雕开为残疾人，其不愿入楚为官而效法师恩投入到传《书》布教的事业中去是符合情理的。韩非论漆雕氏云：“漆雕之议，不色挠，不目逃，省曲则违于臧获，省直则怒于诸侯，世主以为廉而礼之。”[3]韩非对子张、子思之儒多所批评，称之为贱儒、俗儒，而对漆雕氏之儒多所赞美，由此亦见漆雕开所开创的漆雕氏之儒不乐仕的君子儒之风格。漆雕开在孔门《书》学传播中占有重要地位，漆雕开在孔门中属于长者，比子张、子夏、子思等其他传《书》者要早三十多岁，既为师兄又为前辈，又以传《书》为主，且其门徒如漆雕徒父、漆雕哆、曹恤、秦冉、漆雕凭、宓子贱、公孙尼子、世硕、巫马施等代有传人，韩非把漆雕氏列为儒家八派之一，足以为信。

子张之儒与《书》。子张小孔子四十八岁，在孔门中属于小字辈，孔门弟子在发扬儒学方面成就较大者被韩非概括为八，而子张之儒居首，说明子张在传播孔学中占有极其重要的地位。子张与《书》的传授有着紧密的关系，这可以从以下一些文献的记载而得知：

《论语·宪问》云：

> 子张曰：“《书》云：‘高宗谅阴，三年不言。’何谓也？”子曰：“何必高宗，古之人皆然。君薨，百官总己以听于冢宰三年。”[4]

---

[1] 杨伯峻：《论语译注》，中华书局 2005 年版，第 43 页。

[2] 薛安勤、靳明春：《孔子家语今注今译》，大连海运学院出版社 1993 年版，第 3 页。

[3] 《韩非子》，上海古籍出版社 1996 年版，第 270 页。

[4] 杨伯峻：《论语译注》，第 158 页。

《礼记·檀弓下》云：

子张曰："《书》云：'高宗三年不言，言乃讙。'有诸？"仲尼曰："胡为其不然也！古者天子崩，王世子听于冢宰三年。"[1]

《尚书大传》论《尧典》的部分云：

孔子对子张曰："男子三十而娶，女子二十而嫁。女二十通织纫绩纺之事，文章之美。不若是，则上无以孝于舅姑，下无以事夫养子也。舜父顽母嚚，不见室家之端，故谓之鳏。《书》曰：'有鳏在下，曰虞舜。'"[2]

《尚书大传》论《说命》的部分云：

《书》曰："高宗谅阴，三年不言。"何谓梁阴也？传曰："高宗居凶庐，三年不言。此之谓梁阴。子张曰：'何谓也？'孔子曰：'古者君薨，世子听于冢宰三年。'不敢服先王之服，履先王之位而听焉。"[3]

《尚书大传》论《甫刑》的部分云：

子张曰："尧舜之王，一人不刑而天下治，何则？教诚而爱深也。"[4]

《尚书大传》卷3云：

子张曰："仁者何乐于山也。"孔子曰："夫山者，岿然高。岿然高，则何乐也？夫山，草木生焉，鸟兽蕃焉，财用殖焉。生财用而无为私焉，

[1] 王文锦译解：《礼记译解》，第131—132页。
[2] 陈寿祺辑校：《尚书大传》，第5页。
[3] 陈寿祺辑校：《尚书大传》，第104页。
[4] 陈寿祺辑校：《尚书大传》，第108页。

四方皆代焉，每无私予焉。出云风以通乎天地之间，阴阳和合，雨露之泽，万物以成，百姓以响，此仁者所以乐于山者也。”[1]

从上述材料来看，子张在孔门弟子中是对《书》最用心的，而且单从《尚书大传》来看，在孔门弟子中引子张的话最多，足以看出子张在先秦儒家《书》的传授中的重要地位。据司马迁记载，孔子死后，弟子各分散，子张居陈，而子张又是于《书》用功最勤的一个，说明子张曾经在南方陈地传播《书》并形成了势力极大的一派，漆雕开在南方蔡地传播《书》也形成了较有影响的一派，二者一前一后，对儒学在南方楚地的传播起到了非常关键的作用。

子夏之儒与《书》。子夏姓卜名商，字子夏，魏人，小孔子四十四岁，是孔门传授六艺最为关键的人物。孔子死后，子夏居西河，招生授徒，孜孜于儒家文化典籍的传授，曾为魏文侯师。《韩诗外传》卷2记载：“子夏读《书》已毕。夫子问曰：‘尔亦可言于《书》矣？’子夏对曰：‘《书》之于事也，昭昭乎若日月之光明，燎燎乎如星辰之错行，上有尧舜之道，下有三王之义，弟子所受于夫子者，志之于心不敢忘。虽居蓬户之中，弹琴以咏先生之风，有人亦乐之，无人亦乐之，亦可发愤忘食矣。”[2]

子夏明说从夫子受《书》而学到尧舜之道、三王之义，并志之于心而不敢忘，说明子夏曾系统地接受过孔子的《书》教思想。《尚书大传》卷五也记载了子夏向孔子汇报学习《书》的心得体会，子夏说，通过学习《书》，对尧、舜、禹、汤、文王的治世之道已经了然于胸，而个人的得失和生死已经置之度外；孔子对他的回答从总体上给予了肯定，然后指出，你这只是见其表未见其里、窥其门未入其中，教育子夏要善于把握《书》每一篇当中的深刻意蕴，汲取临民治政的智慧；可见，子夏对于《书》的学习也是下了一番功夫的。但杨朝明师认为，子夏于《书》“未为精微”，扬雄《法言·君子》所说“子夏得其《书》矣，未得其所以《书》也”，可以作为对子夏之于《尚书》关系的概括。

---

[1] 陈寿祺辑校：《尚书大传》，第129—130页。

[2] 许维遹：《韩诗外传集释》，中华书局1980年版，第72—73页。

作为一部解释《书》之经义的著作，《尚书大传》曾先后五次明确提及了子夏，其中一次称“魏文侯问子夏”，魏文侯所问，毫无疑问是关乎《尚书》经义的内容；《大传》还记载有子夏解释《尚书·康诰》慎罚原则的一番话：“昔者，三王意然欲错刑遂罚，平心而应之，和然后行之，然且曰：‘吾意者以不平虑之乎？吾意者以不和虑之乎？’如此者三，然后行之，此之谓慎罚。”[1]从语言风格上分析，它很像是随问而答，就内容而言，它阐发的是治国策略，鉴于子夏和魏文侯的师徒关系，有学者推测，这或许就是二人之间的问对；可见，子夏传《书》确是“信而有征”的。

三、周秦孔氏《尚书》学传统之承传

孔子之后裔多精熟于《书》学，仅周秦时期知名者就有多位：

子思之《书》学。其来源是双重的，一为孔子，一为孔门弟子，此一认识当无疑问。子思名孔伋，孔鲤之子，孔子之孙。孔鲤早卒，子思少从孔子学。《孔丛子·记问》记载了不少子思问学于孔子的事迹，如云：

> 子思问于夫子曰：“为人君者，莫不知任贤之逸也，而不能用贤，何故？”子曰：“非不欲也。所以官人失能者，由于不明也。其君以誉为赏，以毁为罚，贤者不居焉。”
>
> 子思问于夫子曰：“亟闻夫子之诏，正俗化民之政，莫善于礼乐也。管子任法以治齐，而天下称仁焉。是法与礼乐异用而同功也，何必但礼乐哉？”子曰：“尧舜之化，百世不辍，仁义之风远也。管仲任法，身死则法息，严而寡恩也。若管仲之知，足以定法。材非管仲而专任法，终必乱成矣。”[2]

《孔丛子·公仪》亦载有子思明言其亲闻于夫子之事：

---

[1] 陈寿祺辑校：《尚书大传》，第 90 集。
[2] 傅亚庶：《孔丛子校释》，中华书局 2011 年版，第 95—96 页。

穆公谓子思曰："子之书所记夫子之言，或者以谓子之辞。"子思曰："臣所记臣祖之言，或亲闻之者，有闻之于人者。"[1]

孔鲤50岁而先孔子二年卒，其卒时子思必当不小于10岁。据《史记·鲁周公世家》记载，鲁哀公十六年孔子卒，哀公在位二十七年，以下为悼公三十七年，元公二十一年，后则穆公立。可知穆公之立去孔子卒为七十年。那么穆公立时，子思亦不过80余岁。又《孔丛子·杂训》载子思答子上曰："吾昔从夫子于郯遇程子于涂，倾盖而语，终日而别，命子路将束帛赠焉。"[2]可见子思确曾随于夫子身旁而周游列国。所以，孔子对子思亦必有家教，前引《记问》当是可信的。故谓子思有家学并传自孔子即可成立。

子思不仅幼年直接问学于孔子，亲受孔子教诲，而且后来还间接从孔子其他弟子那里听到孔子教诲。在孔子卒后，子思曾受业于曾子、子游及子夏等人而闻孔子之教。穆公称"子之书所记"，说明子思有著述于世，或为《汉书·艺文志》所著之《子思》书。子思早年曾在鲁国收徒授业，后在周游列国的过程中撰作了一系列反映其学术思想的儒学作品，对孔子思想做了发展与创新，成为战国时代儒家学派的重要代表人物。后来儒家的另一著名代表孟子即受学于他的门人。因为孟子与子思的思想及学术观念颇为一致，所以后世称之为"思孟学派"。

子思所传承的家学传统中，《书》学为其核心内容之一。《孔丛子·居卫篇》记有子思与宋大夫乐朔讨论《尚书》之事：

子思年十六适宋，宋大夫乐朔与之言学焉。朔曰："《尚书》虞夏数（书）四篇，善也。下此以讫于《秦》、《费》，效尧舜之言耳，殊不如也。"子思答曰："事变有极，正自当耳！假令周公、尧、舜更时异处，其《书》同矣。"乐朔曰："凡《书》之作，欲以喻民也，简易为上。而乃故作难知之辞，不亦繁乎？"子思曰："《书》之意兼复深奥，训诂成

[1] 傅亚庶：《孔丛子校释》，第164页。
[2] 傅亚庶：《孔丛子校释》，第111页。

义，古人所以为典雅也。”[1]

年仅十六既精熟于《书》，正可看出孔氏家学自一开始就已有非常好的传统。子思要求子上学《诗》、《书》之严厉，寄书督促其学业，亦很好地体现了孔氏家学之优良传统。

子思本人的著述，《史记·孔子世家》和《孔丛子·居卫》均记载子思作《中庸》。《汉书·艺文志》著录《子思》二十三篇，班固自注曰：“名伋，孔子孙，为鲁缪公师。”[2]《隋书·经籍志》著录“《子思子》七卷”[3]。但是长期以来，学界对于《史记》、《孔丛子》、《隋书》所载子思的著作存有争议。近年来随着郭店楚墓儒家书的出土，学者们对此问题做了进一步考证。如郭沂先生研究认为，《中庸》、《子思》、《子思子》是先秦至南宋子思名下这部著作先后出现过的三种传本，分别代表其演变的三个阶段。[4]

《隋书·音乐志》引沈约云：“《中庸》、《表记》、《坊记》、《缁衣》皆取《子思子》。”[5]现在郭店简《缁衣》和《鲁穆公问子思》同时出土，可证沈约所言不妄。学界通过对郭店简儒家类著作的研究，发现《唐虞之道》、《缁衣》、《五行》、《六德》、《成之闻之》、《性自命出》、《穷达以时》、《鲁穆公问子思》诸篇，均有可能是子思所作，是《子思子》的佚篇。《缁衣》及今本《中庸》之第二章至第二十章为子思所作，已基本可以肯定。《唐虞之道》、《缁衣》、《六德》、《成之闻之》、《性自命出》等出土文献多有称说《书》的内容。若真如上述学者认定的那样，可知子思从孔子那里继承的家学中《书》学是其重要内容，并将此专门之学传给了儿子子上，树立了孔氏家学父子相承的《书》学传统。

子上之《书》学。子思上承孔氏《书》学并下传于子孙，有历史文献明确载记。《孔丛子·杂训》中记载了子思对其子孔白子上的悉心教导和家学传

---

[1] 傅亚庶：《孔丛子校释》，第132页。
[2]《汉书》，第1724页。
[3]《隋书》，中华书局1973年版，第997页。
[4] 郭沂：《郭店竹简与先秦学术思想》，上海教育出版社2001年版，第75—78页。
[5]《隋书》，第288页。

授情况：

子上杂所习，请于子思。子思曰："先人有训焉：学必由圣，所以致其材也；厉必由砥，所以致其刃也。故夫子之教，必始于诗书而终于礼乐，杂说不与焉。又何请？"[1]

子思不仅面授子上，而且在周游列国之际还以书信相教。《杂训》又载：

子思在鲁，使以书如卫问子上。子上北面再拜，受书伏读。[2]

以书问子上，无非主要是问其学业。可见子思家教之严。

子思、子上父子均传孔氏《书》学，上已考述。子思之孙子京，子京之子子家，子京之孙子高，子高之子子顺，子高之孙子鱼，必无不传孔氏《书》学之理。从文献载记来看，孔子六代孙子高、七代孙子顺、八代孙子鱼于孔氏《书》学之传承多有贡献。

子高之《书》学。子高名孔穿，有"天下之高士"之美誉，曾见重于赵、魏、齐诸国。《儒服》载：

齐君曰："周公圣人，而子贤者，弗如也。"子高曰："然。臣固弗如周公也。……夫以周公之圣，兄弟相知之审，而近失于管、蔡，明人难知也。……《尚书》曰：'知人则哲，惟帝难之。'穿何惭焉？"[3]

可见子高当熟于《书》学，无疑此学传自孔氏家学。可惜其父其祖之《书》学史不见载，不知其家学传承之详情。

子顺之《书》学。子顺[4]，子高之子，曾为魏相，以"道德懿邵"闻名，

[1] 傅亚庶：《孔丛子校释》，第110—111页。
[2] 傅亚庶：《孔丛子校释》，第112页。
[3] 傅亚庶：《孔丛子校释》，第299页。
[4] 或作"子慎"。

于孔氏《书》学之传承多所贡献，《陈士义》载：

> 魏王朝群臣，问理国之所先。季文对曰："唯在知人。"王未之应。子顺进曰："知人则哲，帝尧所病。故四凶在朝，鲧任无功。"[1]

"知人则哲"出自《尚书》之《皋陶谟》。帝尧、四凶在朝及鲧之任而无功事迹亦皆与《虞书》有关。《执节》又载：

> 赵孝成王问曰："昔伊尹为臣而放其君，其君不怨，何可而得乎此也？"子顺答曰："伊尹执人臣之节而弼其君以礼，亦行此道而已矣。"王曰："方以放君为名，而先生称礼，何也？"子顺曰："以礼括其君，使入于善也。"曰："其说可得闻乎？"答曰："其在《商书》。太甲嗣立而干冢宰之政，伊尹曰……"[2]

此处子顺不仅明言《尚书》之《商书》，而且于《商书》所记之事件亦相当精熟。同篇又载：

> 魏王问子顺曰："寡人闻昔者上天神异后稷，而为之下嘉谷，周以遂兴。往中山之地无故有谷，非人所为，云天雨之，反亡国，何故也？"答曰："天虽至神，自古及今，未闻下谷与人也。《诗》美后稷能大教民，种嘉谷以利天下。故《诗》曰'诞降嘉种'，犹《书》所谓'稷降播种'、'农殖嘉谷'，皆说种之，其义一也。"[3]

"稷降播种"、"农殖嘉谷"，皆出自《尚书》之《周书》部分，足见其精熟于《书》学。这几则文献足以表明子顺精熟于《书》学。子顺之《书》学无疑与其父子高有关，子高、子顺都继承了孔氏《书》学传统，进一步发展了孔

---

[1] 傅亚庶：《孔丛子校释》，第 328 页。
[2] 傅亚庶：《孔丛子校释》，第 371 页。
[3] 傅亚庶：《孔丛子校释》，第 375 页。

氏《书》学。

子鱼之《书》学。孔子八代孙孔鲋，字子鱼，名鲋，又名孔甲。《孔子世家谱》载：

> 秦始皇并天下，李斯议焚书……（鲋）乃与弟子襄藏《论语》、《尚书》、《孝经》于祖堂旧壁中，自隐于嵩山，教弟子百余人。[1]

孔鲋于两汉《尚书》学之繁盛意义重大。正是孔鲋于危难之时将《书》藏于祖堂夹壁之中，才保存了汉代孔氏本《古文尚书》。《孔丛子·独治》载：

> 陈余谓子鱼曰："秦将灭先王之籍，而子为书籍之主，其危矣。"子鱼曰："顾有可惧者，必或求天下之书焚之。书不出则有祸，吾将先藏之，以待其求，求至无患矣。"[2]

对于子鱼藏书一事，学界尚有争议，但毫无疑问的是，西汉孔壁确曾出过《古文尚书》，那么孔氏藏《书》就必为事实。另有《家语》后序为孔鲋弟子襄所藏一说。

综上所述，以孔子、子思、子上、子高、子顺、子鱼为代表的周秦时期的孔氏家族学者共同塑造了绵延不断的周秦孔氏《尚书》家学传统，并构成了较为明晰的孔氏《尚书》家学传承脉络。他们不仅对先秦孔氏《尚书》家学的创立与发展功不可没，而且为汉代留下了宝贵的《尚书》学遗产，为汉代《古文尚书》学的兴起提供了可能。

---

[1]《史记》，第73页。

[2] 傅亚庶：《孔丛子校释》，第410页。

从《史晨碑》看孔子在汉代的影响

刘续兵

史晨碑，东汉灵帝建宁二年（169）刻。碑分前后两面，前碑一般称为《史晨前碑》，又名《鲁相史晨奏祀孔子庙碑》、《鲁相史晨祀孔子奏铭》等；后碑一般称为《史晨后碑》，又名《鲁相史晨飨孔子庙碑》等。此碑立后一直保存在曲阜阙里孔子庙，1978年由庙内同文门下移至大成殿东庑中，1998年移入新建立的汉魏碑刻陈列馆保存至今。

《史晨前碑》（碑阳）刻制鲁相史晨及长史李谦奏请孔子庙“依社稷出王家谷，春秋行礼”的奏文，请求春秋祀孔子由朝廷拨付经费，并有孔子赞诗一首。《史晨后碑》（碑阴）记载了史晨等人祀孔子庙的盛况及修治宅庙和孔子遗迹的功绩。

一、汉代的祀孔

汉初推行黄老之术。虽有高祖刘邦以太牢亲祀孔子，似乎体现出他在取得政权前后对儒学态度的某种转变；亦有武帝刘彻提倡独尊儒术，也似乎体现出治统与道统关系的某种融合。但终西汉一朝，官方的祀孔一直没有真正出现，刘邦过鲁祭祀孔子，更多是出于争取鲁地儒生的考虑，并消除项羽势力对这一地区的影响。皇家重视的始终是刘氏的宗庙祭祀，关心的终归是一家统治的巩固。汉宣帝太子认为当时的政策“持刑太深，宜用儒生”，“宣帝作色曰：‘汉家自有制度，本以霸王道杂之，奈何纯任德教、用周政乎！且俗儒不达时宜，好是古非今，使人眩于名实，不知所守，何足委任！’乃叹曰：‘乱我家者，太子也！’”（《汉书·元帝纪》）这种思想与儒家的王道追求反差极大，体现出统治者欲以治统凌驾于道统之上的鲜明诉求。《册府元龟》卷49《帝王部·崇儒术》记载，连号称最服膺儒术，为太子时受到宣帝训斥的元帝，也不曾亲自祭祀孔子，只是在孔子后裔孔霸的请求下，允许其以家族方式奉祀孔子。汉成帝绥和元年（前8），经梅福建议，封孔子之世以为殷后（《汉书·梅福传》），名义上是以“通三统”为理由，诏书也以此为词，但从其奏言中来看，其真实目的是借机抬高孔子的地位。直至王莽当政时，平帝于元始元年（1）才封孔子后裔孔均为褒成侯，奉其祀，并追祀孔子为褒成宣尼公（《汉书·平帝纪》）。

真正意义上的官方祀孔，直到东汉才开始真正出现。《孔氏祖庭广记》卷5云：“后汉光武建武五年，破董宪，还幸鲁，使大司空祀先圣。”《后汉书·光武帝纪》也记载了这次祭祀：“冬十月，还，幸鲁，使大司空祠孔子。”汉明帝永平二年（59）在辟雍行礼，“上始率群臣躬养三老五更于辟雍，行大射大礼。郡县道行乡饮酒于学校，皆礼圣师周公、孔子，牲以犬”（《后汉书·礼仪志》）。而《册府元龟》卷49的记载稍异，作“皆祠先圣先师周公、孔子，牲以太牢，孟冬亦如之”。虽所记祭祀规格不同，但成为“国学郡县祀孔子”之始。永平十五年（72），“三月，……还，幸孔子宅，祠仲尼及七十二弟子。亲御讲堂，命皇太子、诸王说经”（《后汉书·明帝纪》）。汉章帝二年三月，“祠孔子于阙里，及七十二弟子”（《后汉书·章帝纪》）。对此，《册府元龟》卷49《帝王部·崇儒术》的记载更为翔实：“帝东巡狩，还过鲁，幸阙里，以太牢祀孔子及七十二弟子，作六代之乐，大会孔氏男子二十以上者六十三人，命儒者讲论。兰台令史孔僖因自陈谢。帝曰：‘今日之会，宁于卿宗有光荣乎！’对曰：‘臣闻明君圣主，莫不尊师贵道。今陛下亲屈万乘，辱临敝里。此乃崇礼先师，增辉圣德。至于光荣，非所敢承。’帝大笑曰：‘非圣者子孙，焉有斯言乎！’遂拜僖郎中，赐褒成侯绢及孔氏男子钱帛。诏僖从还京师，使校书东观。”章帝与孔僖的问答，显示出皇帝祭祀孔子时的优越感和嬉戏态度，与儒门后学坚持追求以道统制约治统的理想，形成鲜明对比。

西汉末年时梅福曾说：“仲尼之庙不出阙里，孔氏子孙不免编户。”（《汉书·梅福传》）而从史晨的话来看，直至东汉末年，孔子庙祭祀依然远非国之大典。当然，同样从《史晨碑》我们也可知，“辟雍祀孔”已使用“太牢”之礼，“臣伏见临璧雍日，祠孔子以大窂，长吏备爵，所以尊先师、重教化也”。及至汉末桓、灵之际，更是掀起了一场尊崇孔子的热潮，短短十几年内，皇帝下诏，国相祀庙，设立守庙官吏，增置礼器，一再修缮孔子宅庙，对孔子的尊崇达到了一次新的高峰。

从上述情况可知，孔子庙器物能够长期得到保存，并非仅依靠中央王朝的祭祀传统使然，更是由孔子后人、弟子与孔里百姓对孔子的敬仰所自发造成。《史记·孔子世家》记载，孔子死后，“弟子及鲁人往从冢而家者，百有余室，因命曰孔里。鲁世世相传以岁时奉祠孔子冢，而诸儒亦讲礼乡饮大射于孔子冢。孔子冢大一顷。故所居堂、弟子内，后世因庙，藏孔子衣冠琴车书，至于汉二百余年不绝。……诸侯卿相至，常先谒然后从政”。桓谭《新论》中也说：“孔子匹夫耳，而卓然名著，至其冢墓，高者牛羊鸡豚而祭之，下及酒脯寒具，致敬而去。”司马迁曾亲至孔子宅庙，受到深刻感动：“适鲁，观仲尼庙堂、车服、礼器，诸生以时习礼其家。余祗回留之不能去云。天下君王至于贤人众矣，当时则荣，没则已焉。孔子布衣，传十余世，学者宗之。”（《史记·孔子世家》）帝王对孔子的重视，显然与孔子后人及民间的崇拜不能相提并论。《史晨后碑》所载祀孔盛况，官吏贤达、泮宫弟子等多至907人，不难想见孔里乡亲也多有顶礼膜拜者。史晨在昌平亭下立“会市”，是因“孔渎、颜母井去市辽远”，不方便百姓“酤买”，可见立“会市”之前，虽“去市辽远”，众乡亲还是常买“香酒美肉”去孔子出生地祭祀，显示了当地人民对孔子的尊崇追慕。

二、孔子庙与孔子宅

据南宋时孔子后裔孔传所作《东家杂记》记载：“鲁哀公十七年（前478），立庙于旧宅。”这是关于孔子庙建立时间最早的明确记载，后世多从其说。清儒陈锦所订《文庙从祀位次考》亦谓哀公十七年即旧宅立庙以祀孔子。但是，这个结论遭到了近代一些学者的否定。讨论孔子庙祭祀，必须解决的问题就是孔子庙的建立时间和位置。

我们以为，从《史记·孔子世家》的记载来看，“弟子及鲁人往从冢而家者百有余室，因命曰孔里。鲁世世相传以岁时奉祠孔子冢，而诸儒亦讲礼乡饮大射于孔子冢。孔子冢大一顷”与“故所居堂、弟子内，后世因庙，藏孔子衣冠琴车书，至于汉二百余年不绝”乃两事，不可混为一谈。司马迁所谓“观仲尼庙堂车服礼器，诸生以时习礼其家”的说法与“诸儒亦讲礼乡饮大射于孔子冢”则应为一事，此“孔子冢”或为“孔子家”之误。于是，一个合理的推论就是，“孔子冢大一顷”当为错简，应在“而诸儒亦讲礼乡饮大射于孔子冢”之前，如此，各种矛盾才得以化解。

司马迁所谓“后世因庙”，孔祥林先生以为：“可见故居早期只陈放孔子生前服用的衣冠琴车书，是纯粹的纪念馆，并没有说明改造为孔子庙的时间。”并根据“大夫三庙”的礼制，推断孔子故居改为孔子庙的时间当在孔子裔孙子思去世之后，为孔子曾孙孔白所建。不过，需要注意的是，司马迁的记述说：“故所居堂、弟子内，后世因庙，藏孔子衣冠琴车书。”显然是有庙而后藏诸衣冠等纪念物，而从“藏孔子衣冠琴车书”的记载来看，似乎不会太迟，极可能即是孔子弟子或再传弟子所为。

《后汉书·明帝纪》的一段记载，值得引起重视。永平十五年（72），“三月，……还，幸孔子宅，祠仲尼及七十二弟子。亲御讲堂，命皇太子、诸王说经”。这段文字明确显示出，明帝是在孔子宅祭祀孔子及其七十二弟子的，因此，所谓孔子庙不在旧宅的说法就显得牵强了。而随后说亲御讲堂云云，则表明讲堂即在孔子宅或其附近。于此，我们可以推论汉高帝过鲁“祠孔”、光武帝过鲁“祠孔”皆极有可能与明帝同，都在“孔子宅”进行。

参诸《史晨前碑》，史晨“以建宁元年到官，行秋飨，饮酒畔宫，毕，复礼孔子宅，拜谒神坐”。又《史晨后碑》载，史晨以“建宁元年四月十一日戊子到官，乃以令日拜谒孔子，望见阙观，式路虔跽，既至升堂，屏气拜手。祗肃屑偯，仿佛若在。依依旧宅，神之所安。春秋复礼，稽度玄灵”。可知孔子“神坐（座）”即在孔子宅，“依依旧宅”更明确说明了“庙”与“宅”的关系。

需要指出的是，此时的孔子庙，远非后世可比，恐怕只是在孔子旧宅中的“居堂”辟为“庙”予以祭祀而已，所以刘邦、刘秀、刘庄等来曲阜祀孔子，史书皆未言“庙”。但却不能由此得出庙不存在或不在旧宅的结论。尽管当时的“孔庙”，其性质不过是孔子弟子、后学和孔氏后人对其祭祀纪念的场所，不具有后世“孔庙”的官方性质，但可以说，这恰是后世“孔庙”的鼻祖，是孔子庙祭祀的雏形。

由于阙里孔子庙祭祀既具备“家庙”的特征，又超出了一般“家庙”的性质，这就是曲阜孔子庙（包括后来的南宗孔子庙）与其他各地孔子庙所不同的地方。而作为孔子庙的共性，作为一种“文化”行为，纪念先圣先师的“学统”“道统”意义，于此已经可以看到萌芽。可以说，阙里孔子庙的性质是最为复杂的，“它既有孔子纪念庙宇的性质，也有孔氏家庙的性质，但还是列入国家祀典的礼制庙宇，作为世界上的第一所孔子庙具有特殊的地位”。

三、碑文中的谶纬思想

如果说两汉帝王的宗庙与孔子庙祭祀，从本质上体现出封建王权从治统的角度对道统的压制，那么两汉谶纬也更多从本质上体现了儒家群体从道统本位对抗治统的努力，以及依托孔子以自高的政治情结与谋略手段。

儒家由推崇孔子为圣人、“素王”而演变为神化孔子，以兴盛于两汉时期的谶纬中为多。正如冯友兰所说：“孔子在春秋战国之时，一般人视之，本自只为一时之大师，在《公羊春秋》中，孔子之地位，由师而进为王。在谶纬书中，孔子更由王而进为神。”

首先，汉代统治者对谶纬神化孔子持积极态度。从两汉的政治需要出发，皇家托孔子为两汉王朝的存在与兴起提供天命依据，将汉帝粉饰为符合封建王道理想的圣王，因此在谶纬中充斥着孔子为汉帝制法的授命神话。《史晨前碑》中说：“昔在仲尼，汁光之精，大帝所挺，颜母毓灵。”将孔子说成是天上五帝之一黑帝汁光纪所生。宣称孔子是天生的“大圣”，以证明其所说皆为“先验”。“获麟趣作，端门见征。血书著纪，黄玉响应。主为汉制，道审可行。”说的是纬书中习见的“端门受命”之事。《春秋纬·演孔图》中说：“得麟之后，天下血书鲁端门，曰：‘趋作法，孔圣没，周姬亡，彗东出，秦政起，胡破术，书纪散，孔不绝。’子夏明日往视之，血书飞为赤乌，化为帛书，署曰‘演孔图’，中有作图制法之状。”又载：“孔子论经，有鸟化为书，孔子奉以告天。赤爵集书上，化为黄玉，刻曰：‘孔提命，作应法，为赤制。’”《春秋纬·说题辞》：“孔子卒，以所受黄玉葬鲁城北。”这一故事完全是汉代儒家编创的，说孔子得到了天命，预知周朝要灭亡，秦朝只在短时间内兴起，于是为未来的汉朝制法，故而汉朝的封建统治正体现着神圣的孔子之道。这样一来，就把崇孔尚儒和维护汉朝的合法统治直接联系起来。神化孔子，归根结底是为了给汉朝封建统治寻找到合法的理论支撑。这也是谶纬之说得到统治者支持而兴盛于两汉的根本原因。

其次，从另一方面看，两汉谶纬又是儒生群体制衡政治统治的主动行为。谶纬创作的主体是儒生，是儒学宗教化神学化的必然产物，真实反映了治统与道统的复杂关系。治统必须借助道统以实行其政治统治，道统也必须依托治统以实现其政治理想，这是二者或主动或被动而不得不合作的内在动力，也是二者关系始终存在紧张性的根本原因。

汉代帝王接受孔子为汉立法的角色定位，是为了最大限度地发掘儒家道统的利用价值，使孔子神灵为其现实政治统治忠诚效力，故给予儒术以所谓“独尊”地位。而儒家道统为了张扬其在政治上的主导影响，以与治统相抗衡，也就处心积虑地创造孔子高踞于封建王权之上的神化话语。二者的视野实具本质差异，但不妨碍在实现路径上的殊途同归。

四、结论

由上述情况可知，从西汉独尊儒术开始，孔子的地位已经开始直线上升，从性质上区别于其他诸子百家而取得主流学术地位，并影响于政治、学术、信仰、艺术等社会生活的方方面面。但是，这种地位的上升不是一蹴而就的，并一直处于治统与道统的融合与斗争中。而民间的孔子崇拜并不逊于甚至更强于官方的推扬。

在历史上，孔子思想和儒学也并非完全作为政治统治者的附庸而存在，并非只是顺从权势，为统治者服务的。孔子儒学中“以道抗势”的思想，激励着后世的儒家优秀分子用儒家理想抗拒权势；孔子思想中限制君权的思想，也一定程度上使中国政治避免走上完全专制。尽管儒家没有从根本上改变中国政治的体制与本质，但发挥了其不可或缺的作用。汉代初年，贾谊作《过秦论》，提出秦朝灭亡的根本原因在于“仁义不施”，这对于汉及以后历代王朝的统治政策都有深远的借鉴意义。正如林存光先生所说：“不管是制度化的关联，还是所谓的政教相维、政教相通，乃至所谓的政教合一，都决不意味着以孔子为中心的儒教与以王权为中心的国家政权之间的完全重合一体化，甚至可以说，以追求实现孔子之道为目标的儒家和以追求一家一姓一己永远私自把持天下为目标的帝王之间的关系始终存在着无法消除的某种程度的紧张性。”

情性·德性·德行
—— 孔子仁学思想的特色

孔　丽

“仁”在孔子之前早已有之，孔子赋予“仁”更多含义，使之成为其思想的核心。“仁”源自人的内在情性，显现于人稳定的德性之中，最终通过具体的德行得以体现和完成。可以说，孔子所建构的仁学是内在性情、高尚德性和美好德行的和谐统一，是内外合一、井然有序的整体。

一、仁，人之情性

“爱人”是孔子对于樊迟问仁的回答，而这一回答实际又具有普遍性意义。正如程子所说：“圣人之语，因人而变化。虽若有浅近者，而其包含无所不尽，观于其章可见矣。”[1]“爱人”，可说是孔子对仁最简洁明了，也最核心的诠释。反过来，也可以说仁学是以爱人为核心的思想体系。正如徐复观所说：“到了孔子，则把此一‘仁’字深化，亦即把所以会爱人，所以能爱人的根源先发出来，以形成其学问的中心。”[2]

那么，孔子的仁学是如何以爱人为根源，成为仁学的中心呢？这可以结合《荀子·子道》中所记载孔子与颜回、子贡、子路就智者、仁者问题展开的讨论来认识。

---

[1] 朱熹：《四书章句集注》，中华书局 1983 年版，第 139 页。

[2] 徐复观：《中国人性论史·先秦篇》，九州出版社 2014 年版，第 83 页。

子路入，子曰："由！知者若何？仁者若何？"子路对曰："知者使人知己，仁者使人爱己。"子曰："可谓士矣。"子贡入，子曰："赐！知者若何？仁者若何？"子贡对曰："知者知人，仁者爱人。"子曰："可谓士君子矣。"颜渊入，子曰："回！知者若何？仁者若何？"颜渊对曰："知者自知，仁者自爱。"子曰："可谓明君子矣。"

对于"仁者若何"，子路、子贡、颜回给出了"仁者使人爱己"、"仁者爱人"、"仁者自爱"三个解答，孔子都予以肯定。也就是说，在孔子看来自爱、爱人、使人爱己这三个层面都是仁。仁学在本质上就是爱的学说。对于爱，《礼记·礼运》中说："何谓人情？喜、怒、哀、惧、爱、恶、欲七者，弗学而能。"可知，爱属于"人情"，仁出于"人情"。孟子也说："恻隐之心，仁也。"恻隐之心，就是不忍人之心，就是一种情，亦即人情，也是弗学而能的。所以说，仁爱是自然之人情。

再来看作为"人情"之仁的三个解答，它们有不同之处，主要在于爱的对象不同：自爱是对己，爱人是对他人，使人爱己是他人对自己。对三个解答，孔子的认可是依次上升的，其中对颜回提出的仁者自爱给予了最高的评价。为何呢？这是因为孔子看到了三者的关联，看到了仁爱产生发展的过程。即自爱才能爱人，爱人才能使人爱己，这样一个由内而外的有序过程。其中，自爱是最初的，是仁爱产生的根源。自爱之爱先由自我心中产生，涌动于自身，让自己体验到温暖、力量等爱的情感，进而涵养自身。如果没有自爱，便不会感觉到它的美好和伟大，不具有或匮乏爱的能力，如此便很难真正给予他人爱，做到爱人，也不容易感受到他人的爱。自爱存养自身之美善，使自己圆满、自由，具有君子之质。爱满自溢，当自身的爱足够多时，就会自然给予周围的人、事、物，由自爱而爱人。《孟子·离娄下》："爱人者，人恒爱之。"做到自爱、爱人，子路所求"他人爱己"，如水到渠成，不求而自然得以实现。这也就是孔子常说的"反求诸己"、"修己安人"的过程。

孔子最赞颜回"自爱"的观点，却选取子贡所言的"爱人"来教诲樊迟，何意呢？这是孔子意识到自爱虽是起点和基础，是爱人和使人爱己的源泉所在，但是爱人才是主旨和目的。只有自爱，而没有爱人，是狭隘的自私之爱。

孔子所向往的是“老者安之，朋友信之，少者怀之”（《论语·公冶长》），是希望给他人以仁爱，以爱来化解人与人之间的隔阂和恩怨，消除误解和争端，形成一个和睦、友爱的集体，“人不独亲其亲，不独子其子，使老有所终，壮有所用，少有所养，鳏寡孤独废疾者，皆有所养”（《礼记·礼运》），建立一个充满仁爱的大同世界。正是有爱人这一美好的情感，有仁爱这一有力的基石，才得以建立起其庞大的仁学思想体系。

以上是从仁爱的产生发展的角度来说，若从仁的伦理本质来说，仁所代表的也主要是指爱人。这种爱特指个人对于他人的爱，而不是指向自己的爱。所以，就道德修养而言，仁的实践可谓为己之学，修己即自爱。但就伦理关系而言，仁代表指向他人的伦理、他者的伦理，是爱人，安人。故而，爱人是儒家更为提倡的理念，是宗旨所在。

孔子所说的“爱人”是有层次、差别的爱。如孔子所说“弟子入则孝，出则弟，泛爱众，而亲仁，行有余力则以学文”（《论语·学而》）。孝悌为仁的根本，是人最为本真的情。爱人应从孝悌这一内在根本做起，从爱身边的父母兄弟开始，再逐步向外扩展，爱及他人，“泛爱众”，把爱给到家、国、天下，乃至世间万物。反之，如果连自己的父母都不爱，而要去爱国人、天下人、万物，那几乎是不可能的。

爱人是建立人与人之间关系的最高要求，在这一高的标准之下衍生了诸多具体细化的形式，如“父慈、子孝、兄良、弟弟、夫义、妇听、长惠、幼顺、君仁、臣忠”（《礼记·礼运》）。此十者被称为“人义”，涵盖了社会中主要人际关系的当行之义，虽然每种关系的要求和表现有很大不同，但是它们深层是以爱为底色，是建立在情的基础上，共同的纽带是爱人。除这些人义之外，孔子在仁爱的基本核心下，还提出了一些更具价值的观点，如“己欲立而立人，己欲达而达人”“己所不欲，勿施于人”等。没有仁爱这一内在之情为基础，“忠恕”这些观点是无从谈起的。于是，在孔子所建立的这个有层次、有次序的仁爱系统中，人与人之间构成了一个由爱连接起来的有序而紧密的整体。

在“爱人”后，常常是接着说“知人”。孔子提倡爱人，但不是盲目的。要爱人，更要知人。“仁者安仁，知者利仁。”（《论语·里仁》）知人才能更好做到仁，理智地爱人。“是故仁者莫大乎爱人，智者莫大乎知贤，贤政者莫大乎官能。”（《孔子家语·王言解》）仁者重在爱人，知人则是要知贤，能辨别人的枉直、善恶、好坏，然后举用正直善良者。为政如此，交友、工作、邻里相处等也是相同的道理。“唯仁者能好人，能恶人。”（《论语·里仁》）仁者能够识别好恶。也可以说，广义的仁本身就含有知，有知的理性引导在里面。诚如徐复观所说：“故孔子言仁，盖已包有知、勇二德，为心理活动最高美而最圆满之一境。”[1] 陈来也有类似的说法：“爱的智慧就是仁学。”[2] 这一诠释是抓住了仁的核心之处，仁爱是情，亦含有知。

爱作为一种高尚的情感，与“七情”中的其他情感有着紧密的关系。仁能激发人积极、合理的情感，也能约束、感化消极的情感，这便是孔子所说“苟志于仁矣，无恶也”（《论语·里仁》）。孔子认识到仁爱重要的意义和价值，并将其作为其思想的核心，建立其庞大的思想体系。如蒙培元先生所言：“儒家不仅将情感视为生命中重要的问题，两千年来讨论不止，而且提高到很高的层次，成为整个儒学的核心内容。……情感是全部儒学理论的基本构成部分，甚至是儒学理论的出发点。”[3] 可以说，仁爱是仁学，乃知整个儒学中最为强大的基础的部分。

“道始于情，情出于性”，性与情常是相互关联的，人道出于情，情又出于性。这是郭店竹简《性自命出》对情与性的经典性言论。对于性，子贡曾说：“夫子之文章可得而闻也，夫子之言性与天道不可得而闻焉。”（《论语·公冶长》）由此可以看出，孔子并不是不言性，只是子贡“不可得而闻也”。《性自命出》作为孔子弟子或门人的作品，正是对于孔子心性思想的阐释和发挥，从中也可以看到孔子关于情性思想的光辉。

“仁，性之方也，性或生之。”（《性自命出》）仁是人性的准则，仁心又从性中产生。仁既出于人拥有的自然之人情，又出于人所固有的内在、根本的人性。情性是仁的根源所在。可以说，虽然孔子的直接言论中没有明确表述，但是其思想中应有此观点。李泽厚亦有类似看法，他说：“孔子特别重视人性

[1] 钱穆：《四书释义》，九州出版社 2010 年版，第 63 页。

[2] 陈来：《仁学本体论》，生活·读书·新知三联书店 2014 年版，第 11 页。

[3] 蒙培元：《情感与理性·自序》，中国社会科学出版社 2002 年版，第 1 页。

情感的培育，重视动物性（欲）与社会性（理）的统一。我以为这实际是以‘情’作为人性和人生的基础、实体和本源。”[1]

“爱类七，唯性爱为近仁。”正是孔子抓住了人情人性中最为有力和核心的部分——爱，并以此建立起仁学思想，才奠定了儒家正统人性论的方向，对于其后儒学的发展打下了基础。如孟子提出“仁者，爱人”、“仁者无不爱”（《孟子·尽心上》）、“亲亲而仁民，仁民而爱物”（《孟子·尽心上》）、四心四端说等观点，都是在孔子仁学思想的基础上继承和发展而来。董仲舒爱人的观点，韩愈以博爱论仁，袁宏博爱之谓仁，等等，也是在孔子仁爱这一基础上发展起来的。正如钱穆所说：“孔门论学，主要在人心，归本于人之性情。”[2]

总之，孔子之仁学是出于对于人情性的深刻认识和把握而提出来的具有普适性的理念。诚如徐复观所说：“在孔子，善的究极便是仁，则亦必实际上认定仁是对于人之所以为人的最根本的规定，亦即认为仁是作为生命根源的人性。”[3]孔子仁学思想成为儒学之核心，并且于古今中外都有重要的价值和意义，最根本就在于对生命本源之情性的体认和遵循。

二、仁，人之德性

孔子仁学思想根源于人之情性，又不止于此，而是显现于德之中。故孔子重视德，多言德，如“天生德于予”，“据于德”，“为政以德”等。德主要表现为德性和德行。

“德性”一词明确出现是在《中庸》中，即“君子尊德性而道问学”。但是，“德性”的使用在孔子时已经出现，它是以某些德目的形式呈现。德性是人的选择和修养，是人行于人道要奉行的社会化需求。蒙培元把德性概括为人的生命存在的内在本质及其理性自觉。[4]这一定义，说明德性是人的内在本然之性与理性选择的结合，是内在性情与外在修养的结合。陈来则将其定义为：

[1] 李泽厚：《论语今读》，安徽文艺出版社 1988 年版，第 18 页。
[2] 钱穆：《论语新解》，生活·读书·新知三联书店 2014 年版，第 23 页。
[3] 徐复观：《中国人性论史·先秦篇》，第 90 页。
[4] 蒙培元：《儒家的德性伦理与现代社会》，《齐鲁学刊》2001 年第 4 期。

“德性是道德的品质。”[1] 道德的品质作为人的一种内在品质，离不开人情性本质，又同主体自身的认知、情感、意志能力一体相承，具有稳定性。可以说，德性是仁在性情之上具体呈现于人身上的第二性。内在的性情要通过德性得以显现出来。

因为人之性情较为隐蔽和抽象，所以孔子较少谈及性情，而是重在培养较为具体、可见、可感的德性。如樊迟问仁，孔子说：“居处恭，执事敬，与人忠。虽之夷狄，不可弃也。”（《论语·子路》）即使去了没有社会道德规范和要求的夷狄之地，仍持守恭、敬、忠等美好的德性，便可以称为仁。而子张问仁，孔子则说能行“恭、宽、信、敏、惠”五者于天下便是仁了。之所以如此说，在于具有“恭、宽、信、敏、惠”这五种德性，便会“不侮，得众，人任焉，有功，足以使人”（《论语·阳货》）。当然孔子对于仁的这些回答具有普遍性，不仅仅是对于樊迟与子张的教诲，也是对于众人仁的解说。由此可以看出，孔子所说的仁是要人具有美好的德性。

德性，是人内在情性的显现，已经融于身心之中，不会因为外在的改变而改变。如“恭”，在《论语》中多次提到，“温、良、恭、俭、让以得之”、“子温而厉，威而不猛，恭而安”、“其行己也恭”等。恭，作为德性，具有庄顺、恭敬之义，是蕴蓄于心的德表露于外的心气态度，是内外的交修融合。通过恭顺之德性，可见其内在性情修养的境界。同时，恭也带来一些影响和作用，自己恭敬谦逊，不侮慢他人，方能不被他人侮慢。“君子笃恭而天下平”，以恭的德性行于天下，天下也会得以太平。所以说，做到由内而外的恭，便是走在通往仁的途径上。

敬作为重要的德性，是孔子思想中重要的组成部分。敬这一德性显现于生活的多处，如“修己以敬”，个人修养要存敬于身；“敬事而信”，临事时要谨慎专一；“祭思敬”，祭祀时恭敬；“事上也敬”，下对上要敬重；礼主敬，敬是礼的重要内涵等等。虽然敬在具体语境中所含的意蕴有所不同，但在本质上又是相近的。心中对人、事、物存有仁爱、敬意，便会对其重视、谨慎，显现为敬的德性。没有内在的仁爱、恭敬，而刻意伪装的巧言令色，不叫敬。所

[1] 陈来：《〈论语〉的德行伦理体系》，《清华大学学报》2011 年第 1 期。

以，敬是内外的合一状态，是内在之性与外在之德的结合。

“忠”这一德性，也体现为多个方面。如“臣事君以忠”、“言忠信”、“主忠信”、“子以四教：文、行、忠、信”等。忠从字的组成来看，是存“中”于心，由心中之情性出发，形于外，是人立行之本。若不懂忠，徒争于外，追逐于外在之事业功名，那么离自己的本心会越来越远，离德越来越远，离仁越来越远。

“克己复礼为仁。”礼作为孔子思想中的重要组成部分，也是一种德性，与仁具有密切的关联。“人而不仁，如礼何？”（《论语·八佾》）孔子对于西周时作为制度规范的礼做了新的诠释，赋予了礼仁爱的内涵，使礼具有了内在于人的德性内涵。同时，人的性情之仁蕴蓄于内，要恰当表达出来，就需要通过一定的方式和途径，礼便是其中重要的部分。如果无内在之仁，礼将流于刻板的形式。反过来说，如果没有礼乐作为外在的表达，那么心内之仁也无法落到实处，得以显现。可以说，仁与礼是内外的两面，相辅相成，融为一体。当然，此处的仁是指狭义的仁。对于礼，孔子说：“殷因于夏礼，所损益可知也，周因于殷礼，所损益可知也。其或继周者，虽百世可知也。”（《论语·为政》）礼的外在具体形式会随着时代的改变而改变，但其本质亘古不变，即仁的内涵不变。“虽百世可知也”，孔子能预测礼发展的大趋势，在于把握到礼的德性之本。

除上面提到的恭、敬、忠、信、敏、惠、宽、礼、义、孝、悌等德性外，还有一些由仁延发或与仁相连的德性，如诚、慎、畏等。这些德性都是由内在性情而生发出，融合在人的品格中，统摄在仁的总名之下。孔子把仁作为众多德性的基础和统摄，作为人安身立命的根本。这与陈来提出的“仁统四德”观点有相近之处，广义的仁在一定意义上对其他德性具有统领的作用。人通过一系列德性的选择与修养，使出于内在心性情感的仁，呈现为持久稳定而又具有整体性的德性世界。

由此得知，孔子将隐藏而不可捉摸的人之性情，呈现为多种具体可感的美好德性，显现于人，彰显于世，让仁具有了在现实世界行走的外衣。同时，德性是人内心升起的人生态度和外在涵养，是以爱为底色，以仁为指引修养成的稳定德性。各种德性之间也是紧密联系的整体，构成人整体的德性品格体现出来。这是孔子构建的德性世界，是仁的进一步显现，也是其开创的儒学世界的特色。正如李景林所说："就人的德性修养去理解和成就人的智慧，并由此种归本德性人格的人生智慧来反观人所面对的这个世界，从而形成一个以道德价值观为核心的人生观和宇宙观，这是儒家的基本特点。"[1]

三、仁，人之德行

仁源于内在的性情，显现为各种相对稳定的德性，还必须将德性化为可感可观的德行，落实于生活实践、具体行动中。陈来认为德行"春秋时已为常用，广义的德行是指行为及其状态，包含善的行为与恶的行为；狭义的德行则专指道德的行为及其状态[2]"。这里所指的是狭义的德行，是在德性指导下的道德行为及状态。

孔子重视德行。"好学近乎知，力行近乎仁，知耻近乎勇。"（《礼记·中庸》）孔子认为努力实践接近仁。也就是，仁要落实为具体的行为，即德行之中。德性作为第二性，统摄、制约着人行为处事的德行。德行作为主体的实践行为并不是脱离规范的，而是通过对规范的自觉认同，在道德生活的实践中体征自身的德性。也可以说，德行是主体体证德性的最实在处，是个体的具体行为，也是仁的最终实现和显化，如陈来所说："仁在中国古代哲学中是一种德行，也是最高的德行。"[3]

对于仁作为德行的认识，可以从"仁者先难而后获，可谓仁矣"（《论语·雍也》），窥得一斑。这是孔子对樊迟问仁的回答，意思是难事做在人前面，获益退居人后面，便可说是仁了。对"先难而后获"，钱穆认为："樊迟本章所问，或正值将出仕，故孔子以居位临民之事答之。"[4] 钱穆这一判断是从其前一句"务民之义，敬鬼神而远之，可谓知矣"得出。"民"是相对为政者来说，"务民之义"，当以民意为先。故"先难而后获"可说是为政之法。抛

[1] 李景林：《教养的本原：哲学突破期的儒家心性论》，辽宁人民出版社1998年版，第3页。
[2] 陈来：《〈论语〉的德行伦理体系》，《清华大学学报》2011年第1期。
[3] 陈来：《仁学本体论》，第78页。
[4] 钱穆：《论语新解》，第143页。

开当时的历史背景，推广开来，“先难而后获”具有更强大的生命力，更为广泛、适用的含义。这里有两层含义。

一是“先难而后获”说明仁在于力行。《四书章句集注》中对此句，注解说：“力行所知，不惮所难为。”[1]这里突出了仁的内涵中“行”的一面。在其他有关仁的回答中也有类似的情况。如司马牛问仁，孔子答曰：“仁者其言也讱。”之所以如此强调言之讱，在于“为之难，言之得无讱乎？”这其中固然与司马牛自身的多言而燥有关，也是在于强调“为”的一面。《中庸》中也说：“力行近乎仁。”仁，不是空谈，而是在于实际的“行”与“为”之中。

二是“先难而后获”是高尚的德行，是仁力行的方式和准则。孔安国对“先难而后获”的解释是：“先劳苦乃后得功，此所以为仁也。”先劳苦乃后德功，是仁者德行。在《论语》中，孔子多次提到“先难而后获”的观点。如在樊迟问“崇德修慝辨惑”时，孔子答曰：“先事后得，非崇德与？”（《论语·颜渊》）先做当为之事，后计功与得，其德会日益增加、显化，这与“先难而后获”有异曲同工之妙。又如，子路问政，子曰：“先之劳之。”孔子教学生如此行仁，他自身更是“先难而后获”的楷模。这可以从孔子兴办私学和周游列国的经历来看。

孔子所处的时代，学术在官，只有达官贵人才有权力入官学习，广大百姓根本没有接触文化知识的机会。孔子首先开办私学，收徒教学，将知识传授众人，可谓是“先难”。孔子收徒的条件是“自行束脩以上，吾未尝无诲焉”（《论语·述而》），办学不是为了谋利。孔子弟子三千，“抑为之不厌，诲人不倦”（《论语·述而》），没有想过成为“圣与仁”，只是本着自己的心去做。这就是孔子孜孜不倦的高尚德行，是仁爱的具体实现。

颠沛流离的列国周游可谓困难重重，“孔子不得行，绝粮七日，外无所通，藜羹不充，从者皆病”（《孔子家语·在厄》），而孔子却不畏艰难，“愈慷慨讲诵，弦歌不衰”。这是因为孔子坚信：“君子修道立德，不为穷困而败节。”自己所行是正确的道，树立的德是正义的德，虽为天下所不能暂时容下，但仍要先行之。正如颜回所言“夫子之道至大，天下莫能容，虽然，夫子推而

[1] 朱熹：《四书章句集注》，第90页。

行之，世不我用，有国者之丑也”（《孔子家语·在厄》）。这是孔子将生死置之身外，心怀天下苍生的“先难”之德行，是仁之广大处。正是对天下众生的仁爱和高尚的德性，推动孔子做出了常人难以做到的伟大德行。

孔子希望学生们能有如此气象和德行，故对他们常加以引导和教诲。“禹，吾无间然矣。菲饮食而致孝乎鬼神，恶衣服而致美乎黻冕，卑宫室而尽力乎沟洫。”（《论语·泰伯》）通过赞美禹对于民事尽力为之，“先难”，而个人饮食、衣着、宫室都很简朴，“后获”，来激励弟子和众人。看到冉有作为季氏宰，为季氏聚敛财富，孔子对弟子们说：“非吾徒也，小子鸣鼓而攻之可也。”对于冉有谋求私利的不义之举，大加批判，甚至不惜逐出师门，是对其不仁行为的强烈谴责。这一系列行为的背后有共同的动力之源，即“先难而后获”的行仁之德行，而这个德行的后面是仁的德性。

“先难而后获”，是孔子针对樊迟提出的具体德行之一。实际上，不同德性可以延伸出许多相应的德行，通过这些德行来显现和实践德性。德性相对稳定，而德行则会因境遇不同而不同。所以，德行是千变万化、随机而变、不可胜数的无数行为。如对父母的爱生于性情，继而显化为孝的德性，然后孝会体现为各种德行，像“无违”、“事父母几谏”、“能养”、“三年无改于父之道”、“父母在，不远游，游必有方”等具体的行为，涵盖在与父母相处的方方面面。如礼，在祭祀时要求“思敬”，丧葬时要“思哀”，于乡党时应“恂恂如也，似不能言者”，问人于他邦，应“再拜而送之”，等等，礼这一德性表现为种种不同的德行。言行举止间都是对于礼的遵循，是对于仁的体现。

孔子所说的众多德性，如悌、忠、信、义、廉、耻等，都要求在具体的社会实践中通过众多的德行来实现和强化，以形成切实的道德世界，使仁得以最终实现和呈现。陈来对此有类似的论述：“盖因此时为儒学建立之初，如梁漱溟所说理性之初，孔子不可能直就本体来揭示，所以强调德行和功夫，以工夫而合本体，以德性而求境界，注重德行的实践，以达到仁的境界。”[1] 可以说，孔子的仁学是实践的德行，是落实在行动中的实学。

---

[1] 陈来：《仁学本体论》，第 106 页。

四、小结

“仁者，人也”(《礼记·中庸》)，仁是人所特有的美德和特质。仁最先是人内在性情产生的仁爱，继而体现为孝、悌、忠、信、敬、礼等众多的美好德性，最终呈现为无数具体的德行。仁经过这样一个由内而外，由微而显的过程，是知当然与行当然的统一。无数具体、广泛而又琐碎的德行在主体德性的指引下外化到生活的各个方面，使知与行不断获得统一，德性与德行有机统一。

可以说，仁是人内外的合一，是知行的合一，贯穿在性情、德性、德行的整个过程中，是全然的道德整体之主线。在这个由精神到行为，由个人到群体层层扩展、庞大的复杂过程中，一以贯之的是“仁”。这个整体几乎涉及生活的方方面面，影响到每个人的一举一动，成为社会的面貌。杨国荣对此也有类似的观点：“在‘仁’的规范下，通过‘为仁’的道德实践遂逐渐形成内在的德性，又以‘仁’的德性为根据而展开为善去恶的道德工夫，在实践的过程中，作为规范的‘仁’与作为德目的‘仁’融合为一。”[1]孔子的仁学体系由内在世界的仁爱平和展现到外在和谐有序、公平正义的大同社会中，使精神世界与现实世界成为一个有机的整体。

“仁，远乎哉？我欲仁，斯仁至矣。”(《论语·述而》)孔子认为仁不远于人，在“我”，要从内心去探寻、建立，有了内在之仁，继而在不断地修养体悟中自然会生发出高尚的德性，显现为美好的德行。仁在己成德，在世为道，是自身的信念，更是自觉的行动。

[1] 杨国荣：《道德系统中的德性》，《中国社会科学》2000年第3期。

儒学研究

论孝与仁

李景林

一、小序

孝和仁是密切相关的两个概念。二者的关系，可见《论语·学而》有子的话："君子务本，本立而道生，孝悌也者，其为仁之本与！""孝"的主要内容是对亲人尤其是父母的"爱"和"敬"的情感。有敬，悌的意义实质上已包含在其中。当然，在孝里面有爱，在悌里面也有爱，但是从概念的显性特征来讲，孝的着重点在"爱"，悌的着重点在"敬"。孝悌，体现了敬和爱两个方面。

孝悌"为仁之本"。何晏《论语集解》解释说："本，基也。基立而后可大成也。"朱子《论语集注》解释说："本，犹根也。"意思是说，孝悌是仁的基础或根本。在孔子那个时代，血缘关系在社会生活里面占据非常重要的位置，所以孔子特别强调孝悌。《孝经》首章开宗明义，亦引孔子的话说："夫孝，德之本也，教之所由生也。"孝是德的根本，是教化的开端。仁是全德之名，是德的总称。这里讲"孝"为"德之本"，与《论语》讲仁以孝悌为本，意思是相通的。我们的生命是父母给予的。孝悌这种情感，对人来说是一切情感里边切近，又最真挚的情感。"子生三年，然后免于父母之怀"，这一点，是永远无法割舍的。对人来讲，孝悌的情感是人最为自然真挚的情感，因而是人的德性成就的真实基础。

儒家讲孝悌为仁之本，但孝并不等于仁。孝相对于父母而言，悌相对于兄长而言，因此孝悌作为一种情感，又有一定的局限性。"仁"不局限于孝悌，但为仁成德，却必须以孝悌为前提。儒家讲孝悌为仁之本，是着眼于孝悌作为情感之真实、真诚对于人成德的根本性意义，并不是把仁局限于“孝悌”。所以，一方面，仁德的成就要以孝悌为前提，另一方面，孝悌一定要推扩达于仁德，其所本有的道德意义才能得到实现。

二、孝养与爱敬

从文字上讲，孝的本义是善事父母。《说文》：“孝，善事父母者。从老省，从子，子承老也。”孝是一个会意字。金文中“孝”的字体构形，上部为一老人的形象。“孝”字从老从子，意谓“子承老”，即子辈奉养老人。“孝”字既可用为动词，指子善事父母，对父母的孝顺；同时，也可用为名词，意指人的一种美德和德性。

关于孝的意义，我们先来看《论语·为政》：“孟懿子问孝。子曰：‘无违。’樊迟御。子告之曰：‘孟孙问孝于我，我对曰“无违”。’樊迟曰：‘何谓也？’子曰：‘生，事之以礼；死，葬之以礼，祭之以礼。’”“无违”，并不是简单地说不要违背父母，其意义要在不违“礼”。《孝经·广要道章》说：“礼者，敬而已矣。”唐玄宗注：“敬者，礼之本也。”礼的意义在于“敬”。“无违”或不违礼，所表现的就是一个“敬”的精神。我们要注意，这个“敬”字，有两个方面的含义：一方面，指对父母的尊敬，敬事父母的行为是“孝”；另一方面也表明，“敬”是孝作为德的一个内在的原则。又《论语·为政》记孔子答“子游问孝”说：“今之孝者，是谓能养。至于犬马，皆能有养。不敬，何以别乎？”这里强调的也是“敬”。孝必须以“养”为前提，没有“养”，孝当然无从谈起，但是这只是一个基础。对于犬马，对于宠物，人同样能有养，如果不能敬，养父母与养犬马也就没有什么本质的区别。孟子说得更直接：“食而弗爱，豕交之也；爱而不敬，兽畜之也。”对父母仅有衣食之养，而无爱敬之情，实无异于把他们当作畜生来畜养。这里，凸显了“敬”对于“孝”的根本性意义。

又《为政》：“子夏问孝。子曰：‘色难。有事，弟子服其劳；有酒食，先生馔，曾是以为孝乎？’”什么是“色难”？《礼记·祭义》说：“孝子之有深爱者，必有和气。有和气者，必有愉色。有愉色者，必有婉容。”这句话，可以很好地解释这个“色难”的意义。即言孝子奉养父母，所表现出的和气、愉色、婉容，是由内心的深爱达于容色，这不是能够做作得出来的。侍奉父母，并不是一件很容易的事。父母年老，脾气可能不太好。孝子内心对父母有深爱，这种深爱，由中心见于容色，才能做得到这一点。这就叫“色难”。这样以对父母内心的爱敬之情为根据的奉养，才能称作“孝”，具有“孝”的道德价值。我们请个保姆，在饮食起居的照料上可能做得比我们自己还好，但这并不就是“孝”。这里所凸显的，是“孝”德对于父母长辈之“爱”的一面。

《论语·学而》说：“子曰：父在观其志，父没观其行。三年无改于父之道，可谓孝矣。”何谓“三年无改于父之道”？《礼记·坊记》：“子云：君子弛其亲之过，而敬其美。”郑玄注：“弛犹弃忘也，孝子不藏识父母之过。”有些人总是唠唠叨叨，表说父母不好的地方，这实际上是对父母的不敬。孝子“不藏识父母之过”，而总是赞扬他好的地方。《诗经》里面有“追孝”之说，意思是要追念并承继父母、前辈的孝德。对于父母前辈，要继承的是他好的、善的、美的方面而不记过恶，由此而形成一个好的家族传统。此即所谓“无改于父之道”。

孝子对父母的这种爱、敬之心，会表现在孝行的方方面面。比如《里仁》：“子曰：事父母几谏，见志不从，又敬不违，劳而不怨。”父母有错，当然要谏诤。《孝经》说：“父有争子，则身不陷于不义。”父母做错事，如不劝谏，就可能陷其于不义，这不是真爱父母。但对父母的谏诤，要讲究方式。“几谏”，要委婉地对父母提出意见。如父母不从，就再找其他的机会。孝子对父母有真爱，会表现在一些很细微的地方。《孟子》有一个说法，叫作“父子之间不责善”：“父子之间不责善，责善则离，离则不祥莫大焉。”“责善，朋友之道也。父子责善，贼恩之大者。”“责善”，就是板起面孔直接指责、责备对方的错误。“责善则离”，“父子责善，贼恩之大者”是说，板起面孔的指责，会伤害父子的感情。这个“几谏”的方式方法，也体现了对父母真切的爱敬之情。

又如《里仁》：“子曰：父母在，不远游，游必有方。”“父母在，不远游”，古代也很难完全做到，在现代社会，就更难做到。所以孔子退一步，讲“游必有方”。“有方”，就是让父母知道你在哪里，在做什么，状况如何，免得老人牵挂。过去信息不发达，做到“游必有方”也不容易。现在这一点就很容易做到。又《里仁》：“子曰：父母之年，不可不知也。一则以喜，一则以惧。”知父母之年，这是人之常情。现在很多人连父母的生日都不知道，这是不应该的。知父母之年，一则以喜，一则以惧。为什么？父母高寿，八十、九十岁还健在，是我们做子女的福分。孟子讲“君子有三乐”，第一乐就是“父母俱存，兄弟无故”。但是增加一岁，生老病死，是自然规律，因而“一则以惧”。此言孝子深爱父母之心、之情，极细微而亲切，本身就有一种感动人心的教化意义。孔子所讲的道理，特别切合人心，切近人情。

综上所论，“孝”作为一种德，其主要的内容表现为对父母的奉养和爱、敬之情。《礼记·祭义》：“曾子曰：孝有三：大孝尊亲，其次弗辱，其下能养。”“尊亲”包括对父母的敬和爱。“弗辱”，是说孝子处世，不能做有辱父母令名之事，其实质仍在于“尊亲”。“能养”则其下者。这里讲“孝”的三个层次，养为基础，如果没有奉养，孝就无从谈起。但仅仅是奉养，尚不足以尽孝之义。“孝”必须以“能养”为前提，但其本质的内涵则是爱和敬。

三、敬与敬畏

其实，儒家所言“孝”的意义，不限于此。儒家孝的观念，不仅是对在世父母长辈而言的，而且包括生命成始成终的意义在内。为什么要孝？人的生命，根源于父母；父母的生命，根源于父母的父母。由此返本复始，人的生命，可以说是本原于天地。所以，进一步说，儒家的孝道思想，还包涵着一种通过“慎终追远”以追寻人的生命本原的形而上学意义。

《礼记·中庸》说：“敬其所尊，爱其所亲，事死如事生，事亡如事存，孝之至也。”《荀子·礼论》：“礼者，谨于治生死者也。生，人之始也；死，人之终也。终始俱善，人道毕矣。”《礼记·祭统》亦说：“孝子之事亲也，有三道焉：生则养，没则丧，丧毕则祭。”生为生命之始，死为生命之终。这里所言“孝”，就涉及生命之成始成终的意义。上文引孔子论“孝”也讲道：“生，事之以礼；死，葬之以礼，祭之以礼。”《论语·学而》：“曾子曰：慎终追远，民德归厚矣。”慎终讲丧礼，追远讲祭礼。可知，孝道不仅局限于对父母、亲人的爱敬和奉养，更要由生命之成始成终，通过追思生命的本原（“追远”），以实现人的德性成就。

《孝经·圣治章》说：“父子之道天性也。”又《三才章》：“曾子曰：‘甚哉孝之大也。’子曰：‘夫孝，天之经也，地之义也，民之行也。’”在儒家看来，父子之情，父慈子孝，出于天性，而非人为。从这个意义说，父慈子孝，乃天经地义；孝道作为人（民）行之法则，亦本原于天道。孟子讲“不孝有三，无后为大”，继嗣不断，由此亦可以看作孝的意义的一种表现。所以，祭祀皇考先妣，并能奉祀不断，既为“孝”之意义的彰显，亦包含有一种追思生命本原的超越性意义。

现实中每个人地位不同，所处境遇亦不同，因此，孝行在现实上亦有不同层次的表现。《孝经》自第二章以下分论天子、诸侯、卿大夫、士、庶人五位或五个层次的“孝”，就指出了这一点。同时，孝道又是贯通于人类行为的一个普遍原则。《庶人章》说“故自天子至于庶人，孝无终始，而患不及者，未之有也”，说的就是这个意思。在上述天子、诸侯、卿大夫、士、庶人五个位次的孝德的表现中，天子之孝实贯通此五位而为“孝”的意义之最高表现。《孝经·圣治章》：“曾子曰：‘敢问圣人之德，无以加于孝乎？’子曰：‘天地之性人为贵，人之行莫大于孝，孝莫大于严父，严父莫大于配天，则周公其人也。’”“严父”，严即敬、敬畏。此仍以“敬”为孝之本质内涵。这个“敬”的意义，在天子之“孝”上得到了最充分的表现。

《孝经·圣治章》“严父莫大于配天”，是从祭祀的角度论“孝”之“敬”的意义。《礼记·王制》：“天子祭天地，诸侯祭社稷，大夫祭五祀。天子祭天下名山大川，五岳视三公，四渎视诸侯，诸侯祭名山大川之在其地者。”《公羊传·僖公三十一年》：“天子祭天，诸侯祭土。天子有方望之事，无所不通。诸侯山川有不在其封内者，则不祭也。”这是说，人因其所处社会等级的差异，亦有不同的祭祀对象，而只有天子有祭天之权。古代天子祭天，可以其先祖配享。《礼记·郊特牲》说：“万物本乎天，人本乎祖，此所以配上帝也。郊之祭也，大报本反始也。”报本反始，是古人制祭的原则。万物本原于天，人本原于先祖。天子祭天，以其先祖配享，意谓其先祖之德可以配天。这一点，既表现了祭祀“大报本反始”的精神，同时，也最充分地体现了孝道的最高意义，由此亦贯通并构成为上述五位孝德的意义基础。

《大戴礼记·礼三本》说："礼有三本：天地者，性之本也；先祖者，类之本也；君师者，治之本也。无天地焉生，无先祖焉出，无君师焉治。三者偏亡，无安之人。故礼，上事天，下事地，宗事先祖而宠君师，是礼之三本也。"这个"本"，义即本原或根据。"性"读为生，亦即生命。人的生命，本原于父母先祖，所以先祖是族类之本，天地是宇宙万有一切生命的本原。人是文化的存在，君与师，则是文明创制之原。西方人的上帝信仰，是个人直接对越上帝。中国人则讲敬天法祖。从这段"礼三本"的论述可知，儒家建立超越性价值基础的方式，乃是由法祖而敬天。这与西方宗教实现其超越性终极关怀的途径和方式，是有很大差别的。

如前所述，"孝"的核心在"爱"和"敬"。这爱敬之情，由此"法祖而敬天"的途径，乃具有了一种内在的宗教性和形而上学的意义。一方面，它把天之作为生命本原的意义通过"慎终追远"的序列建立起来。这个"礼三本"，当然是从社会整体的礼文创制而言的，而天子祭天以祖配的最高意义，乃贯通在天子以至于庶人之祭祀的整个序列中，使之获得了超越性的意义。由此，人对父之"敬"的意义，乃转变为对"孝道"作为一种道德法则之具有形上意义的"敬畏"。《孝经·圣治章》所谓"人之行莫大于孝，孝莫大于严父，严父莫大于配天"，就说明了这一点。另一方面，这种形而上学超越性的敬畏，同时又因于亲亲之"爱"的一面，而具有可以亲切体证、实有诸己的落实。

四、"仁"与行仁之方

孔子首先提出了一个仁学的思想系统，在孔子仁学思想中，仁是一个关于为人之本和理想人格的概念，同时又是全德之名。

《礼记·中庸》引孔子的话说："仁者人也。"就是说，仁是人之所以为人的本质的规定。《论语·卫灵公》："子曰：民之于仁也，甚于水火。水火，吾见蹈而死者矣，未见蹈仁而死者也。"水火，为人的日常生活所依凭者，然过多则会伤及人的生命。而仁则是人的精神生命之所依归之处，所以说"吾未见蹈仁而死者"。

《里仁》记孔子说："有能一日用其力于仁矣乎，我未见力不足者。"又《述而》："子曰：仁远乎哉？我欲仁，斯仁至矣。"仁不远人，每个人都有能力能做到仁。一个人，其他的事，不见得有能力做到。像功名利禄、寿命长短、功利事功效果之事，皆非人靠自己的力量所能决定者，儒家把这些统称作"命"；但是，行"仁"，选择做一个好人，做一个仁人，却是人唯一可以不借助于外力，自己能够自作决定的事情。所以唯有"仁"，才是人最本己的可能性，为人之本质所在。

儒家把事功功利效果之事归诸"命"，并不是说它与人完全无关。《孟子·尽心上》说："知命者不立乎岩墙之下。尽其道而死者，正命也，桎梏死者，非正命也。"命有"正命"和"非正命"之别。人行其所当行，所得到的结果，那个"命"，就是"正命"。相反，一个人不行正道，或者作奸犯科，被关进监狱，死在里边，那就是"非正命"。人在现实中的价值抉择，赋予自己的行为及其结果以正面和负面的价值，此即孟子所说的"正命"或"非正命"。从这个意义上讲，只有君子有命，小人因为"无义"，所以"无命"。因为他得到的不是"正命"。《礼记·中庸》说："君子居易以俟命，小人行险以徼幸。"孟子更讲"修身"以"立命"。人选择居仁由义，便赋予了你的行为及其结果以"正命"，这个"命"，是人的价值抉择所"立"起来的。人行其所当行，得其所应得，这既是天命的实现，亦是人的人格的完成。孔子讲，"不知命，无以为君子也"，讲的就是这个意思。

所以，孔子论仁，认为仁是人最本己的可能性，是之作为人的本质所在。以后孟子的性善论，其根据即在于此。

仁又是一个标志理想人格的概念。《里仁》孔子云："君子去仁，恶乎成名？君子无终食之间违仁，造次必于是，颠沛必于是。"《易·乾文言传》说："君子体仁足以长人。""成名"，即成就君子之所以为君子之名。君子之为君子，实以"仁"为其"体"（体仁），君子之德，亦须经由始终如一、不间断地行仁来达成。所以，仁是标明君子之所以为君子者，是一个理想人格的概念。

不仅如此，不同层次的道德人格亦皆以践仁行仁而得以成就。《论语·述而》："伯夷、叔齐何人也？曰：'古之贤人也。'曰：'怨乎？'曰：'求仁而得仁，又何怨？'"孔子称赞伯夷、叔齐为古之贤人。伯夷、叔齐的"贤人"

之德，既由“求仁得仁”之途径而成就，故亦包涵于“仁”德的概念中。《论语·雍也》：“子贡曰：‘如有博施于民而能济众，何如？可谓仁乎？’子曰：‘何事于仁，必也圣乎，尧舜其犹病诸！夫仁者，己欲立而立人，己欲达而达人，能近取譬，可谓仁之方也已。’”忠恕为仁之方，推己及人，成己成物，达致天下，至于其极为“圣”。可见，行仁而至乎其极者乃为圣。理想的圣人之境亦由推极践仁的功夫而致。故孔子乃以“仁”这一概念表征其人格之理想。

同时，仁又为全德之名或统括诸德的一个总体。孟子说：“仁，人心也。”朱子《仁说》以仁标“心之德”：“语心之德……一言以蔽之，则曰仁而已矣……人之为心，其德亦有四，曰仁义礼智，而仁无不包。其发用焉，则为爱恭宜别之情，而恻隐之心无所不贯。”陈淳《北溪字义》也说：“仁者乃心之德……仁所以长众善而专一心之全德者，何故？盖人心所具之天理全体都是仁……举其全体而言，则谓之仁，而义礼智皆包在其中。”仁为“心之德”，这个“德”，是性质或本质义。心总体言之是仁，分说则有仁义礼智四个方面的规定。仁统括仁义礼智，概括了仁义礼智的全体。所以，仁统括诸德，而为诸德之总名。

孔子讲“仁”，并未对仁下一个一般的定义。因为孔子所说的仁，就是道。《易传》说：“形而上者谓之道，形而下者谓之器。”道是形而上者，本来不可说。所以，孔子所教人者，唯行仁之“方”，即我们怎么样达到仁。这个行仁之方，就是“忠恕”之道。通过“忠恕”这个行仁之方，我们才能对“仁”的本真内涵有所了解。

《论语·里仁》：“子曰：‘参乎！吾道一以贯之。’曾子曰：‘唯。’子出，门人问曰：‘何谓也？’曾子曰：‘夫子之道，忠恕而已矣！’”曾子用“忠恕”来概括“夫子之道”，大体不差，但并不完全准确。《礼记·中庸》引孔子的话说：“忠恕违道不远，施诸己而不愿，亦勿施于人。”“违”就是离开。忠恕离道不远。忠恕是行仁之方，当然离道不远，通过忠恕可以把“道”实现和呈现出来，但却不能把忠恕等同于道。《中庸》这个说法，把仁与忠恕之道的关系表述得很准确。

《论语》讲忠恕，最有代表性的是两句话：“己所不欲，勿施于人。”“己欲立而立人，己欲达而达人。”概括地讲，忠恕行仁，就是要从人最切己的欲望、要求出发，推己及人，由内向外最后达到人与我、物与我一体贯通的境界，它所表现的就是“仁”。所以“忠恕”就是为仁之方或达到仁的方法和途径。当然，它不仅是一种方法，同时也是实现仁的一种工夫。

忠恕这一概念，有两个重要的特点。第一，强调情感的真实。忠恕是一个整体的概念，但忠恕两个字，亦可以分开来讲。朱子释忠恕说：“尽己之谓忠，推己之谓恕。”忠者中心，恕者如心。尽己、推己，要在一个“己”字。尽己之忠，强调的是为人的真诚；推己之恕，强调的是要以真诚之心处事待人。为仁之方，是从人最切己的意愿出发推己及人。要达到仁，实现仁德，最根本的一点就是情感、意愿表现出来要非常真诚。

第二，这个忠恕，突出了一种差异性的原则。“忠恕”，涉及外与内、人与己、物与我的差异与沟通的关系。忠恕行仁，就是要从切己的意愿出发，通过推己及人的践履工夫，达到内外、人己、物我之一体。从这个意义上讲，忠恕是一个“沟通原则”。但是，儒家的忠恕之道，乃以肯定我与人、人与人、人与物的差异为前提。所以，忠恕所达到的沟通，是在差异实现前提下的沟通。

忠恕之道这两个特点，表现了“仁”德的根本精神。忠恕，是由己出发，推己及人。《中庸》引孔子的话说：“忠恕违道不远，施诸己而不愿，亦勿施于人。君子之道四，丘未能一焉：所求乎子以事父，未能也；所求乎臣以事君，未能也；所求乎弟以事兄，未能也；所求乎朋友先施之，未能也。”儒家讲忠恕，历来强调的都是对自己的要求，而非对他人、他物的要求。孔子此语，集中地体现了这一点。对“己”的要求，就是“诚”或“忠”。“推”，即今人所谓将心比心或“换位思维”。这推己及人的过程，同时即是一个不断消解人对私己的偏执，从而保证人我、人物各在其自身的限度内有所成就的过程。人以此接人处事应物，则无往而不“通”。这一忠恕的原则，所达成的是个性差异实现或限制性前提下的沟通，它所体现的，乃是一种价值平等的精神。反之，对忠恕作“积极表达”，主张“己之所欲，施之于人”，则会忽视人我、人物间的实存性差异，以己之意欲和价值强加于人、物，从而造成人我、人物间的隔阂与冲突。

总之，忠恕讲的是己与人的关系，或者说是成己和成物、自成和成人、内与外的关系。通过推己及人的践履工夫，达于内外、人己、物我之动态合一，就是德。最高的德，就是仁。忠恕是行的工夫，其所成就的，就是人我、外内一体相通的境界。此一境界所实现和呈现的，就是“仁”。而仁这种“通”的精神，则是以因任人、物存在之平等性实现为前提的。

五、孝与仁的关系

忠恕行仁，是推己及人，达于人己内外的一体相通。这个推己及人的前提，是人的真实情感。在现实中，人最真挚的情感莫过于“亲亲”之情。《论语》讲孝悌“为仁之本”，孔子讲“立爱自亲始”，“立敬自长始”，就指出了这一点。

不过，《论语》讲忠恕行仁之道，尚未直接把忠恕与孝道相联系。孔子后学论人的德性成就，更注重孝道。由曾子到思孟学派的发展，其言忠恕，特别凸显出以“亲亲”之情作为忠恕行仁之发端的意义。

曾子以忠恕来概括孔子的一贯之道，曾子又以其孝德孝行显名于后世。所以，曾子论忠恕行仁之道，乃以“孝”为前提。《大戴礼记·曾子本孝》：“曾子曰：忠者，其孝之本与！”又《曾子立孝》：“曾子曰：君子立孝，其忠之用，礼之贵。故为人子而不能孝其父者，不敢言人父不能畜其子者；为人弟而不能承其兄者，不敢言人兄不能顺其弟者；为人臣不能事其君者，不敢言人君不能使其臣者也。”这两条材料，皆言忠恕与孝的关系。“忠”，以诚敬为本。如前所述，“孝”德之义，不仅在“养”之效，而要在“敬”之情。因此，曾子以“忠”为“孝之本”，而以孝为“忠”之用。《立孝》“故为人子而不能孝其父者”以下所言，即忠恕之道；而这个忠恕之道，则是以孝悌亲情为前提，而以忠敬为其精神之依归。

《礼记·中庸》引孔子云：“道不远人，人之为道而远人，不可以为道……忠恕违道不远，施诸己而不愿，亦勿施于人。”道不远人，即由忠恕而见。忠恕之行，乃以切己之情为出发点。人之生，本于夫妇之道，《中庸》第十二章说：“君子之道，造端乎夫妇；及其至也，察乎天地。”因此，忠恕之行，其切近处，乃必自亲亲孝道始。《中庸》第十五章：“君子之道，辟如行远必自迩，辟如登高必自卑。《诗》曰：‘妻子好合，如鼓瑟琴；兄弟既翕，和乐且耽；宜尔室家，乐尔妻帑。’子曰：‘父母其顺矣乎！’”此章乃引《诗经》以明此义。又《中庸》第二十章说：“在下位不获乎上，民不可得而治矣；获乎上有道，不信乎朋友，不获乎上矣；信乎朋友有道，不顺乎亲，不信乎朋友矣；顺乎亲有道，反诸身不诚，不顺乎亲矣；诚身有道，不明乎善，不诚乎身矣。”此章记孔子答哀公问政，其所论乃由远至近、由外至内的归结，其实仍言忠恕。由治道而归结为孝亲。亲亲之推扩，则本乎“忠”，亦即诚敬之心。

孟子论忠恕行仁之方，亦沿袭了这一思路。不过，孟子更突出了“仁”对于“孝”德之价值实现和完成的意义。《孟子·尽心上》：“孟子曰：人之所不学而能者，其良能也；所不虑而知者，其良知也。孩提之童无不知爱其亲者，及其长也，无不知敬其兄也。亲亲仁也，敬长义也；无他，达之天下也。”这里，孟子据孩童皆有亲亲敬长的孝悌之情，来说明人具有先天的“良知”、“良能”。此亦孟子证成其性善说的一个根据。我们这里要注意的是，孟子讲“亲亲仁也，敬长义也”，并非说“亲亲”现成地就是“仁”，“敬长”现成地就是“义”。“无他，达之天下也”，乃指出，我们之所以可以说“亲亲仁也，敬长义也”，仅仅在于，亲亲敬长之情，可以并必须推扩至于天下，达至人我、内外的一体相通，实现为一种普遍的爱和敬，其作为“仁”和“义”的本有价值才能得到实现。“天下”，指人类社会而言，孟子又讲“亲亲而仁民，仁民而爱物”，这个“仁民而爱物”，更赋予由孝道亲亲推扩而实现“仁”的忠恕之道以宇宙论的意义。在中国古人生命伦理义的宇宙观念中，万物皆有生命。“爱物”这个在今人不易理解的观念，对于儒家却是天经地义的。

综上可见，孝道与仁德的关系，可以从两个方面来看，一方面，孝悌为仁之本；同时，孝悌亦必经由忠恕的途径推扩而至于“仁”，才能实现其所本有的道德价值。下面，我们需要对这两个方面再做进一步的申论。

儒家之所以要讲“孝悌”“为仁之本”，是因为，亲亲之情是人最真挚的情感；由乎亲亲，仁德之成就才能有真实的基础。如前文所述，儒家讲忠恕行仁之方，强调差异实现前提下的通性。由此，仁作为一种普遍的“爱”，亦非一种抽象的普遍性，其内在地包含有等差性的规定。《孟子·滕文公下》说：“圣王不作，诸侯放恣，处士横议，杨朱墨翟之言盈天下。天下之言，不归杨，则归墨。杨氏为我，是无君也；墨氏兼爱，是无父也。无父无君，是禽兽也。……杨墨之道不息，孔子之道不著。是邪说诬民，充塞仁义也。"《孝经·圣治章》则说："不爱其亲而爱他人者，谓之悖德；不敬其亲而敬他人者，谓之悖礼。"在孟子看来，杨朱的"为我"和墨家的"兼爱"，是抽象的两个极端。"杨子取为我，拔一毛而利天下不为也"，是偏执在我或己的一端，是极端的个人主义；墨家偏执于"兼爱"一端，则这"爱"成为与个体实存和人的情感生活无关的抽象原则。这两者都会破坏人的伦理秩序，导致一种"禽兽"亦即非伦理的状态。墨家要先爱利他人之父母，"不爱其亲而爱他人"，"不敬其亲而敬他人"，这种所谓的爱和敬，必是出于某种外在目的的人为的造作，它不自然，不真实，不合乎人性，不能为人的内心生活所亲切体证，所以叫作"悖德"、"悖礼"。

儒家所言仁，是一个普遍的原则，但它并非一种与个体实存无关的抽象的普遍性。其忠恕行仁之方，乃循着由己及亲，由亲及人、由人及物这样一种成己成物的途径来达成"仁民爱物"的超越境界。在儒家的伦理体系中，"亲亲"实构成为人的自爱与普遍人类之爱的中介或桥梁。《大戴礼记·曾子本孝》篇说："险涂隘巷不求先焉，以爱其身，以不敢忘其亲也。"《孝经·开宗明义章》也说："身体发肤，受之父母，不敢毁伤，孝之始也。"人皆自爱或"爱其身"，但这个自爱本身即包涵着一种超出自身而指向于他者的超越性意义。孝子"爱其身"，不会随便拿自己的生命去冒险。为什么？人的生命原出自父母及其族类，人对自己生命的珍视，同时即包涵着对作为自身生命本原的父母及其先祖的敬重。因此，"亲亲"乃被看作人类超越其自爱而达于普遍性人类之爱的一个开端。

《礼记·哀公问》引孔子的话说："古之为政，爱人为大。不能爱人，不能有其身。不能有其身，不能安土。不能安土，不能乐天。不能乐天，不能成其身。"又记孔子答哀公问"何谓成身"说："仁人不过乎物，孝子不过乎物。是故仁人之事亲也如事天，事天如事亲，是故孝子成身。"《孟子·离娄上》也说："不失其身而能事其亲者，吾闻之矣；失其身而能事其亲者，吾未之闻也。孰不为事？事亲，事之本也。孰不为守？守身，守之本也。"这几条材料，准确地表达了儒家对人的自我实现、孝亲与普遍性人类之爱之间内在统一性的理解。这个“成身”的“身”，不能仅仅理解为当代哲学家所谓的“身体性”。“成身”犹今所谓自我的实现。对这个自我的实现，儒家有其独特的理解。在儒家看来，人的自我的实现（“成身”、“成其身”），是整个社会伦理体系的基础。但是，个体的自我，并非如今人所理解的那种原子式的个体或抽象的私己性。“不过乎物”，就是应事接物，皆能“时措之宜”而与物无不通。“成身”，必经由由己及人、及亲以至于仁民爱物、天人相通的境界，才能最终得到实现。在儒家道德学说体系中，孝的观念和亲亲的情感，具有一种联结个体与普遍、自爱与爱人爱物的中介性功能，它既使儒家的仁爱原则获得了一种差异互通的精神，同时，又能够落实于人的个体实存和情感生活，从而具有一种现实的可能性和切合于世道人心的真实性。

过去我们批评儒家的人性论是抽象的人性论，其实并非如此。儒家所理解的人，是具体的有血有肉的存在。建立在此基础上的伦理原则，才能够合乎世道人心，具有真实性和现实的意义。

按照孔子的说法，孝子必“事亲如事天，事天如事亲”，做到“爱人”、“安土”、“乐天”，乃能“成其身”。这便涉及孝与仁关系的第二个方面。

孝的概念内涵，首先是相对于父母家族而言的，因而亦有它自身的局限性。如果不通过一种推扩地途径和工夫历程拓展其意义，这“孝”德就会具有某种排他性，在实行上也会产生问题。孔子的后学注重孝道，甚至把“孝”的概念加以泛化，如曾子说：“居处不庄，非孝也；事君不忠，非孝也；莅官不敬，非孝也；朋友不信，非孝也；战陈无勇，非孝也。”“孝”似乎可以统括忠、敬、信、勇等德目。但其实，由于“孝”德本身在对象上的局限性，它在现实性上常常与其他德性有不能协调之处。如我们常说“忠孝不能两全”，就表明了这一点。

儒家处理这一问题，有两点值得注意。一是就德行工夫上讲，强调必须经过忠恕的途径推扩以达于“仁”，以此为根据，孝德的本有价值才能得以实现。《孟子·梁惠王上》说：“老吾老以及人之老，幼吾幼以及人之幼，天下可运于掌。《诗》云：‘刑于寡妻，至于兄弟，以御于家邦。’言举斯心加诸彼而已。故推恩足以保四海，不推恩无以保妻子，古之人所以大过人者，无他焉，善推其所为而已矣。”以爱敬自己父母之心，推及于爱敬他人之父母；以慈爱己子之心，推及于慈爱他人之子，由此“推恩”至于家国天下，此即忠恕之道。这里特别强调“推恩”，“故推恩足以保四海，不推恩无以保妻子”。这里的“恩”，指人的亲亲之情。人固有亲亲之情，这当然已是具有某种超越人的当身性意义的“爱”。但这爱的对象，是父母子女，同时又有局限性。如不能“善推其所为”，则这亲亲之情就会限于一种偏蔽，而成为一种排他的偏私之爱，则亲亲由此亦失其所本有的“孝”、“慈”的意义。以推恩的方式解除这种爱的偏蔽，乃能成就一种普遍性的博爱，由此奠基，吾人的亲亲之爱，才能成就和实现其为“孝”（也包含“慈”）德的应有价值。

二是就现实性来讲，儒家特别强调内与外的区分。《礼记·丧服四制》说：“门内之治恩揜义，门外之治义断恩。资于事父以事君而敬同。贵贵尊尊，义之大者也。故为君亦斩衰三年，以义制者也。……资于事父以事母而爱同。”所谓“门内之治”，指对家族事务的处理；“门外之治”，指对社会事务的处理。“门内之治恩揜义，门外之治义断恩”，是讲处理家族事务与社会公共事务，其治法和原则应有所不同。

这里是分两层来讲内与外的关系。第一层是讲事父和事君，家族伦理和社会伦理之间的连续性和统一性。“资于事父以事君而敬同”，“资于事父以事母而爱同”，《孝经·士章》作：“资于事父以事母，而爱同；资于事父以事君，而敬同。故母取其爱，而君取其敬，兼之者父也。”二者所说，意思大体相同，不过《孝经》讲得更清楚。孝子之事父母，皆有爱与敬两方面的情感。但对父，偏重于“敬”；对母，则偏重在“爱”。“资”者取义。社会生活的原则，要在“尊尊”之义，对待上级，有取于事父之“敬”；家族生活的原则，要在“亲亲”之恩，侍奉母亲，则有取于事父之“爱”。父实兼具尊尊之义与亲亲之恩二者于一身，从中可以看到家族伦理与社会伦理的内在关联性，这是一层意思。第二层是讲，治理家族与治理社会所使用的方法和原则要有区别。处理家族内部事务，也包含“义”或责任义务原则，但其显性的或主导性的原则是“恩”或亲亲，所以说是“恩揜义”；处理社会性公共事务的方法和原则，当然也不能没有“恩”或感情的因素，但其主导性的原则应是“义”或责任义务，这就叫作“门外之治义断恩”。这种对“内”、“外”或公私两个领域关系的理解和处理，合情合理，充分显示了儒家高超的哲学和政治智慧。有人批评儒家公德和私德、公领域和私领域不分，这个说法是对儒家的一种曲解。

从这两个方面来看，孝与仁两个概念有着内在的关联性。现代中国社会逐渐由传统的熟人社会转变为生人社会，社会公私领域的边界亦变得愈益清晰。在这种生存境遇下，一方面，我们特别需要在伦理道德领域中理解和重建儒家的道德精神；同时，亦要注意克服后儒把“孝”作泛化理解的倾向，更好地开发和发扬儒家“门外之治义断恩”这一方面的哲学智慧，着力于社会公共秩序的建构。这两方面的结合，对中国当代价值体系的重建，是有重要意义的。

《大学》本义新探*

任蜜林

《大学》本为《礼记》中的一篇。当时其被编入《礼记》之中，与其他各篇相比，并无特别之处，以致湮没了数百年之久而未能引起人们注意。自唐代韩愈表彰以来，《大学》才逐渐受到重视。尤其经过程朱的推崇，其渐渐由《礼记》中的一篇而与《论语》、《孟子》、《中庸》并为“四书”，成了宋明以后与“五经”并列的重要经典之一，从而对宋明以来的思想界产生了重要的影响。可以说，宋明以来的思想发展在很大程度上就是以对《大学》的诠释为中心的。在这个过程中，朱子和王阳明对《大学》的看法影响尤大。理学和心学的争论可以说主要是围绕着《大学》展开的，其中涉及的主要有亲民与新民、对于格物的解释以及新本与古本等问题。这些问题虽然是《大学》本身带来的问题，但争论背后的分歧还在于理学、心学的不同理论体系所致。我们在这里不打算参与到《大学》的诸多争论之中，而是试图从《大学》文本本身来对其本义作一探讨。不过有一点需要说明，即虽然我们不同意朱子对于《大学》的看法，但为了方便讨论，我们还是采用了朱子的经传之分、“三纲领”、“八条目”等说法。

一、格物致知与“三纲领”

在《大学》的诸多问题中，对于“格物”的争论无疑是其核心问题之一。刘宗周曾说：“格物之说，古今聚讼有七十二家。”[1] 加之后来的解释，差不多有

---

* 原载《哲学研究》2011 年第 8 期，收入本书时有修改。

[1] 刘宗周：《大学杂言》，《刘宗周全集》第 1 册，浙江古籍出版社 1997 年版，第 657 页。

近百种。真可谓众说纷纭，莫衷一是。但其中影响较大的不外郑玄、朱子、王阳明诸人。郑玄《礼记注》说："格，来也。物，犹事也。其知于善深则来善物，其知于恶深则来恶物，言事缘人所好来也。"朱子训"格"为"至"，认为格物就是"穷至事物之理"。王阳明则训"格"为"正"，认为格物即是"正其不正，以归于正之谓也"。这些解释虽然都有一定道理，但皆于《大学》本文中找不到根据。因此，这些解释皆非"格物"之正解。

郑玄以"来"训"格"，把"格物"解释为"来物"，认为物之善恶缘于人之所好。这种解释可能受到《易传・系辞上》"无有远近幽深，遂知来物"思想的影响，与《大学》本义显然不符。按照朱子的经、传之分,《大学》对于"诚意"、"正心"、"修身"等条目皆有传文，独于"格物"、"致知"没有解释。在他看来，"格物致知"传文已经亡佚，因此据小程之意补了一段"格物致知"传。切不说《大学》是否缺少"格物致知"传，但朱子按照"即物穷理"的思想来补释"格物致知"，显然与《大学》本文不合。因为整篇《大学》中既没提到"即物"，也没提到"穷理"。王阳明训"格"为"正"，则以"正心"释"格物"，同样不合《大学》文意。

可以看出，对于"格物"之所以言人人殊，其关键就在于《大学》的上下文中对其没有明确的解释。因此，历来学者对其费尽心思，绞尽脑汁，不断地提出新解。但结果却是解释越来越多，本义反越来越晦。

近代以来，不少学者开始从《礼记》中寻求"格物"的解释。《大学》既然是《礼记》中的一篇，"格物"在《大学》中未有解释，那么能否从《礼记》其他篇中找到答案呢？章太炎、刘师培、钱穆等人皆出于此种思路。章太炎说："余读《乐记》'人生而静，天之性也，感于物而动，性之欲也。物至知知，然后好恶形焉。'云物至知知者，所谓致知在格物，物格而后知至也。格者，来也。致者，送诣也。物来而知诣之，外有所触，内有所受，此之谓致知在格物。"[1]刘师培说："物至自知亦致知在格物之确诂。至即来也。"[2]钱穆亦云,《乐记》"明明提出了心与物，及物与知之问题。物至知知四字，尤

[1] 章太炎：《致知格物正义》,《章太炎全集》(五)，上海人民出版社1985年版，第62页。
[2] 刘师培：《格物解》,《刘申叔遗书》，江苏古籍出版社1997年版，第1212页。

与《大学》物格知至四字可以互相发明。人心之知，即是知此外来之物”[1]。应该来说，从《礼记》中寻找“格物”的解释，无疑在文献上比前人进了一步。但《礼记》本身即是一部论文合集，其非但出于一人之手，且非成于一时。就《乐记》来说，一般认为其出于公孙尼子之手。[2] 而《大学》作者虽然不明，但其决非公孙尼子所作是可以肯定的。我们知道，《乐记》中的核心思想是关于礼、乐的理论，但这一点在整篇《大学》中丝毫没有反映。退一步讲，《乐记》即使非公孙尼子所作，从思想内容上来比较，我们也能得出相同的结论。因此，用《乐记》思想来解释“格物”同样不能令人信服。

如此看来，解决“格物”的问题，我们别无所从，还得从《大学》本文来寻找答案，此即所谓“解铃还须系铃人也”。在解决此问题之前，我们首先必须承认《大学》本身是一个完整的本子，并不存在前人所说的阙文、错文等问题。只有在这一前提下，我们才能按照《大学》本身来理解《大学》。

从文本来看，除了“致知在格物”、“物格而后知至”外，《大学》全文中提及“物”的仅有“物有本末，事有终始，知所先后，则近道矣”一处。这样看来，“格物”应该与此有关。而对于此句的理解历来有两种截然不同的看法：一种认为其是总结上文，即总结“大学之道，在明明德，在亲民，在止于至善”到“虑而后能得”两节。朱子是这种看法的代表。另一看法则认为其是开启下文，即开启“古之欲明明德于天下者”以下两节。持此种看法的有明代廖纪、清代惠士奇及近人伍庸伯等人。

从文章结构的解释上，这两种看法虽然只是一个结上与启下的区别，但其却关系到对“物”的解释。如果是结上之语，则“物”就与“明明德”、“亲民”、“止于至善”三纲领有关。如果是启下之语，则“物”就与下面的八条目有关。

我们先从启下的方面来看。按照这种看法，则“物”指下面所说的身、家、国、天下。如廖纪说：“物者，人物也，自吾身以及家、国、天下皆物也。

[1] 钱穆：《大学格物新释》，《中国学术思想史论丛》（二），台湾东大图书有限公司 1977 年版，第 345 页。

[2] 关于《乐记》和公孙尼子的关系，可参看郭沫若《青铜时代》，科学出版社 1957 年版，第 182—199 页。

身为本，家、国、天下为末，故物有本末也。”[1] 不难看出，这种看法与王艮的“淮南格物”说一致。近人徐复观亦持这种观点，其说：“《大学》之所谓物，是指天下、国、家、身而言。”[2] 从下文可以看出，这种看法认为下面所说的“壹是皆以修身为本”、“此谓知本，此谓知之至也”等语是解释“物有本末，事有终始，知所先后”的。如果按照这种解释，既然天下、国、家、身为物，那么格物岂不就等同于修身、齐家、治国、平天下了吗？那么《大学》所说的八条目岂不就成了“壹是皆以格物为本”了吗？那么《大学》所说的格物、致知等先后次序岂不就失去意义了吗？而且“知本”、“知之至”等也只能勉强对应于“知所先后”，而不能对应到“物有本末”上。也就是说，按照这种解释，“格物”就等于“致知”了。

可见“物”不能解释为八条目中的天下、国、家、身。既然“物”不能从八条目寻求解释，那么就只能从三纲领来寻找答案了。我们看看这条道路能不能走通。《大学》开始说：

> 大学之道，在明明德，在亲民，在止于至善。知止而后有定，定而后能静，静而后能安，安而后能虑，虑而后能得。物有本末，事有终始，知所先后，则近道矣。

从前后文脉来看，这里的“知所先后”显然是接着前面“知止而后有定”一节说的，而“近道”也是与“大学之道”相呼应的。如果是启下之语，则没有这么直接和顺畅。这样看来，“知所先后”的“知”也就是“知止而后有定”的“知”，那么也就应该是“致知”的“知”。而“知止”的“止”也就应是“止于至善”的“止”。因此，“致知”实际上就是三纲领中的“止于至善”。既然“致知”与“止于至善”有关，那么“格物”也就应该与“明明德”、“亲民”有关。其实朱子已经注意到了这一点，所以他把“物有本末”解释为“明德为本，新民为末”。既然“物”即是“明德”、“新民”，那么朱子为什么不用

[1] 廖纪：《大学管窥》，《四库全书存目丛书》经第156册，齐鲁书社1997年版，第587页。
[2] 徐复观：《中国人性论史》，华东师范大学出版社2005年版，第176页。

“明明德”、“新民”来解释“格物”而反要补一段“格物致知”传呢？这样一补，岂不与其对“物有本末”的解释不相一致？

“明明德”与“亲民”虽然为二，但实际上只是一个纲领，即“明明德”。“亲（新）民”只不过是“明明德”的结果而已。那么把“格物”解释成“明明德”，下面所说的“古之欲明明德于天下”岂不是与“致知在格物”相矛盾了吗？表面看来，二者似乎有些不通。但实际看来并非如此。因为“致知在格物”是就个人来讲的，而“明明德于天下”则是就整体来讲的。其含义是欲使天下“明明德”，必先自己“明明德”。

把“格物”解释成“明明德”，还有一个好处，就是其能把下面的八条目贯通起来。朱子曾把“格物”解释成“即物穷理”，其最大的弊病就是王阳明所批评的，“纵格得草木来，如何反来诚得自家意？”（《传习录下》）也就是说，“格物”、“致知”、“正心”、“诚意”四条目皆应是指“修身”而言，如果把“物”解释成外物或者天下、国、家，则与“修身”又有何关系。但阳明把“格物”解释成“正心”，实际上取消了“格物”、“致知”的作用，同样有其不当之处。如果把“格物”解释成“明明德”，则不会出现上面所说的不当之处。而且能够与下面的条目相贯通，即“格物”（“明明德”）、“致知”（“止于至善”）都是讲“修身”的。

正因为“格物”、“致知”即是“明明德”、“亲民”、“止于至善”三纲领，所以下文不说“欲致其知者，先格其物”而说“致知在格物”。盖三纲领密不可分，因此此处言“在”而不“先”。

二、诚意与“三纲领”

从《大学》文本中可以看出，朱子《大学章句》中解释“三纲领”的传文都是从“诚意”章分出的。也就是说，在《大学》文本中，“三纲领”是包含在“诚意”章之中的。那么是否意味着“三纲领”与“诚意”章有着密切的关系呢？解决这个问题，我们必须看看解释“三纲领”的传文是否切合于“诚意”章。也就是说，从上下文关系来看，“三纲领”的传文是否误混入“诚意”章，是否应该从中独立出去。

我们下面来看《大学》对于“诚意”的论述：

所谓诚其意者，毋自欺也，如恶恶臭，如好好色，此之谓自谦，故君子必慎其独也。小人闲居为不善，无所不至，见君子而后厌然，揜其不善，而著其善。人之视己，如见其肺肝然，则何益矣！此谓诚于中，形于外，故君子必慎其独也。曾子曰：“十目所视，十手所指，其严乎！”富润屋，德润身，心广体胖，故君子必诚其意。《诗》云：“瞻彼淇澳，菉竹猗猗。有斐君子，如切如磋，如琢如磨。瑟兮僩兮，赫兮喧兮。有斐君子，终不可喧兮。”“如切如磋”者，道学也；“如琢如磨”者，自修也；“瑟兮僩兮”者，恂栗也；“赫兮喧兮”者，威仪也；“有斐君子，终不可喧兮”者，道盛德至善，民之不能忘也。《诗》云：“於戏！前王不忘！”君子贤其贤而亲其亲，小人乐其乐而利其利，此以没世不忘也。《康诰》曰：“克明德。”《大甲》曰：“顾諟天之明命。”《帝典》曰：“克明峻德。”皆自明也。汤之《盘铭》曰：“苟日新，日日新，又日新。”《康诰》曰：“作新民。”《诗》曰：“周虽旧邦，其命惟新。”是故君子无所不用其极。《诗》云：“邦畿千里，惟民所止。”《诗》云：“缗蛮黄鸟，止于丘隅。”子曰：“于止，知其所止，可以人而不如鸟乎？”《诗》云：“穆穆文王，於缉熙敬止。”为人君，止于仁；为人臣，止于敬；为人子，止于孝；为人父，止于慈；与国人交，止于信。子曰：“听讼，吾犹人也，必也使无讼乎！”无情者不得尽其辞，大畏民志。此谓知本。

作者在论述完八条目后，没有直接对“格物致知”进行解释，而首先论述“诚其意”，这是《大学》作者的有意安排，还是像朱子说的“格物致知”传已经失传了。从其说“诚其意”而不说“所谓诚其意在致其知”或者“所谓正其心在诚其意”来看，《大学》作者在论述“诚意”的时候，有意要把其与“正心”、“修身”等条目分别开来。由此，我们可以知道，直接从“诚意”开始，并非文章有所阙佚，而是作者的有意安排。

在《大学》看来，“诚意”就是不要自己欺骗自己，也就是下面说的“慎独”。接着其还以君子和小人为例来说明这个问题。君子之善是“诚于中”而

“形于外”，而小人之善则是以善“揜其不善”。这里“诚于中”也就是“诚其意”。“意”虽然有善有不善，但“诚其意”一定是善的。那么如何证明这一说法呢？《大学》下面分别引用《诗》、《书》来说明这一思想。引用《诗》“瞻彼淇澳”一节意在说明“诚意”，下面说的“道盛德至善”是与上面“揜其不善而著其善”相对应的。而下面引用“于戏前王不忘”一诗则旨在进一步解释“道盛德至善，民之不能忘也”。而其说的“君子”、“小人”也正好与上面所说的“君子”、“小人”相呼应。下面所说的“三纲领”传文不过是对《淇澳》一诗的进一步解释。“皆自明也”是对“自修也”的解释。“作新民”、“是故君子无所不用其极”等则是对“道盛德至善，民之不能忘也”的发挥。下面“惟民所止”等也是相对“道盛德至善”而言的。孔子所说的“听讼”则是与“子曰：于止知其所止”相呼应的。所谓“知本”，也就是“知止于至善”。具体来说，就是“为人君，止于仁；为人臣，止于敬；为人子，止于孝；为人父，止于慈；与国人交，止于信。”只有每个人皆知其所止，那么整个社会才可以达到“无讼”的状态。

通过上面的分析，我们可以看出，“诚意”章中的文字可以前后贯通起来。也就是说，“三纲领”的传文不应该独立出去。否则，解释“三纲领”的传文一开始就引用《诗》、《书》，似乎显得突兀，也与其他传文体例不相符合。而把它们放在“诚意”章则没有这些问题。这说明“三纲领”本来就是相对于“诚意”讲的。其实这一点前人已经看到了，如孔颖达在《礼记正义》中说：“‘所谓诚其意者’，自此以下，至‘此谓知本’，广明诚意之事。”郭嵩焘也认为此章“由诚中形外而推言明德、新民之止于至善，以见诚意之贯乎圣功之全末。复引圣人之言以申足前意，言明德之至者自足以新民，皆其诚之不可揜者也。”[1]

“三纲领”与“诚意”的关系既已阐明，那么“格物致知”与“诚意”又是什么关系呢？

我们知道，按照朱子对于《大学》的经、传之分，《大学》中没有与“格物致知”经文相对应的传文。朱子以为其亡佚了，因此补写了一段“格物致

[1] 郭嵩焘：《大学章句质疑》，《续修四库全书》第159册，上海古籍出版社2000年版，第249页。

知”传。后来不少学者指出，“格物致知”传并未亡佚，而在《大学》中能够找到传文。如有人认为“自天子以至于庶人”至“此谓知之至也”是“格物致知”的传文。有人则认为“子曰：听讼，吾犹人也”至“此谓知本”是“格物致知”的传文。这些探讨无疑都是值得我们肯定的，因为他们都承认《大学》是一篇完整的文章，不存在朱子所说的阙文、错文等问题。但这些看法是否恰当还值得讨论。用“自天子以至于庶人”来作“格物致知”的传文，从上下文来看并不妥当。因为这句显然应该是总结“古之欲明明德于天下者”以下两节的。而我们上面分析过“子曰：听讼”一节是说明“止于至善”的，因此，其同样不能作为“格物致知”的传文。我们前面说过，“格物致知”即是“三纲领”。既然现存的“三纲领”传文存在于“诚意”章中，那么“格物致知”的传文是否也能在“诚意”章找到答案呢？窃以为除了“三纲领”传文与“格物致知”的关系外，文中所引的《淇澳》一诗，也是说明“格物致知”的。其所说的“‘如切如磋’者，道学也；‘如琢如磨’者，自修也”即是对“格物”的解释。而“道盛德至善，民之不能忘也”则是对“致知”的解释。

这样看来，“格物致知”和“三纲领”都是对于“诚意”来讲的。只有这样，“格物致知”才能与后面的“正心”、“修身”贯通起来，从而不会出现王阳明所说的“纵格得草木来，如何反来诚得自家意”的弊病。

三、修身与家、国、天下

《大学》认为，在格物、致知、诚意、正心、修身、齐家、治国、平天下八条目中，修身居于核心的地位。格物、致知、诚意、正心皆是修身的工夫，而齐家、治国、平天下也要以修身为基础。因此，其说：“自天子以至于庶人，壹是皆以修身为本。”

那么如何“修身”呢？在《大学》看来，修身的工夫有四个方面，即格物、致知、诚意、正心。我们在前两节中已经对格物、致知、诚意作了分析，现在来看“正心”的含义：

> 所谓修身在正其心者：身有所忿懥，则不得其正；有所恐惧，则不

得其正；有所好乐，则不得其正；有所忧患，则不得其正。心不在焉，视而不见，听而不闻，食而不知其味。此之谓修身在正其心。

“身有所忿懥”的“身”，程子以为当作“心”，后人多从其说。然从上下文来看，“身”似不必改。郭嵩焘说：“程子云‘身’当作‘心’，不知心正必无妄感，即身验心而功愈密矣。”[1] 郭氏以为，“心”无妄感，此四者皆即身以验心也。“忿懥、恐惧、好乐、忧患四者，皆感于外而心应之，所感者身也。身有所感而心必觉焉。”[2] 窃以为“身”是与前面的“修身”相对应的。此句的意思应是“身有所忿懥，则心不得其正”，下三句仿此。忿懥、恐惧、好乐、忧患等都是身体接触外面的物或事才产生的感情。如果身体不与外界接触，则“心”如何能产生出这些感情。这也就是孟子所说的“大体”与“小体”区别。在孟子看来，耳目之官为“小体”，“小体”容易受到外物的作用。而“心之官”则为“大体”，“心”有思的功能，因此是“思则得之，不思则不得”(《告子上》)。但这并不代表“大体”不受“小体”的影响。只有在“先立乎其大”的情况下，其小者才能“弗能夺”。否则，如果先立其小，则其大者就要被其小者蔽溺了。他说：“富岁子弟多赖，凶岁子弟多暴，非天之降才尔殊也，其所以陷溺其心者然也。”(《告子上》)此即说明外界对心的影响。“心不在焉”即相当于孟子所说的“从其小体”，“视而不见，听而不闻”也就是孟子所说的“耳目之官不思而蔽于物”。因此，只有在“先立其大”的情况下才能修身，此即上面所说的“修身在正其心”。

“修身”工夫既明，那么齐家、治国、平天下与修身又是什么关系呢？《大学》说：“古之欲明明德于天下者，先治其国；欲治其国者，先齐其家；欲齐其家者，先修其身。”又说：“身修而后家齐，家齐而后国治，国治而后天下平。”在《大学》看来，只有自身修养好了，才能进一步把家、国、天下管理好，这种理论显然基于古代的封建宗法制度，也是儒家一贯的主张。《尚书·尧典》曰：

---

[1] 郭嵩焘：《大学章句质疑》，第 249 页。
[2] 郭嵩焘：《大学章句质疑》，第 249 页。

曰若稽古帝尧，曰放勋，钦明文思安安，允恭克让，光被四表，格于上下。克明俊德，以亲九族。九族既睦，平章百姓。百姓昭明，协和万邦。黎民於变时雍。

这是说，帝尧品德高尚，泽及天下。其之所以能够使天下万邦和谐相处、百姓和睦，关键在于他自己高尚的品德。这里的次序也是由己（“克明俊德”）而家（“以亲九族”）而国（“平章百姓”），最后达及天下（“协和万邦”）。

孔子也有类似的思想，《论语·宪问》曰：

子路问君子。子曰：“修己以敬。”曰：“如斯而已乎？”曰：“修己以安人。”曰：“如斯而已乎？”曰：“修己以安百姓。修己以安百姓，尧舜其犹病诸？”

子路问孔子何为君子，孔子以“修己以敬”答之。子路又说仅仅如此吗，孔子说修养自己以让周围的人都安乐即可以为君子。子路又说仅仅这样就可以了吗？孔子说，修养自己，使天下百姓都安乐。不过这种状态连尧舜也很难达到。从中可以看出，孔子也认为治理天下首先要把自己的品德修养好。《论语·为政》还说：“或谓孔子曰：‘子奚不为政？’子曰：‘《书》云：“孝乎惟孝，友于兄弟，施于有政。”是亦为政，奚其为为政？’”在孔子看来，把孝顺父母、友爱兄弟这种品德推广到政事上就是治理国家。这也是一种由家而国的治理方式。

这种思想后来被孟子所继承，《孟子·离娄上》说：

孟子曰：“爱人不亲反其仁，治人不治反其智，礼人不答反其敬。行有不得者，皆反求诸己，其身正，而天下归之。《诗》云：‘永言配命，自求多福。’”

孟子曰：“人有恒言，皆曰，‘天下国家’。天下之本在国，国之本在家，家之本在身。”

孟子曰：“为政不难，不得罪于巨室。巨室之所慕，一国慕之；一国之所慕，天下慕之；故沛然德教溢乎四海。”

孟子也认为，爱人、治人等达不到，不要从外面找原因，而要返回自己的内心。只有自己修养好了，那么天下人都会归心于自己。治理天下的最终根本在于自己，因此他说："天下之本在国，国之本在家，家之本在身。"从前面"人有恒言"来看，孟子似乎受到《大学》思想的影响。

现在我们再来看《大学》对于齐家、治国、平天下的论述。对于"齐家"与"修身"的关系，《大学》是很明确的，如其说：其论述"齐家"曰："齐其家在修其身"、"身不修不可以齐其家"。对于"治国"，《大学》说：

> 所谓治国必先齐其家者：其家不可教而能教人者，无之。故君子不出家而成教于国。孝者，所以事君也；弟者，所以事长也；慈者，所以使众也。

这里认为，只有自己家庭管理好了，才能教育别人。然后能够对于治理国家起到良好的示范作用。这里"孝"、"弟"、"慈"等德目都是指家庭范围内的关系。只有这些品德修养好了，才能"事君"、"事长"和"使众"。"事君"指与君主的关系，"事长"指与上级的关系，"使众"则指与下面百姓之间的关系。这些都是治理国家方面的内容。因此，其又说："尧、舜率天下以仁，而民从之；桀、纣率天下以暴，而民从之。其所令反其所好，而民不从。是故君子有诸己而后求诸人，无诸己而后非诸人。所藏乎身不恕，而能喻诸人者，未之有也。故治国在齐其家。"

对于"平天下"，《大学》说：

> 所谓平天下在治其国者：上老老而民兴孝，上长长而民兴弟，上恤孤而民不倍，是以君子有絜矩之道也。所恶于上，毋以使下；所恶于下，毋以事上；所恶于前，毋以先后；所恶于后，毋以从前；所恶于右，毋以交于左；所恶于左，毋以交于右。此之谓絜矩之道。

这里提出君主治理国家之道，即"上老老而民兴孝，上长长而民兴弟，上恤孤而民不倍"。然后在此基础上，《大学》又提出"絜矩之道"的思想。所谓

"絜矩之道"，实际上就是孔子所说的"己所不欲，勿施于人"，即要处在他人的立场上考虑问题，只有这样才能得到民众的拥护和信任。因此，《大学》在此节中一再强调分别本末、善不善、仁不仁、义利等的重要性。何谓本？何谓末？德为本，财为末。得其本则得民，失其本则失民，因此，君子必须"慎乎德"。这里的"德"实际上就是三纲领中的"明明德"。下面说的"道善则得之，不善则失之矣"，则是三纲领中的"止于至善"。

从上面的分析来看，修身、齐家、治国、平天下是儒家政治思想的一贯主张。虽然这种主张在现实实现过程中并非完全一致，但这反映了儒家治理国家的一套理想。同时，我们也不能认为只要修身就可以齐家、只要齐家就可以治国、只要治国就可以平天下了。正如徐复观所说："由修身以至平天下，更是一种发展的关系，更系在每一条目中增加了新的因素；这在原书中陈述的很明白；万不可以为修身即等于齐家，齐家即等于治国平天下。"[1]

从上面的分析来看，《大学》本身的文义结构是很完整的，并不存在前人所说的阙文、错文等问题。同时，《大学》也不存在程朱所说的经传之分。既然没有经传之分，那么由经传之分而引起的一系列问题也就并非《大学》本身存在的问题而是《大学》"新本"的问题了。虽然本文的目的是为了探讨《大学》的本义，但是我们并不能据此来否定朱子《大学》"新本"的意义。相反，我们还应该更加肯定"新本"的意义。正是由于朱子"新本"所带来的一系列问题，才影响了宋明以来的中国思想史的演变和发展。朱子"新本"的提出，不但奠定了理学的思想体系，而且促使了王学以及其他学派的兴起。甚至西方科学的传入也与此有着莫大的关系。可以说，朱子"新本"改变了《大学》的命运，使《大学》获得了新生。因此，对于中国思想发生重大作用的并非之前存在的《大学》"旧本"，而是经过朱子演绎的《大学》"新本"。

---

[1] 徐复观：《中国人性论史》，第171页。

颜之推“礼缘人情”说对礼法的革新

李勇强

颜之推为颜回之后，其九世祖颜含是颜回第二十七世孙。《颜氏家训·诫兵》说：“仲尼门徒，升堂者七十有二，颜氏居八人焉。”颜氏家族是传承孔子诗礼传家思想的一支重要力量。颜之推对于礼的基本态度，在《勉学》中是这么说的：“礼为教本，敬者身基。”颜之推将礼看作风教的根本，将敬视为立身根基。礼的政治教化功能为颜之推所重视，而将个人的立身根基归之于恭敬。《风操》也说：“吾观《礼经》，圣人之教。”颜之推这里也是从圣人教化万民的视角来认识礼的。

颜之推以政治教化的视角推崇礼，有着鲜明的时代特色与现实意义。颜之推在《风操》中提出“礼缘人情，恩由义断”的命题，则顺应时代，其中蕴含了丰富的礼法革新思想。

一、颜之推革新礼学的时代背景

儒家传统中以礼制情的情礼观，随着魏晋玄学的兴起，遭遇了前所未有的挑战。干宝《晋纪总论》说：“学者以庄、老为宗而黜六经，谈者以虚薄为辩而贱名检。”玄学名士崇尚老庄，而老庄一向以排摈儒家礼教为己任，《老子》中说：“夫礼者，忠信之薄，而乱之首。”老子认为礼是“道”不断后退的结果，是为乱祸首。庄子也说：“礼者，道之华而乱之首也。”在老庄眼里，儒家之礼，为虚饰之华，是致乱之源。玄学名士既然以老庄为宗，自然要拣起老庄对礼教的批判，并以“放达”而付诸行动。

王弼以“圣人有情”说颠覆了何晏的“圣人无情”说，“以为圣人茂于人者神明也，同于人者五情也，神明茂故能体冲和以通无，五情同故不能无哀乐以应物”。

“圣人有情”说的提出，王弼实际上提高了“情”的价值，向秀对此更有发展，其《难嵇叔夜养生论》认为：“有生则有情，称情则自然得。”玄学提倡自然，向秀以为“称情”为导向“自然”的路径之一，进一步肯定了人情的地位。

郭象的“俗内”“方外”说，也是“称情”的哲学依据之一。郭象注《大宗师》：“夫知礼意者必游外以经内，守母以存子，称情而直往也。”郭象认为，礼在俗内，情在方外，玄学名士游于方外，自然无须顾忌虚伪的礼义，只需“称情而直往”，郭象以此为纵情提供了理论基石。郭象的“称情直往”说，恰恰是荀子思想的反动。荀子说：“礼者，人道之极也。然而不法礼，不足礼，谓之无方之民；法礼，足礼，谓之有方之士。”郭象不在意成为荀子所说的有方之士，而是直接跳出荀子的框架。方外之士，实际上就是荀子的“无方之民”，而郭象反而因定位玄谈家于方外而赋予他们称情的自由。

在这种背景下，清谈名士和任诞名士大多都重“情”而轻“礼”。《晋书·阮咸传》说阮咸母丧“纵情越礼”，对于礼的背弃，对于情的放纵，阮咸的“纵情越礼”不再是个案，而是一时蔚为风气。如阮籍因嫂子回娘家而与嫂子相见作别，时人因其不避叔嫂之嫌而讥刺他。阮籍回应说：“礼岂为我辈设耶！”王衍丧幼子，山简去看望他，见他悲不自胜，就安慰他说：孩子在襁褓中就离开了，感情还没那么深，不要这么伤心。王衍的回答是：“圣人忘情，最下不及于情。情之所钟，正在我辈。”

阮籍与王衍，一个公开违礼，一个钟情纵情，儒家的以礼制情在他们身上一反而为越礼纵情，情礼冲突以激烈的形式公开表现出来。故裴頠批评说：“历观近世，不能慕远，溺于近情。”

到了东晋南朝，玄学南渡，玄学思辨成为强弩之末，但纵情越礼却有过之而无不及。如纵酒，时人号为江东步兵的张翰说：“使我有身后名，不如即时一杯酒！”如荒淫，刘孝标注引邓粲《晋纪》，载王导与周顗等朝廷官员去尚书纪瞻家看乐伎表演，“瞻有爱妾，能为新声。顗于众中欲通其妾，露其丑秽，颜无怍色”。葛洪批评玄谈名士“或乱项科头，或裸袒蹲夷，或濯脚于稠众，或溲便于人前，或停客而独食，或行酒而止所亲，此盖左衽之所为，非诸夏之快事也”。干宝《晋纪总论》也抨击了时人“任情而动”的纵情行为。

情礼冲突作为名教危机在现实生活中的表现，崇尚自由，张扬人性，顺应人情甚至放纵人情，由此引发了士风堕落的现实问题，对统治者的风教带来了挑战。如何调和情礼冲突，成为一项不得不面对的难题。

为此，两晋南北朝时期开始了称之为“新礼”的改革，核心是实行新的五礼制度。《晋书·礼志》载晋文帝命荀觊撰新礼，即《五礼》，包括吉、凶、军、宾、嘉五礼。军礼独立为一礼，和汉末以来诸侯征战的现实相关。相见礼升格为宾礼，也是现实需要使然，三国鼎立、五胡十六国、南北朝对峙，走马灯似的政权更迭与政权对峙，需要规范使节往来、两国相交的宾礼以作应对。曹氏逼刘家天子禅位所肇始的魏晋南朝宿命般的禅位事件，其背后的现实是旧有君臣关系的破坏，而对君权的威胁越大，维护君权的礼制就越成为迫切需要，这也是两晋南北朝不断改革礼制的重要原因。在刘宋时期，颜之推的颜氏先祖颜延之，就参与到新郊礼的建设中，南郊乐舞歌词的创作，就有颜延之的贡献，史载“宋文帝使颜延之造《郊天夕牲》、《迎送神》、《飨神歌》诗三篇”。

南齐武帝于永明二年（484），诏令王俭制定新礼，“撰治五礼，吉、凶、宾、军、嘉也”。五礼制度到梁代趋于成熟，“天监初，则何佟之、贺玚、严植之、明山宾等覆述制旨，并撰吉、凶、军、宾、嘉五礼，凡一千余卷，高祖称制断疑”。梁武帝时的五礼制度改进，以明山宾掌吉礼、严植之掌凶礼、贺蒨掌宾礼、陆琏掌军礼、司马褧掌嘉礼，何佟之总参其事。其成果包括《嘉礼仪注》一百一十六卷、《宾礼仪注》一百三十三卷、《军礼仪注》一百八十九卷、《吉礼仪注》二百二十四卷、《凶礼仪注》五百一十四卷，“大凡一百二十秩，一千一百七十六卷，八千一十九条”。梁武帝亲自参与治五礼，梁元帝五岁“能诵《曲礼》”，可见梁代礼学复兴之一斑。

北魏于孝文帝时实行五礼制度，西魏、北周在实行五礼制度的同时，参照《周礼》中的天、地、春、夏、秋、冬六官进行国家官僚体系的制度建设。东魏高欢说：“江东复有一吴儿老翁萧衍者，专事衣冠礼乐，中原士大夫望之以为正朔所在。”高欢担心的是梁武帝制礼作乐对中原士大夫的心理影响：他们有可能去追随江左所营造的文化正统态势。

五礼制度建设的过程，伴随着魏晋玄学兴起所带来的毁弃礼教的种种放达之行与无君之论，伴随着朝代短祚、禅代频繁的政治现实，这一切对君权带来了巨大的威胁，对社会风气带来了又一次礼崩乐坏的危机。五礼制度的构建，恰恰反映了最高统治集团应对名教危机的种种努力，颜之推“礼为教本”的提出，呼应的就是两晋南北朝政权试图以礼教解决名教危机的政治现实，是一个儒家学者在复兴礼学的进程中积极回应现实的有力呼唤。

吕思勉说：“南北朝儒家，最为后人所推服者，曰勤于《三礼》之学。”吕思勉弟子钱穆总结魏晋南北朝的经学：“若以著作数量作为当时对经学中某一部分重视与否之衡量标准，则此时代之经学最重《礼》，其次《春秋》，《易》居第三位。”

周一良引日本藤川正数氏《魏晋时代丧服之研究》的统计也得出结论，南北朝时期擅长三礼的学者辈出。“《梁书·儒林传》所收二十二人，除专长不明的三人以外，十九人中精于《三礼》的学者十二人。《陈书·儒林传》所收十五人，长于礼学者九人。《北史·儒林传》三十三人中，长于礼学者十七人。《隋书·经籍志》经部著录的书共六百二十七种，而礼这部分占一百三十六种。”

颜之推提及当时的学风时说：“士大夫子弟，数岁已上，莫不被教，多者或至《礼》、《传》，少者不失《诗》、《论》。”说明随着朝廷五礼制度建设的推动，士大夫子弟受教学《礼》者为数不少。颜之推自己就“还习《礼》、《传》”，从小接受礼学教育。

在梁代，史籍中称传主“少好《三礼》”、“尤明《三礼》”、“尤精《三礼》”、“尤长《三礼》”、“通《三礼》”、“善《三礼》”、“受《三礼》”等字眼频繁出现，精通《三礼》的学者明显增加。如总参五礼的何佟之，“少好《三礼》，师心独学，强力专精，手不辍卷，读《礼》论三百篇，略皆上口”。严植之则玄礼双修，“精解《丧服》、《孝经》、《论语》。及长，遍治郑氏《礼》、《周易》、《毛诗》、《左氏春秋》”。贺玚“别诏为皇太子定礼，撰《五经义》。玚悉礼旧事”。贺玚之子贺革为西中郎湘东王谘议参军，“王初于府置学，以革领儒林祭酒，讲《三礼》，荆楚衣冠听者甚众”。司马筠“博通经术，尤明《三礼》……子寿，传父业，明《三礼》”。崔灵恩，“少笃学，从师遍通《五经》，尤精《三礼》、《三传》”。孔佥，师事何胤，“通《五经》，尤明《三礼》、《孝经》、《论语》”。梁武帝以贺蒨掌宾礼，其学生皇侃，“尤明《三礼》、《孝经》、《论语》”，“召入寿光殿讲《礼记义》，高祖善之”。皇侃还撰有《礼记义》。

这些专精《三礼》的学者，有的如何佟之、严植之等人参与官方的五礼制度建设，有的则以授徒讲学的形式弘扬礼学，通过官方和民间两大途径试图复兴礼教。颜之推在这一背景下，提出“礼为教本”的命题，着重于恢复玄风盛行所带来的“风操”问题，也顺应了当时的学风所向。

二、缘情制礼的提出

颜之推在《风操》中提出“礼缘人情，恩由义断”的命题，指出礼是根据人的情感需要而设定的，报答恩情也要根据是否合宜来判断。而人们对于双亲的亡故，往往难以割舍自己的感情，容易触景生情，感慕难抑。颜之推举例说，双亲殁后，儿子、媳妇不忍心进他们的卧室，如李构母刘氏亡后，她所住之处，就一直锁着，李构夫妇不忍开门进去。李构之父李奖是扬州刺史，在镇守寿春时遇害。有一次，李构与王松年、祖珽等人相聚，闲谈之际长于画画的祖珽因身边有纸和笔，就随手画了个人。“顷之，因割鹿尾，戏截画人以示构，而无他意。构怆然动色，便起就马而去。举坐惊骇，莫测其情。”祖珽无意识的举动给李构带来了巨大的心理伤害：异常敏感的李构将割鹿尾、折画像联想到父亲被害的情形。另一例是吴郡陆襄的父亲被斩首，陆襄终身吃素，被刀切过的姜菜都不忍心吃，只吃用手掐断的菜。江宁的姚子笃，因母亲被烧死，终身不忍吃烤肉。豫章熊康因父亲酒醉被杀，终身不再喝酒。颜之推所举之例中的当事人，都是重感情、孝双亲的人，颜之推如何看待他们的举动呢？从颜之推的“亲以噎死，亦当不可绝食也”，可推知，既然亲人噎死不必绝食，那么，上述诸人的种种反应，也不必如此过头。显然，在颜之推眼里，李构、陆襄、姚子笃、熊康都顺任其情，一定程度上也可称之为纵情，礼源于情，而未加节制的情也须礼来节制，其标准就是“义”，义者宜也，要合乎事理。这里，颜之推将情、礼、义三者视为三位一体的关系，礼缘人情，情合乎义，礼与情不再是相互对立的冲突关系，而是由矛盾对立发展为情礼调和，调和的中介便是"义"。纵情，太过；无情，不及。过与不及，皆为非礼。颜之推的"礼缘人情"，是对魏晋以来情礼观的发展。

伴随魏晋玄学而产生的情礼冲突，必然带来调和情礼的客观需要，缘情制礼便是调和情礼冲突的新情礼观。所谓缘情制礼，即根据人们的情感需要制定适宜的礼仪制度，做到情礼一致。

缘情之说，渊源有自。《论语·八佾》："林放问礼之本。子曰：'大哉问！礼，与其奢也，宁俭；丧，与其易也，宁戚。'"孔子在讨论"礼之本"时，强调丧礼之本在于哀戚，而哀戚，恰恰是对亲人的情感。《礼记·三年问》："创钜者其日久，痛甚者其愈迟，三年者，称情而立文，所以为至痛极也。"《礼记》提出三年之丧是顺应人情之痛需要三年来抚平而设定的。郭店楚简《性自命出》明言"礼作于情"，《语丛二》也说"情生于性，礼生于情"。司马迁说："乃知缘人情而制礼，依人性而作仪，其所由来尚矣。"司马迁提出礼义根源于人性与人情，故需要节人情，也须顺人情。如果说节人情（以礼制情）是玄学之前的情礼观侧重点，那么，顺人情则是魏晋玄学情礼观的侧重点。不论执着于节情还是热衷于纵情，都不合中道。故调和情礼矛盾，转向于"缘情制礼"，既赋予情以合适的地位，顺应了玄学名士对情的追求，又避免了纵情越礼的偏颇，使礼法得到维护。

杜佑《通典》，记载了魏晋以来缘情说的诸多言论，反映了当时缘情说在现实中的发展。随着士族社会的发展，士族通过礼来维持门第秩序，而丧服则作为别亲疏的重要礼制手段，从而被加以格外重视。但纯遵照古礼已难以落实，同时对丧服制度的理解，也难以统一。于是，如何实行适合当时社会的丧服制度，成为礼制讨论的重要话题，而缘情说正是在这过程中体现出价值来。

《通典》卷 87"斩缞丧既葬缉缞议"条，记载了晋宋时期对斩缞之服的讨论，魏休宁、魏颢、虞喜、孔汪、徐邈、周续之、庾蔚之等人的意见囊括其中。斩缞三年，是不是意味着三年都要穿着同样的丧服呢？人们的观点不尽相同。虞喜认为："斩缞，因丧之称，非为终三年也。"周续之也认为："卒哭而服齐缞。"庾蔚之谓："昔贺循以为，夫服缘情而制，故情降则服轻。"庾蔚之援引贺循的观点，虞祭之后，哀痛之心有所缓解，于是丧服以细代粗，以齐缞代斩缞。这就意味着，斩缞三年，而丧服并非一成不变，而是依人情而变，情降则服轻。

又如《通典》卷92“嫂叔服”条记载了叔嫂要不要相互服丧的争议。蒋济《万机论》认为：“《礼记》嫂叔无服，误。”何晏、夏侯玄对他发难，认为嫂叔之间授受不亲，是家人之间男女之大防最应注意的，“彼无尊卑之至敬，故交接不可不疏；彼无骨肉之不殊，故交疏而无服”。显然何晏、夏侯玄主张叔嫂无服论。傅玄也持类似的观点：“嫂之与叔，异族之人，本之天属，嫂非姊，叔非弟也。”该条又说：“中领军曹羲申蒋济议，以为：“敌体可服，不必尊卑；缘情制礼，不必同族。”曹羲为蒋济的观点辩护，打出的也是“缘情制礼”的旗号。

再如，就《通典》卷94“为出继母不服议”条载，郑玄与王肃均主张对继母无服，范宣主张出继母无服。“河内从事史糜遗议曰：‘夫礼缘人情而为之制，虽以义督亲，然实以恩断。’”父在，继母有母之尊，有母之恩，故继母丧则当为之服；继母被出后，养育之恩已断，为母之名不再，故无须为之服丧。这是缘情说在继母服丧问题上的体现。

《通典》卷100“丧遇闰月议”条说：“丧中遇闰，礼不可略，周忌之月，不可而移，故缘情以立制，变文而示义也。”这同样是以缘情说来解决礼制的具体细节问题。

又，北魏孝文帝太和十二年，李彪上书陈政事：“《礼》云：臣有大丧，君三年不呼其门。此圣人缘情制礼，以终孝子之情者也。”

在文学界，陆机《文赋》也提出“诗缘情而绮靡”，这是从诗人的角度对情感地位的强化。刘勰《文心雕龙·情采》主张“为情而造文”，“情者文之经”，而《文心雕龙·史传》又说：“任情失正，文其殆哉。”可见，刘勰主张缘情但不任情，取折中态度。

缘情制礼、礼缘人情、缘情立制，说法不一，意思都差不多，均旨在调和情礼冲突，归于情礼合一、情礼合宜。在情礼冲突成为名教危机最为突出的现实问题时，“礼缘人情”成为化解名教危机的重要命题。颜之推作为以儒家为主体思想的学者，在面对魏晋以来儒家礼教遭遇玄学思潮冲击而带来的危机时，提出“礼缘人情，恩由义断”的思考，是他为维护名教所做的积极努力。

事实上，玄学名士也在反思中开始思考玄礼合一的问题，如以放达著称的谢鲲，其子谢尚便提出：“典礼之兴，皆因循情理，开通弘胜。”在南朝，不少学者都是玄礼双修，从空谈自然与名教的合一，转向在实际政治和社会生活中寻找玄礼合流的现实出路。

颜之推“礼缘人情”之说，也是对礼之“隆杀”原则的践履。荀子说礼“以隆杀为要”。即随着时代的需要，礼应有相应的调整变革，或厚，或薄，或突出，或简省。东晋史学家干宝说：“礼有经有变有权。”《宋书·礼志》说：“夫有国有家者，礼仪之用尚矣。然而历代损益，每有不同，非务相改，随时之宜故也。”

礼之隆杀权变，在魏晋南北朝也时有发生。如三年之丧的改革，“汉文帝始革三年丧制”，三年之丧被抛弃了。西晋武帝在父死之后，尊汉魏之典既葬除服，但他依旧“深衣素冠，降席撤膳”，并以此礼终三年。泰始元年（265），晋武帝下诏“诸将吏二千石以下遭三年丧，听归终宁”。太康七年（286），“大鸿胪郑默母丧，既葬，当依旧摄职，固陈不起，于是始制大臣得终丧三年”。由此确立为父母守丧三年的礼制。在丧服上，这一制度实际上是终三年谅暗之制，即“释服心丧”，并不需要披麻戴孝三年。西晋以后至南朝（北朝则从魏孝文帝太和以后），皇帝的丧制基本上都是三年心丧，这是当时丧服制度的一个重大发明。

但在兵荒马乱的魏晋南北朝时期实行三年之丧，同样需要有权变思想，这就是所谓的夺情。如东晋末，刘毅在家守孝，刘裕起兵讨桓玄，刘毅“遂墨绖从事”。当时社会动荡，“时内外多难，在丧者皆不终其哀”。夺情，是不得不采用的权宜之策。早在三国时期，孙权于嘉禾六年春正月的诏书中说，对于三年之丧，“世治道泰，上下无事，君子不夺人情，故三年不逮孝子之门。至于有事，则杀礼以从宜，要绖而处事。故圣人制法，有礼无时则不行。遭丧不奔非古也，盖随时之宜，以义断恩也”。可见，孙权是主张在不得已的情况下是可以夺情的。值得注意的是，颜之推的“恩由义断”，至少孙权就有这一思想了。

可见，礼缘人情、缘情制礼的思想，有着深厚的历史渊源，并在颜之推之后继续发展。如程颢说："礼者因人情者也，人情之所宜则义也。"程颐也说："礼之本，出于民之情，圣人因而道之耳。礼之器，出于民之俗，圣人因而节文之耳。"礼源自民情，圣人顺民情而制礼，义则是礼与情之间最好的中介。这和颜之推的"礼缘人情、恩由义断"有着惊人的相似。

三、礼缘人情的把握

礼缘人情，既有荀子所说礼义"养情"的一面，又有王充所谓"以礼防情"的一面，颜之推主张调和礼情冲突，对于礼、情关系的把握显然尤为重要。颜之推在《风操》重点涉及了这一问题，礼缘人情落实到称谓、避讳、丧礼等日常礼节情境中时，结合当时南北社会的具体风习和人物行为表现，颜之推的主要观点如下：

（一）礼依人情而有权变

人之情，变动不居。情有迁移，由情而生的礼自然当有权变。孔子就谈到礼的损益问题，荀子所说的"隆杀"，也是说礼随时代变化而有相应的损益。《颜氏家训》中记录了诸多细节，显示了礼在南北朝时期的变化，而且对其中的大部分权变之礼，颜之推持肯定态度。这反映了在玄学思潮对名教冲击之下，儒家学者主动对危机中的礼教进行调适的积极尝试。玄学的纵情固然带来越礼的问题，但儒家的"礼"原本就为"情"留下了地盘，此时，在适度原则下肯定情的地位与合法性，可缓释与玄学在礼这一范畴上的激烈冲突，同时克服"以礼制情"这一思维定式带来的对人情的负面评价，符合释放人情的时代风气，从而期求在情礼合一的前提下维护礼教。既然玄学思潮在南朝更多地表现为在行为上的放达与对礼教的破坏性举动，那么，在礼教所涉及的现实生活的层面来探讨通过"礼缘人情"来调和玄儒矛盾，自然是对路的选择。这也说明魏晋以来玄学家提倡的"称情直往"的士风对颜之推带来了不小的影响。在《颜氏家训》中，颜之推从日常礼节上的诸多变化，讨论了礼的权变。

在称谓上，颜之推说："昔侯霸之子孙，称其祖父曰家公；陈思王称其父为家父，母为家母，潘尼称其祖曰家祖：古人之所行，今人之所笑也。"在长辈的称谓前冠以“家”某的习惯，曹植等人所在的时代尚很流行，直到晋人潘尼时尚且如此，而到颜之推生活的时代这么称呼就被视为笑柄，只有乡下人保留这一习惯了。“蔡邕书集，呼其姑姊为家姑家姊；班固书集，亦云家孙：今并不行也。”蔡邕、班固为东汉人，他们对姑、姊及晚辈，也冠以“家”某来称呼，在颜之推的时代也不合时宜了。颜之推肯定了这一变化的合理性，理由是，尊于父者不敢称“家”，子孙地位低，也不得称“家”，已嫁姑姑、姊妹及其后代，已成外族，也不得称“家”。这一称谓变化符合儒家的尊卑、内外之别。同理，“王羲之书，称彼之母与自称己母同，不云尊字，今所非也”。与王羲之相比，新的称谓礼节是：称呼别人的祖辈、父辈，皆加尊字，叔父母以下的辈分，则加贤字，这也是体现儒家以礼别尊卑的道理。颜之推还举自己对于亲表们的称谓，父亲的中表姐妹，称为某姓姑，母亲的中表姊妹，称为某姓姨。中外长辈的妻子，俚俗称呼为丈母，而士大夫称呼她们为王母、谢母等。“而《陆机集》有《与长沙顾母书》，乃其从叔母也，今所不行。”

颜之推在《风操》中举了这样一个例子：“别易会难，古人所重；江南饯送，下泣言离。有王子侯，梁武帝弟，出为东郡，与武帝别，帝曰：‘我年已老，与汝分张，甚以恻怆。’数行泪下。侯遂密云，赧然而出。坐此被责，飘飖舟渚，一百许日，卒不得去。北间风俗，不屑此事，歧路言离，欢笑分首。然人性自有少涕泪者，肠虽欲绝，目犹烂然；如此之人，不可强责。”别时容易相见难，故古人重离别之礼节，而江南礼数中，作别时往往要洒泪。而梁武帝的弟弟与武帝相别时，并未如武帝那样伤感落泪，尽管很悲伤，却始终掉不下眼泪，只好羞惭而退。别离之礼未为周全，武帝的弟弟在船上飘摇了一百多天还没法离去。对这一极端的情况，颜之推对看似违礼的武帝之弟抱以了深刻的同情。颜之推举此例是为了说明，有的人天生就泪腺不发达，即便伤心欲绝，依然目光烂然，对于这种人，就不应该强之以礼的外在形似，而应看其是否内心里真的合礼。这里，颜之推就人的差异性提出了差别化对待，不强求一致的礼义观。

《风操》举了另一个极端的例子：“魏世王修母以社日亡；来岁社日，修感念哀甚，邻里闻之，为之罢社。”王修的母亲在社日离世，次年社日，王修哀伤难抑，好心的邻居为了成全他的孝心和安抚他的心灵，为之罢社。罢社之举，是乡亲为邻居的哀情所做的努力，而颜之推肯定了这一努力，即肯定了礼顺人情。社日里要祭祀土地神，罢社意味着罢礼，而颜之推在礼与情之间选择了情，在乡里乡亲与土地神之间选择了人，可见颜之推对人的尊重。

（二）反对过情与过礼

过情，则越礼；过礼，则扼情。颜之推主张守礼，但反对过礼；主张缘情，又反对过情。正如余英时所指出的那样："但是'缘情制礼'并不是完全放纵，容许在礼法上'任情不羁'。事实上这一时代的新礼法有两个方面：一方面是禁止居丧不守礼之类的情况，另一方面则是防止居丧过礼。魏晋以来因'哀毁过礼'以至'毁几灭性'的事例很多，这是大家都知道的。新礼法对过与不及都同样地加以限制，过礼有时候也是要受到批评甚至惩罚的。"

过情往往表现在丧亲时的哀伤过度。这和汉以来"以孝治天下"对孝道的倡导有关，也和当时礼学重丧礼、丧服的思潮有关。钱穆说："就《礼》学言，南方重《丧服》，如上述高僧远公，亦精此学，雷次宗以此负盛名，时与郑玄并称。《丧服》本属《仪礼》中一篇，所以别出成为一时显学者，正因当时门第制度鼎盛，家族间之亲疏关系，端赖丧服资识别，故丧服乃维系门第制度一要项。"

门第士族以丧服别亲疏，宗法血统的远近亲疏，则直接关系到爵位与财产的承袭，故丧礼丧服的意义在南朝得到空前的重视。余英时说："玄风南渡把名教危机从中土移植到江南，为了消解危机，南方才有玄礼双修的学风，丧服的研究因此特别发达。服制讲究得越敬畏，宗族的亲疏关系也就分辨得越细致。因为唯有如此，普遍化的'礼'才能最大限度地照顾到个别化的'情'，使'情礼兼到'的境界成为可能。"

在颜之推早年生活的梁代，即特重《礼》学，尤其是《丧服》经传。依礼，父母去世，子行三年丧。颜之推引《后汉书》记载东汉安帝时以至孝闻名的薛包的故事，薛包被后娘赶出家门后，日夜号泣，不愿离去，打都打不走。不得已，在父亲的住处外搭了个草庐住下，每天一大早就回家尽洒扫之礼。坚持了一年多，终于感动了父亲和后娘，让他回家生活。"后行六年服，丧过乎哀。"颜之推肯定了薛包之孝，却否定了他过哀，六年不除丧服，过情，也不合礼。颜之推又举了身边亲人的一个例子，说明过情带来的悲剧。《风操》云：“思鲁等第四舅母，亲吴郡张建女也，有第五妹，三岁丧母。灵床上屏风，平生旧物，屋漏沾湿，出曝晒之，女子一见，伏床流涕。家人怪其不起，乃往抱持；荐席淹渍，精神伤怛，不能饮食。将以问医，医诊脉云：‘肠断矣！’因尔便吐血，数日而亡。中外怜之，莫不悲欢。”思鲁是颜之推的儿子，他舅母的妹妹三岁时因为丧母，后见到母亲的遗物，竟然触景生情，以至于肠断身亡。这是一个可怜而又可悲的故事，而悲剧的根源，在于哀伤过度，《礼记》云：“丧礼，哀戚之至也。节哀，顺变也。”这个孩子因未懂节哀顺变之道，失去了宝贵的生命，颜之推对于过情过爱带来的悲剧充满了惋惜。

颜之推又说：“《礼经》：父之遗书，母之杯圈，感其手口之泽，不忍读用。”此处文句本之《礼记·玉藻》：“父没而不能读父之书，手泽存焉尔；母没而杯圈不能饮焉，口泽之气存焉尔。”颜之推肯定人之常情，因父亲之书与母亲之杯上留下的手口之泽，而不忍心再用，以免触动感慕之情怀。可他紧接着说：“若寻常坟典，为生什物，安可悉废之乎？”从现实和经济的角度言，父母的遗物事实上不可能都废弃不用的，在这种情况下，就要想办法节制自己的感慕之情，以免触景生情带来与前一故事类似的伤害。

过礼，则可从颜之推对避讳的态度看到他如何反对避讳的绝对化和不近人情。颜之推指出当时讲究避讳的现实是：“今人避讳，更急于古。”这就意味着，在颜之推眼里，当时人们讲避讳，有过礼现象。《风操》中颜之推以自己的亲身体会为证，他的亲朋中有避讳“襄”、“友”、“同”、“清”、“和”、“禹”等字的，应当避讳的太多，多到避无可避的程度时，违礼者说话很吃力，遭误伤者心里很悲苦，已经背离避讳之礼的初衷了。在这种情况下，颜之推提出“凡名子者，当为孙地”。给儿子取名，得为孙子留有余地，别让孙子窘于父亲的名讳。但这并不解决根本问题，因为避讳的烦琐，才是最需要解决的。

颜之推举当时避讳带来的荒诞现象：“凡避讳者，皆须得其同训以代换之。”这是当时避讳的原则，即用同义词代替需避讳的字。如此带来的结果是：齐桓公名小白，五白这种博戏就有了“五皓”的称呼；淮南厉王名刘长，人性各有长短便说成了“人性各有修短”。长此以往，恐怕要把布帛称为布皓，肾肠唤作肾修了。梁武帝小名阿练，子孙都把练称作绢，而把销链物称为销绢物，就把意思弄错了。“或有讳云者，呼纷纭为纷烟；有讳桐者，呼梧桐树为白铁树，便似戏笑耳。”上述种种近似荒谬的细节和现象，就是过度避讳的结果。

颜之推提出了改革避讳的主张，即不避同音异字：“其有同音异字，不可悉然。”颜之推逆向推理：吕尚的儿子如果不能写“上”字，赵壹的儿子如果不能写“一”字，那就一下笔就犯难，一写字就犯讳了。因此，行文中的同音异字，就不该避讳。

为尊者讳，本为尊亲之礼。但避讳过度，造成避无可避，就成过礼，这也是违背人情的表现。颜之推说：“《礼》云：‘见似目瞿，闻名心瞿。’有所感触，恻怆心眼；若在从容平常之地，幸须申其情耳。”颜之推肯定人们“申其情”的必要，但面临实在无法避讳的情况，也只好权且忍受。正如伯叔兄弟，和父亲长得很像，难道就为了避免见到他们后想其父亲，伤心肠断，就与伯叔断绝亲情往来吗？颜之推引《礼记·曲礼上》之意：“临文不讳，庙中不讳，君所无私讳。”说明避讳本身是有特殊情况特殊处理的理论依据。

颜之推在《风操》中又举拘泥于避讳的两个案例：一是“梁世谢举，甚有声誉，闻讳必哭，为世所讥”。谢举的故事是有来历的，《齐东野语·避讳》：“梁谢举闻家讳必哭。”听到别人称先父母的名字就哭，诚为孝子，但避讳过度。二是臧逢世，萧绎掌治江州时，派他去建昌督促公事，当地黎民百姓纷纷给他写信，信件堆满了办公桌。因臧逢世父名臧严，信中凡是有“严寒”字样，他都会掉眼泪，不再察看回复，因此耽误了公事被召回。可见，拘泥于避讳的情况必须改革，“更急于古”的避讳之礼需要以“杀”礼的手段来解决。

（三）强调守礼

颜之推既肯定礼的变通要斟酌人情，又反对纵情，礼与情的调和，既守礼，又容情。这就意味着礼的有经有权，其不变之“经”乃是对“礼”的维护，即守礼。晋室南渡之初，颜之推的九世祖颜含，就在礼教松动之际，坚持了守礼原则：“于时论者以王导帝之师傅，名位隆重，百僚宜为降礼。太常冯怀以问于含，含曰：‘王公虽重，理无偏敬，降礼之言，或是诸君事宜。鄙人老矣，不识时务。'”颜含力排众议，不愿与俗俯仰，坚决不为与司马氏共天下的王导降礼，显示了颜氏家族对儒家礼教的坚守。

颜之推为维护礼教于不坠，虽以调和论对礼俗变化有所妥协，但其礼学思想核心，仍为守礼，礼缘人情，也不能越过礼的边界。我们不妨从颜之推在丧礼及取名、称谓、避讳等方面的训诫，来看他如何强调守礼。

首先看颜之推对丧礼的态度。前文叙及颜之推不主张丧亲后哀伤过度，反对不近人情的居丧过礼，因为这种过礼行为背后实则纵情。值得注意的是，与此同时，颜之推在对《礼记》和《孝经》中的丧礼规范加以研究，对南北两地丧礼风俗进行比较考察后，特别提出了要防止居丧不守礼的现象发生。

《风操》云：“《礼·间传》云：‘斩缞之哭，若往而不反；齐缞之哭，若往而反；大功之哭，三曲而偯；小功缌麻，哀容可也，此哀之发于声音也。’《孝经》云：‘哭不偯。’皆论哭有轻重质文之声也。礼以哭有言者为号；然则哭亦有辞也。江南丧哭，时有哀诉之言耳；山东重丧，则唯呼苍天，期功以下，则唯呼痛深，便是号而不哭。”《礼记》要求丧礼中不同丧服等级的人，其哭有不同的方式，服丧者与死者的关系亲疏不一，表达的哀容自然有区别。颜之推论述了“哭有轻重质文之声”，并根据丧礼对边哭边哀诉成为号为依据，说明哀哭可以有言辞。与北方人号而不哭相比，颜之推显然觉得江南居丧哀哭更符合礼数。

在江南，如遭重丧，住在同一个城邑的好朋友如果三天内不来吊丧，就与他断绝关系；除丧以后如果相遇，就会远远地躲开，以此怨艾其不怜悯自己。实在有事或者道路遥远不能来吊丧，写信致吊也可以，如果连书信也没有，也要断绝关系。颜之推说这只是江南的丧俗，北方人则不这样。

江南人在冬至和岁首两个节日，不去丧家吊唁，如果不写信的话，过完节再去。而北方人在这两个节日里则特别重视吊唁之礼。颜之推对这一南北礼俗差异的态度是：北俗“礼无明文，则吾不取”。

颜之推还描绘了江左官员子孙除服后朝见皇帝和太子时的礼俗：“江左朝臣，子孙初释服，朝见二宫，皆当泣涕；二宫为之改容。颇有肤色充泽，无哀感者，梁武薄其为人，多被抑退。裴政出服，问讯武帝，贬瘦枯槁，涕泗滂沱，武帝目送之曰：‘裴之礼不死也。’”梁武帝重丧亲之哀，一方面黜退除服后不泣涕、无哀感的人，一方面赞赏“贬瘦枯槁，涕泗滂沱”的裴政，颜之推虽未对武帝的态度明确评价，但显然他认同武帝的观点。

以上都是颜之推对江左丧俗的肯定。不过，北方的丧俗也并非一无是处，丧家与吊丧的宾客之间的相见之礼，颜之推赞赏北俗：“南人宾至不迎，相见捧手而不揖，送客下席而已；北人迎送并至门，相见则揖，皆古之道也，吾善其迎揖。”北方因胡人统治对礼俗有破坏，但北朝多习郑玄礼，受玄风影响较小，故能保持一些古礼，如颜之推这里肯定的北人迎揖之礼，就是如此。

不管南北丧俗如何有差异，颜之推臧否、选择的原则，是以合礼为准衡的。对于不合礼的行为，颜之推均予以批判。如江南在新生儿满周岁之日有“试儿”之俗，即今天的抓周。每逢“试儿”之日，会聚亲朋，设宴招待。一些无教之徒，在双亲去世后，过生日依旧痛饮酒肉、纵情声色，不知有所感伤。“梁孝元年少之时，每八月六日载诞之辰，常设斋讲；自阮修容薨歿之后，此事亦绝。”颜之推对有恩于自己的梁元帝也不吝批评，可见他对守礼的坚持。颜之推还批评江东士庶“痛则称祢”的现象，他指出：“祢是父之庙号，父在无容称庙，父殁何容辄呼？”

其次看看颜之推在取名、称呼、避讳等细节上对礼的维护。颜之推很重视名字，说：“古者，名以正体，字以表德，名终则讳之，字乃可以为孙氏。”依古礼，长辈的名要避讳，字既然可以作为孙子的氏，就可以不避讳。所以颜之推肯定“江南至今不讳字”的做法，而河北士人名、字不分，二者皆讳，颜之推显然并不认同。

名字既然如此重要，故取名应当慎重。颜之推对取古人之名为己名的做法不敢苟同，如司马长卿仰慕藺相如便取名相如、顾元欢仰慕蔡邕而取名雍，朱伥仰慕荀子而字孙卿，许暹仰慕颜回而字颜回，还有梁代取名晏婴、祖孙登之类的人，“连古人姓为名字，亦鄙事也”。

对于称谓的违礼现象，颜之推也不惜笔墨指正，如“或有指名为豚犊者”、称同僚为“陶朱公大儿耳”而“彼比欢笑，不以为嫌”者，都是称呼上的不敬与违礼。“齐朝士子，皆呼祖仆射为祖公，全不嫌有所涉也，乃有对面以相戏者。”对祖珽的戏称，实则对自己长辈的亵渎与不尊重，颜之推自然予以批评。

他称须敬慎，自称也不得含糊。颜之推以孔子及门人皆以名自称，从而对北方的自称习俗予以肯定：“北人多称名者，乃古之遗风，吾善其称名焉。”他称中，颜之推最重视对亲属的称呼。“凡亲属名称，皆须粉墨，不可滥也。”亲属的称呼一定要分辨清楚，不能随意而行。有的人祖父母去世后，称呼外祖父母与称呼祖父母相同，颜之推称之为“无风教者”。颜之推要求称呼外祖父母一定要加“外”字，称呼父母的伯父、叔父，应加上他们的长幼顺序来予以区别，称呼父母的伯母、叔母，要加上他们的姓氏来加以区别，称呼父母的堂伯堂叔、堂伯母堂叔母以及堂祖父母，都应当加上他们的爵位或姓氏来区别。“河北士人，皆呼外祖父母为家公、家母；江南田里间亦言之。以家代外，非吾所识。”颜之推对北方人及江南乡间“以家代外”的称呼方式不予认同，认为是违礼之举。

江南礼俗中，对外称同辈的宗亲为族人，而江北中原人则没有称族的习惯，颜之推称中土人“于礼未通”，说明他肯定的是江南称族的礼俗。

称谓的古今变化和南北差异，特别是对亲属如何称谓才算合礼，颜之推进行了深入细致的探讨，表现出重礼的思想倾向。颜之推讨论了诸多南北礼俗的差异，或认同南俗，或首肯北俗，在融合南北礼乐文化的过程中，颜之推以合礼为最重要的标准。以维护礼教为最终目的，是颜之推礼缘人情的情礼观念的前提。

《传习录》克私功夫论初探

李海东

王阳明讲的是致良知说，为什么要讲克私呢？王阳明说：

> 性无不善，故知无不良，良知即是未发之中，即是廓然大公，寂然不动之本体，人人之所同具者也。但不能不昏蔽于物欲。[1]
>
> 心之本体无所不该……只为私欲障碍……心之理无穷尽……只为私欲窒塞……如今念念致良知，将此障碍窒塞一齐去尽，则本体已复，便是天、渊了。[2]

这里说了三层意思：良知“无不良”且是“人人之所同具”的；但“不能不昏蔽于物欲”；致良知就是复心之本体的功夫，具体说就是将由私欲造成的障碍窒塞“一齐去尽”。这可谓是对“私”最重要的描述和定位了，不仅把良知和私“捆”到了一起，私总遮蔽着良知，尤其是几乎将致良知功夫“落实”成了克私功夫，克了私的障碍窒塞便可“复”得心之本体。因此，就致良知功夫而言，如何克私是不可回避的核心议题。

---

[1] 王守仁撰，吴光、钱明、董平、姚延福编校：《王阳明全集》，上海古籍出版社 2011 年版，第 71 页。

[2] 王守仁撰，吴光、钱明、董平、姚延福编校：《王阳明全集》，第 109 页。

一、私是什么？

私究竟是什么呢？王阳明说：

> 无事时，将好色、好货、好名等私欲逐一追究搜寻出来，定要拔去病根，永不复起。[1]
>
> 须是平日好色、好利、好名等项一应私心，扫除荡涤，无复纤毫留滞。[2]

若把好货、好利等同，这里描述了三种“好”。“色”、“货”、“名”是私心所指向的对象，而“好”是心面对它们时私的作为，这便是在常识意义上对“私”的描述，很形象。但更重要的问题在于，如何来理解“拔去病根”中的“根”字。“根”在字面上是根源、本源、根据的意思，由此便可说，私心的根源不是其所面对的色、货、名这些对象，而在于心自身的对待性作为——“好”。但进一步的问题是，“好”作为一种意向或行为，其根源又在何处呢？若找不到“好”的根源，那么在“好”字上定位私是不踏实的，并且，如何克去在意行环节上的“好”，也仍然是无法落实的。

正因为只在意行环节上理解私，故陆原静、萧惠等人讲灭私功夫，并陷入了困境。陆原静说：

> 养生以清心寡欲为要。夫清心寡欲……盖欲使此心纯乎天理，而无一毫人欲之私耳。今欲为此之功，而随人欲生而克之，则病根常在，未免灭于东而生于西。若欲刊剥洗荡于众欲未萌之先，则又无所用其力，徒使此心之不清。且欲未萌而搜剔以求去之，是犹引犬上堂而逐之也，愈不可矣。[3]

---

[1] 王守仁撰，吴光、钱明、董平、姚延福编校：《王阳明全集》，第18页。
[2] 王守仁撰，吴光、钱明、董平、姚延福编校：《王阳明全集》，第27页。
[3] 王守仁撰，吴光、钱明、董平、姚延福编校：《王阳明全集》，第74页。

克私功夫对陆原静而言实际上是一种“灭”私功夫，“灭”便是他在私面前的对待性作为。陆原静抱怨难以灭私，为什么灭私功夫不可靠呢？首先，“灭”字意味着有一个被“灭”的东西，但私并不能被理解为一个实体性的对象。《传习录》载：

萧惠问：“己私难克，奈何？”先生曰：“将汝己私来，替汝克。”[1]

私不能被看作在主客架构中的客体对象，不能被看作在心外的物，毋宁说这私欲就是心自身，而心作为精神生命体又是无形的，心何以能直接地来灭掉这无形体的自身呢？实际上真正的克私功夫可以是心来体知私，让私现形，使其合法性、作用效力等被消解，然后让其自行消解。

其次，在私欲中，心可能会不自在，很痛苦，所以要来“清心寡欲”，这是很积极的做法，是正当的，那就来做，这个事情本身便可当作一个目的。王阳明答复陆原静说：“今曰‘养生以清心寡欲为要’，只‘养生’二字，便是自私自利，将迎意必之根。”[2]等于说，陆原静给清心寡欲加了一个额外目的，就是“养生”。依王阳明，这养生不仅私，而且还是私之根，那怎么理解这种是私，怎么理解这“私之根”？

那么如何更本源性的来描述私呢？王阳明在阐述著名的“拔本塞源”论时说：

天下之人心，其始亦非有异于圣人也，特其间于有我之私，隔于物欲之蔽，大者以小，通者以塞，人各有心，至有视其父子兄弟如仇雠者。圣人有忧之，是以推其天地万物一体之仁以教天下，使之皆有以克其私，去其蔽，以复其心体之同然。[3]

“有我之私”显然是对私更加本源性的描述，这时反省的目光投向了“我”，

[1] 王守仁撰，吴光、钱明、董平、姚延福编校：《王阳明全集》，第40页。
[2] 王守仁撰，吴光、钱明、董平、姚延福编校：《王阳明全集》，第74—75页。
[3] 王守仁撰，吴光、钱明、董平、姚延福编校：《王阳明全集》，第61页。

“我”不再是一个外物。那么这种有我之私与好色心、好货心、好名心等外物之私又如何比较，有何联系?

二、知行合一说与克私功夫的方向

心的活动可分为知、意、行三个环节，本文第二部分结合王阳明“知行合一”说讨论克私功夫。

（一）知意行合一并进

王阳明对知、意、行关系的定位是：

> 知者意之体，物者意之用。[1]

“意”是知行的中间环节，王阳明接着由良知“应感而动者谓之意”而说“知者意之体”，由“意之所用，必有其物”而说“物者意之用”。又说，“物即事也”，“事”具体指事亲、治民、读书、听讼等，可见，事就是行，故可说事者或行者乃意之用，进一步将体、用反过来说，便是意者行之体。这样，一方面，意是由知发用而来的，另一方面，由意又发用出与物交接的事与行来，于是从知到意、再到行便是两层体用关系。这样，把中间环节“意”省掉，简略地说是知行合一、一层体用关系，若完整地说，便是知意行合一、两层体用关系。

从行到知、自用立体的面向是讨论知行关系的一个面向。王阳明譬喻说：

> 食味之美恶必待入口而后知，岂有不待入口而已先知食味之美恶者邪？[2]

[1] 王守仁撰，吴光、钱明、董平、姚延福编校：《王阳明全集》，第53—54页。
[2] 王守仁撰，吴光、钱明、董平、姚延福编校：《王阳明全集》，第47页。

“入口”是行，“知食味之美恶”讲知，若没有入口品尝，怎能知味。王阳明将体会未发之中譬喻为“哑子吃苦瓜”[1]，只可意会不可言传，必得自己体证方得。当见孺子入井时，心便怵惕恻隐，由这不忍心的流行，才体知得这仁之端，才可能获得对“不忍心”的真知。王阳明类似的譬喻有：

> 又如知痛，必已自痛了方知痛；知寒，必已自寒了；知饥，必已自饥了。[2]

“已自饥了”指有好多个小时没吃东西，肚子真的饿了，已饥喻行的环节；在这行中，才真正知道什么叫饿，真的感受到饿的滋味，“知饥”喻知的环节。若从来没遭遇饿的情形，便无法真知得饿是什么滋味。知行合一的第二原理是“在行中才能真知”。

知行合一更复杂的另一面向是自知至行、自体及用的面向，在这一面向的知行合一通过知意合一、意行合一等两部分来加以论证。王阳明说：

> 见好色属知，好好色属行。只见那好色时已自好了。[3]

很多人纳闷说，这一说法何以是对知行合一说的论证呢？见好色便可算是知好色，故说“见好色属知”没问题，但“好好色”显然属于内在的意欲、意念，属于意，不属于行。所以，从“见好色”到“好好色”无时间差，这只是论证了知意合一。只有因好好色而趋近之，才属于行，但从好好色的意到趋近之的行，其间显然是有时间差的，有先后之序，这样，第二步意行如何能合一便成了难题。[4]王阳明譬喻说：

---

[1] 王守仁撰，吴光、钱明、董平、姚延福编校：《王阳明全集》，第42页。

[2] 王守仁撰，吴光、钱明、董平、姚延福编校：《王阳明全集》，第4页。

[3] 王守仁撰，吴光、钱明、董平、姚延福编校：《王阳明全集》，第4页。

[4] 陈立胜：《何种“合一”？如何“合一”？——王阳明知行合一说新论》，《贵阳学院学报》2005年第3期。

> 夫人必有欲食之心然后知食。欲食之心即是意，即是行之始矣。[1]

“有欲食之心”讲意，“然后知食”讲行，这论证的便是意行合一。依此也可仿照着说，“夫人必有好好色之心，然后知趋近之”。这样，以上两步论证合到一起，便是知意行合一。

问题在于，有关意行合一的论证可靠吗？正如从好好色的意到趋近之的行，其间有时间差，顾东桥也质疑说，在“知食乃食”“知路乃行”时，其间有“毫厘疏忽”的间距。劳思光先生也说：

> 第一，阳明所谓“知”，指价值判断而言，即“知善知恶”之“良知”；而所谓“行”，指意念由发动至展开而成为行为之整个历程言。第二，阳明所谓“合一”，乃就发动处讲，取“根源意义”；不是就效验处讲，因之不是取“完成意义”。[2]

意者行之体，意念是行的发动，行是意念的展开，王阳明也说“一念发动处，便即是行了”[3]，故劳先生将意、行合而为一，看作“行”，故说行“指意念由发动至展开而成为行为之整个历程言”。劳先生强调“合一”是“就发动处讲”、取“根源意义”，就说明他把知、意、行三者合一缩小为知意二者合一，而意既可看作行的“发动处”，又可看作对行具有“根源意义”处。至于更进一步，意、行是否合一，知、意在行的环节上有没有“效验”，能否实现行对知意而言的“完成意义”，则统统不管。显然，劳先生放弃了意行合一。

如何来理解在意行之间的时间差呢？在知行本体中，面前有饭菜，只要有欲食之心，便立马就吃，从想吃到拿上筷子开始吃之间会有时间差，但这个时间差是合理的、必要的，在伦理上讲可以忽略。在伦理意义上的问题在于，本可以几分钟吃完，却因贪玩而在磨叽，甚至不吃，从而在意行间造成了不合理的时间差。依此可设想，知行合一不是在时间意义上讲的绝无倏忽空隙，而

[1] 王守仁撰，吴光、钱明、董平、姚延福编校：《王阳明全集》，第 47 页。
[2] 劳思光：《新编中国哲学史》第 3 卷上，广西师范大学出版社 2005 年版，第 329 页。
[3] 王守仁撰，吴光、钱明、董平、姚延福编校：《王阳明全集》，第 109—110 页。

是强调在知、意、行三个环节之间的两层体用关系。一旦复得知行本体，由真知必能诚意而笃行，在笃行中意慊而有新知，其间都会有必要的但却合理的时间差，这时在心的活动内部实现了良性互动，知意行合一并进的关系已是必然的，这就是知意行合一。知行合一的第一原理是："由真知才能、且必能真行。"就此王阳明强调说：

> 未有知而不行者。知而不行，只是未知。[1]
>
> 真知即所以为行，不行不足谓之知。[2]

由原理一，王阳明说"知是行的主意"、"知是行之始"[3]。由原理二，王阳明说"行是知的功夫"、"行是知之成"[4]。王阳明接着说：

> 若会得时，只说一个知，已自有行在；只说一个行，已自有知在。[5]

可设想，在同一生命体活动的任一瞬间，都既有知，又有行，在知行之间的互动可看作是同一生命体不同维度之间的互动。故说此维度时只是没有说彼维度，每次只就其中一个维度来着重讲。知行合一说强调，不能把单独地讲误解为孤立地讲。既然"知是行之始"，陆原静怎么能脱离知来孤立地在意、行上讲克私呢？既然"行是知之成"，又怎么能脱离行来孤立地讲对私的体知呢？在单独地讲知或行时，都要在这体用互动关系中来讲，如此才能"只说一个知，已自有行在"。

知行间的体用互动关系意味着双向的、循环的关系。故在时间轴里，此瞬间的知可能会带来下一瞬间的新的行，此瞬间的行也可能带来下一瞬间新的知，由这新行、新知，便可讲知行在合一、互动历程中的"并进"关系。

---

[1] 王守仁撰，吴光、钱明、董平、姚延福编校：《王阳明全集》，第 4 页。
[2] 王守仁撰，吴光、钱明、董平、姚延福编校：《王阳明全集》，第 47 页。
[3] 王守仁撰，吴光、钱明、董平、姚延福编校：《王阳明全集》，第 5 页。
[4] 王守仁撰，吴光、钱明、董平、姚延福编校：《王阳明全集》，第 5 页。
[5] 王守仁撰，吴光、钱明、董平、姚延福编校：《王阳明全集》，第 5 页。

（二）克私功夫的重心是体知私

人们常说，不做语言上的巨人，行动上的矮子。讲知行合一就是要解决这样的困境：好像既知善知恶，也想好善恶恶，却不能在行动上真正为善去恶。对于陆原静而言，好像知私，也恶私、灭私，但就是欲灭私而不得。在晚上哆嗦着的寒号鸟，知道寒，也有明天就筑窝的意愿，第二天却总没有筑巢的行动，终于冻死。

克私功夫最初关注的是在行上克私。意者行之体，想笃实克私，必先诚意恶私。知者意之体，必先获得对私的真知，才能诚意恶私。“在行中才能真知”，功夫又再回到意行上，讲求在私意私行上体知私。可见，克私功夫的聚焦点不断转换，最终功夫的重心落在“知”的环节上，讲求在私意私行上体知私与真知私。知是意行之体，这样的功夫可说是抓住了“体”的功夫，是讲求“本”的功夫。求“本”方能“知微”。在每一个暖和的白天，寒号鸟都会偷懒说，先玩着，再过一天搭窝吧。就意行讲，拖一天是小事，但若就知的环节讲，寒号鸟之所以会有拖一天这样的行动，就在于它对于在拖延行动中的私没有真“知”到，既未真知，拖延行动就可能一直重复下去，意行间时间差便成未知和无限的了。

那作为意行之体的“知”如何理解呢？陈来教授说：

> 在阳明哲学，知的意义仅指意识或主观形态的知，是一个纯粹主观性的范畴。……知行本体的概念提出后，意味着有本体的知行和非本体的知行这两种不同层次的知行。……如前引语录中阳明说“知而未行只是未知”，这句话中前一个知字就是通常意义的知，即非本体意义的知，而后一个知字就是真知，即本体意义的知。[1]

知、意、行可简单看成一个人的看法、想法和做法，“看法”就是心在面对世界和自身时所持有的认识、理解、观点和原则，等等，可称为“己见”。这己见便是陈来教授讲的“非本体意义的知”。强调在“知”的环节上用功，就是

[1]　陈来：《有无之境——王阳明哲学的精神》，北京大学出版社 2013 年版，第 88—89 页。

指运用心的“不虑而知”的知善知恶能力，努力省思自身意行作为的善恶，不断突破己见，逼近真知，这真知便是陈来教授讲的“本体意义的知”。因此，“知”不仅是看法，更是“知”的能力、“知”的活动。

要获得对私的真知并不容易。平常说“知易行难”，对私形成一个己见，很容易，却没能获得真知，故“行难”。孙中山先生说“知难行易”，获得真知了，行动便容易，但要获得真知，却是难的。以获得对私的真知为功夫重心，具体说就是要努力在私意私行中体知私。孔子说“观其所由，察其所安”[1]，这便是强调“知”的功夫：要观察一个人做事时“为达到一定目的所采用的方式方法”，还要来“了解他的心情，安于什么，不安于什么”，这样才能更好地来体知在意行作为中的诚与私。

真知私是难的，因为知、意、行之间的体用关系还没被关注到，功夫重心还没放到对私的真知上来，己见的更新能力还在潜伏着。自我常常来树立远大目标、制定周密计划、训练意志力等，这都便是在没有知意行合一视野情形下，孤立地来讲求意行功夫，都成了无本之木。

强调在知的环节上做功夫，来真知私，所要“知”的还是在意行作为中的私。强调“知”的功夫，就是要发起对“知”自身（即“己见”）的反思，不断来拷问这己见对私的理解和认识到位不到位，真切不真切，尽力把在己见中的偏见、成见、私见等克去。未“知”得的私对于心而言等于是不存在的，若是心对其所处于其中的私视而不见，看不着，又谈何恶之、去之。

“知”的对象是在当下生命活动中正发用的私。陆原静之前面对色、货、名，会有“好”这样的意行，那么所要“知”的也就是好色、好利、好名等私心。而当陆原静做了克私功夫后，他开启了另一个心的活动，即从知私、到恶私、再到灭私的功夫活动。问题在于，灭私功夫作为一个心的活动，其中有没有私呢？当然有私。讲求体知私，就是要来体“知”在这灭私功夫中的私！陆原静现在心的活动是，在己见上认为私欲是坏的，养生才更重要，所以在意上厌恶私，在行上要灭私，要清心寡欲以养生。陆原静之前在与外物打交道过程

[1] 语出《论语·为政》。杨伯峻先生说：“‘由’，‘由此行’的意思。……‘所由’是指所从由的道路。”“‘安’，就是《阳货》孔子对宰予说的‘女安，则为之’的‘安’。”参见杨伯峻：《论语译注》，中华书局 1980 年版，第 16—17 页。

中好这好那，这是私心，现在在与己私打交道过程中要灭私以养生，这还是私心。好色、好货、好名等私心一目了然，灭私以养生是什么样的私心呢？如果好色、好货、好名等私心依恋的是外物，那么灭私以养生这样的私心所依恋的就是内在的“我”，此即前文提及的“有我”之私。到这时，陆原静体知私的功夫才可说有了实质性的跨越，这个“有我”之私是一直未被“知”得的私。这时他将发现，这个“有我”之私是藏匿得最隐蔽的，原来给心的世界造成最大障碍窒塞、也最难摆脱的私，其实是由心自身所塑造的那个“我”。他一直没找到这个私之根，只孤立地讲求灭三“好”这样的私行，私意，便会“灭于东而生于西”，或者“无所用其力”。

三、至善说与克私功夫的初步完成

当把体知私确立为克私功夫的重心后，本文第三部分结合《传习录》中的“无善无恶”、“至善”、“四句教”等议题，具体讨论克私功夫的历程。

（一）无善无恶与至善

据《传习录》，讲“无善无恶”并不是完全不讲善恶，重点在于讲什么样的善恶。王阳明首先说“无善无恶者理之静”。什么情形下的理是静的？心之本体无所不该，由其自然地所呈发的知意行都是有正当性的，都意味着义和理。这些知意行活动，以及由此呈现的理，便都是自然地发生的，其中没有另外的意欲参与其中，这种情形下的理便可形容为“静”的。

气就身体言，动于气就心言。有观点说，气之动指意之动；依《传习录》，在“循理便是善”时，肯定有意之动，但却不属于“动气”时；“气之动”只算是意之动的一种，即从躯壳[1]起念而产生的意之动。故动气是在私欲中的意之动，这时便有好恶，然后讲善恶，这时的好恶、善恶都是在私中讲的，是伪的。为什么讲无善无恶，就是针对这种“动于气”、不善、不循于理

[1] 陈荣捷先生解释说：“‘躯壳’为身体，即私心之意。”参见陈荣捷：《王阳明传习录详注集评》，台湾学生书局 1983 年版，第 125 页。

却又口口声声讲理、讲善恶的情形，动于气是与理之静正好相反的状态。

无善无恶如何具体来描述呢？这时，就意的环节讲，只有诚于心之本体的意，这意也是好恶之意，但又都是诚意，都不是由身体起念而"作"出来的，所以说"不作好恶"。不作好恶指不来"作"好恶，但不是说没有好恶。说这时的好恶之意"是诚意"，这是从主观视角讲；若从客观视角说，这时的好恶之意都是"一循于理"的，两种讲法相通。心对于此时的一循于理与诚于心之本体，又不"着"一分意思。不着意思就是不牵挂，惟任知意行一体的生命活动自在流行发用，完全没有思虑安排在其间，只要无私欲之蔽，知善、好善、为善都会有顺于实情的最佳状态，挂念反而会造成障碍窒塞，不挂念才是最好的挂念。就行言，正由不着意思，故说草有妨碍就去之，但偶有未去，也不累心、不沮丧，还可说，即使完全去尽，也不累心、不得意。据此，讲无善无恶，便不是什么都不管。实际上，由不作好恶、不着意思而又一循于理，知意行完全合一并进，恰恰将会最优化地来践行理，将会达到最大化的事功。

在无善无恶中，也会讲善恶。"只在汝心。循理便是善。"就心讲善，具体言，便是就一个人第一人称的知意行对待作为来讲善，知意行作为都是一循于理的，都诚于心之本体，这便是善，所以在理之静中的无善无恶，恰恰意味着善，这才是真善、至善。而从身体起念的好恶、善恶，都是指向对象物的，要么指向外在的人或事物，要么指向自我自身，所做的都是在主客架构中的实体性评价，这些是"动于气"，就心的作为言，便是恶。当心与他者、与自身打交道时，不讲求指向客体对象的善恶评价，只讲求心自身对待作为是否循于理，这才是生命的大智慧。

在至善中，在循理的前提下虽也讲好恶、善恶，但因为这是由循理而来的好恶、善恶，理该如此，也不着意，故像不曾好恶、善恶一般。这时的善恶便是"未培"的善、"未去"的恶，它们最难达到。

在知意行一体生命活动中，若没有由身体起念的私欲的掺入，知意行自然都能一循于理，这时便是无善无恶的至善状态。而今，克私功夫就是要来先知得由身体起念的私，再恶之、去之，从而无善无恶，复得至善心体。

（二）超越“认贼作子”现象

王阳明曾提出四句教：

> 无善无恶是心之体，有善有恶是意之动，知善知恶是良知，为善去恶是格物。

据上文，讲无善无恶是有针对性的，针对由身体起念的动于气，这时大讲自以为是的好恶、善恶，却都是伪的，故首句中的善恶是指在私欲中所发的善恶，是假善恶，所以要“无”掉。若从正面描述，便可说心之本体是至善的，是“理之静”的。

由四句教首句产生一个问题，若心体果是无善无恶，则有善有恶之意又从何而来？回答这一问题，先要搞清楚二句中“有善有恶”是指什么，首句、二句中的善恶是否同指。王阳明《大学问》说：

> 性无不善……心之本体本无不正，自其意念发动而后有不正。故欲正其心者，必就其意念之所发而正之，凡其发一念而善也，好之真如好好色；发一念而恶也，恶之真如恶恶臭：则意无不诚，而心可正矣。[1]

可说二句中的善恶指意念发动的正与不正，问题是正与不正又指什么呢？这里说，正心在于“正”意念，把不正的意念丢掉，坚持正的意念。又说，对于任何“发一念而善”的意，都好之，对于任何“发一念而恶”的意，都恶之，这就做到了正意，也即诚意，也即正心。所以真正的问题在于，为什么有时发的意念是善的，有时是恶的，来源何在。其实也简单，意念的发动有两个来源，当意发自于心之本体，便是善的、正的；另一方面，“知无不良……但不能不昏蔽于物欲”，意念又会发自于私欲、由身体起念而来，这时便是恶的、不正的意念。意念的两个来源就解决了有善有恶的意从何而来的问题。这也解决了首句、二句中的“善恶”是否同指的问题，二者所指是不同的：前者是在私欲

[1] 王守仁撰，吴光、钱明、董平、姚延福编校：《王阳明全集》，第1070—1071页。

中指向对象物的善恶评价，是假善恶；后者就意是否发于心之本体而言，或者说，就意是否循于理而言，是就心自身而言的善恶，是真善恶。

“有善有恶是意之动”中的“恶”字需单拿出来讨论。这个“恶”字指意未能循理、未能发于心之本体而言。这时心是最没资格讲善和讲理的，却反而最爱讲理，最爱分辨孰善孰恶，他所自以为是的善恶正是首句中所要“无”掉的善恶。这时，自我不会把所“作”出来的好恶善恶当作“恶”，他尚看不清，他对自身知意行上的好恶善恶都深信不疑，这些是未经反省的盲信，对其自身而言却显得极真切。这种把出于私欲所“作”出来的好恶、善恶当作真好恶、真善恶的情形，便是王阳明强调的“认贼作子”现象，或叫认私作理现象。这时，“有我之私”等被装扮成了理，于是自我心安理得，“有放心而不知求”[1]，不知求是因为放心没被明觉到。要克服认贼作子现象，前提是对己见、对所自以为的善恶持质疑态度，关键是来看在己见中所持的善恶是指向客体对象的，还是指向第一人称知意行活动本身的。突破认贼作子现象，从自欺和伪善中清醒过来，对于以体知私为重心的克私功夫来说，是最艰巨的使命与最大的成就。

陆原静、萧惠的灭私功夫可说有两大难以自拔的困境，一是欲灭私而不得，既然由真知必能行、不行是因为尚未真知，那么就该讲求在知的环节做“知”的功夫，努力真知得私。但即使把体知私作为克私功夫的重心，把养生当作善的认私作理的困境依然极难解决，这是第二个困境。如果说知行合一说为克私功夫指明了“体知私”这一方向，那么至善说则将这一使命具体落实了。当致知的目光指向心的第一人称对待，作为“养生”这样的想法到底来自于良知本体，还是来自于身体起念，就变得清晰了。

（三）良知两层含义的统一

四句教第三句涉及“良知”。劳思光先生就两个“良知”概念之间的冲突性说：

---

[1]　语出《孟子·告子上》。参见杨伯峻：《孟子译注》，中华书局2005年版，第267页。

> “良知”究竟是同于孟子所谓“是非之心”？亦或是“吾心之本体”？
>
> “良知”如只是“知善知恶”之能力，则意念之“成为善”或“成为恶”即将非“良知”之事。“良知”只在意念已成立时（或善或恶）能察知其善恶而已。……此与阳明以“致良知”为彻上彻下之工夫大有冲突。
>
> 其次，若以“良知”表最高主体性，则与阳明所谓“吾心之本体”一说相合；……然如此以“良知”为“体”，显然不能以为仅与“四端”之一之“是非之心”等同。[1]

他的结论是“良知”必须要同时包含“知善知恶的能力”“最高主体性”这两层意涵，那么这两层含义是什么关系呢？先来看这里的“知善知恶”指什么？依《大学问》，要想把不正的意丢了，坚持“正”的意，便先要知道分辨出一个个意的来源和真妄。上文说，意念的第一个来源是发自于心之本体，或者说发自于良知本体，这里的“良知”便是劳先生所说的作为“最高主体性”的名词性的良知。心之本体无所不该，良知面对事情本身也知善知恶，是“不待虑而知”的，若无私蔽，这时不需任何思虑安排，只要尽此良知，就沛足了，天理就自然地贯注于意行中，这些可算是“最高主体性”一词所要表达的意思。意念的第二个来源是由身体起念而来，发自于私欲心。这时便要讲第二个意义上的良知。《大学问》说：

> 是（指良知）乃天命之性，吾心之本体，自然灵昭明觉者也。凡意念之发，吾心之良知无有不自知者。其善欤，惟吾心之良知自知之；其不善欤，亦惟吾心之良知自知之。

良知是“自然灵昭明觉”的，所以任何一个意念到底发自于哪里，人心对此是“不待学而能”的，这便是作为“‘知善知恶’之能力”的动词性的良知，即作为“是非之心”的良知。

尤需关注的是“自知”一词，当把目光聚焦到“知”的环节上，这种知

---

[1] 劳思光:《新编中国哲学史》第 3 卷上，第 324 页。

善知恶之能力无非就是指能够“良知”到（动词性的）每一意念到底是否发自于“良知”（名词性的）自身的能力，发自于良知自身的意念是善，否则便是恶。在这里，良知是主谓宾的统一，既是发动者，又是“知”的行为与受动者，这样，“知善知恶之能力”和“最高主体性”这良知的两层含义便统一到了一起。良知有大能耐，一方面，良知能让天理自然地贯注于意行中，这就是“最高主体性”；另一方面，良知能自知、自省，这就是指“知善知恶之能力”。所以《大学问》接着说：

> 意念之发，吾心之良知既知其为善矣，使其不能诚有以好之，而复背而去之，则是以善为恶，而自昧其知善之良知矣。……若是，则虽曰知之，犹不知也，意其可得而诚乎！今于良知所知之善恶者，无不诚好而诚恶之，则不自欺其良知而意可诚也已。

这里讲的“知其为善”反映了作为“知善知恶之能力”的良知具有的自省、自知的能耐，正凭借此，在克私功夫中才能体知到在认贼作子现象中的私，因而这一自省的能耐可谓是实现真善、至善境界的奥妙所在。这里讲的“诚有以好之”反映的是作为“最高主体性”的良知的能耐，即是指“由真知必能诚意笃行”的能耐，这是在知意行合一关系中的奥妙所在。

关于致知，《大学问》还强调说：

> “致知”云者，非若后儒所谓充广其知识之谓也，致吾心之良知焉耳。

这是说，“知善知恶”中的知，“致知”中的知，“体知私”中的知，都不是指向外物的知，既不是来评判外物的善恶，也不是来分析心外之物的理，还不是来认知在心的活动之外作为客体对象的私，而是指良知来“自知”，来体知当下的意念是发自自身，还是发自由身体起念的各类私心杂念，来体知作为“最高主体性”的良知是否无条件地贯注于意行作为中。正因为此，致知以诚意还不够，还要致知在格物，讲求让天理进一步贯注到“行”的环节。《大学问》说：

> 良知所知之善，虽诚欲好之矣，苟不即其意之所在之物而实有以为之，则是物有未格，而好之之意犹为未诚也。

一方面，在认贼作子情形中“作”好恶、善恶的私被体知到；另一方面，也进一步在意行中被“无”掉，那么作为“最高主体性”的良知便自然地贯注于意行之中，这时克私功夫与致良知功夫便可说都得以初步完成了。但问题在于，当各类有我之私浮出水面后，真的能恶之而去之吗？寒号鸟究竟要如何体知在拖延行动中的私，便能意必能行，消除意行间不合理时间差，实现真正的意行合一？在本文基础上，需要结合王阳明心即理说、万物一体之仁说等，在心的实践生活中继续深入讨论在《传习录》中的克私功夫论。

儒家忧患意识浅论

宋振中

李平先生曾在《中国文化散论》中把儒家思想的要义概括为“重和谐、重人本、重道德，充满了忧患意识，贯穿着力行精神”[1]，将忧患意识纳入到儒家思想的要义范畴。忧患意识是中国传统文化思想的重要组成部分，是儒家思想的重要内容之一。儒家的忧患意识内涵丰富，体现在对天道、对国家、对民众、对个人修养等方面的隐忧。“人无远虑，必有近忧”（《论语·卫灵公》），时刻保持忧患意识，对国家、社会和个人，都具有非常重要的意义。

一、忧患意识的缘起与发展

《说文解字》对“忧”、“患”二字作了解释，“忧，不动也。从心尤声，读若祐。”；“患，忧也。从心上贯吅，吅亦声。”。由此可见，“忧”、“患”二字同义，为忧虑、祸患、困苦患难之意。将二字合为“忧患”一词，最早可见于典籍《周易》中。《周易·系辞》曰：“《易》之兴也，其于中古乎！作《易》者，其有忧患乎！”尽管《周易》的出现是用于卜筮的，但却饱含着深邃的哲学意义，其中就包括早期的忧患意识。《易经》中的卦爻辞包含居安思危、防微杜渐的忧患意识，经过《易传》的系统阐述，忧患意识开始形成一种思想体系，从而逐渐构成了中华民族和中国文化的基本精神之一，影响极为深远。

---

[1] 李平：《中国文化散论》，安徽大学出版社 2001 年版，第 2 页。

其实，忧患意识的萌芽可见于远古时代。大禹治水的故事可谓家喻户晓，从这个故事中我们可以一窥那个时代展现出来的忧患意识。大禹忧于水患，决意治水，曾经三过家门而不入，最终取得胜利，为人们解除了水患。禹也因治水成功成为夏朝的第一代君王，被后人世代传颂。

夏商周时期，忧患意识逐渐凸显。忧患不再局限于对一些具体事件的描述和说明，而是被提升到理论的高度进行阐述。《周易》将之前显现出来的忧患思想进行了系统的阐释论述，将“忧患”提升为一个思想范畴，并且将其上升到“意识”的高度加以倡导，从而建立起了比较系统的理论形态。郑万耕先生认为《易传》“明确地将‘忧患’提升为范畴，自觉地倡导‘忧患意识’，并初步建立起了一个理论体系，影响极其深远”[1]。《易传》之后，历代易学家、思想家又对忧患加以凝练和升华，从而使得“忧患意识”成为中华民族的一大精神象征。“《易》之兴也，其于中古乎！作《易》者，其有忧患乎！”（《周易·系辞》）文王在身处牢狱的忧患境况之下，创作《易经·系辞》。其后，孔子便提出九卦加以解说；孔颖达《周易正义》分析了《周易》是为解除忧患而专门创作的，因忧患而生，且为警示后人，谨防忧患之事。

春秋战国时代，忧患意识更加明晰，尤其经孔子、孟子的继承和发扬，忧患意识成为儒家思想的重要内容、核心要义。众多的历史典籍，无不隐含着对忧患意识的阐发、论述。《左传·襄公十一年》记载：“夫乐以安德，义以处之，礼以行之，信以守之，仁以厉之，而后可以殿邦国，同福禄，来远人，所谓乐也。《书》曰：‘居安思危。’思则有备，有备无患。敢以此规。”后来，史书的这段记载被省称为“居安思危，有备无患”，广为称引，具有深广的警示意义。三国时期，杰出的军事家诸葛亮在《戒备》中对“居安思危”进一步作了解释：“若乃居安而不思危，寇至不知惧，此谓燕巢于幕，鱼游于鼎，亡不俟夕矣。”（《将苑·戒备》）

孔子是中国历史上伟大的思想家、教育家，被尊为“至圣先师”、“万世师表”，其思想饱含深层的忧患意识。子曰：“危者安其位者也，亡者保其存者也，乱者有其治者也。是故君子安而不忘危，存而不忘亡，治而不忘乱，是

---

[1] 郑万耕：《〈易传〉忧患意识的历史考察》，《北京师范大学学报》2007年第3期。

以身安而国家可保也。”（《周易·系辞》）意思是告诫当政者要保持忧患意识，在安定的时候不要忘记危险，在生存的时候不要忘记灭亡，在国家大治的时候不要忘记发生动乱的可能性，如此才能身可安、国可保。孔子对《易》的探究颇为深入：“加我数年，五十以学《易》，可以无大过矣。”（《论语·述而》）司马迁曾记孔子读《易》“韦编三绝”。《论语》中虽未有“忧患”一词，但其中饱含着孔子的忧患意识，诸如忧道、忧民、忧思个人品德修养等，“君子忧道不忧贫”（《论语·卫灵公》），“不患寡而患不均，不患贫而患不安”（《论语·季氏》），“德之不修，学之不讲，闻义不能徙，不善不能改，是吾忧也”（《论语·述而》）。

孟子是继孔子之后又一位伟大的思想家，被尊称为亚圣。他在继承孔子思想的基础上，对儒学作了进一步的发挥、深入和创新。孟子的忧患意识继承和发挥了孔子的忧患意识，较孔子的忧患意识更加显著、明晰、具体。《孟子·告子下》：“入则无法家拂士，出则无敌国外患者，国恒亡。然后知生于忧患而死于安乐也。”“生于忧患、死于安乐”是孟子强烈忧患意识的着力体现。孟子有着强烈的忧国忧民意识，既有对灾难深重的民生的忧患，也有对当时污浊不堪的士风的忧虑，更有对“仁政”理想、儒学理想难以实现的担忧。

秦汉以后，忧患意识一直贯穿延续，成为中华民族精神的重要支柱。诸葛亮《戒备》警示要居安思危；嵇康《养生论》：“旷然无忧患，寂然无思虑。”这些都表达了对待忧患的态度。唐代《贞观政要》警戒当政者在盛世之时要存有忧患意识，才能长治久安，“自古失国之主，皆为居安忘危，处治忘乱，所以不能长久”。宋代诗人大都在诗中表达他们的忧患思想，王安石《离北山寄平甫》：“少年忧患伤豪气，老去经纶误半生。”陆游《病起书怀》：“位卑未敢忘忧国，事定犹须待阖棺。”范仲淹在《周易》忧患意识的影响下，在《岳阳楼记》中写下了“先天下之忧而忧，后天下之乐而乐”千古名句。康乾二帝曾赞扬范仲淹忧乐与民：“希文古大臣，不与伊葛殊。特达圭璋器，心迹如天日。庙堂而江湖，忧乐与民俱。”（《四库全书》）

近现代，学者们基于自身所处的时代背景、学术背景，对忧患意识进行了阐释、解读，赋予忧患意识以新的时代内涵，激励着一代代人不断前行，推动着社会在不断前进。

二、儒家忧患意识的基本内涵

春秋战国时代，周王室衰微，诸侯国力量增强，社会处于大变革时期。这一时期，思想空前活跃，产生了各种思想流派，他们著书讲学，互相论战，出现了“百家争鸣”的景象。面对失衡的社会秩序，儒、道、墨、法等各家对社会人生和政治格局都表现出极大的忧虑。他们从自身的学术和社会背景出发，提出了各不相同的主张，但都表现出共同的忧患意识：道家担忧人类破坏大自然，寻求“人法自然”；墨家忧百姓之苦，提倡“兼爱”、“非攻”；法家忧政治秩序混乱，要求以武力建立统一的集权国家。儒家的忧患意识在所有学派中表现最为强烈。孔子“祖述尧舜，宪章文武”（《中庸》），系统论述了忧患意识对个人修养、家庭伦理、治国安邦的重要作用。亚圣孟子继承、发展了孔子思想，有着沉重的忧国忧民的忧患意识。总体来看，儒家的忧患意识基于《周易》，主要集中在对天道、对国家、对民众、对个人修养等方面的隐忧。

（一）忧道

《礼记·礼运》：“大道之行也，天下为公。”《论语·卫灵公》：“子曰：‘君子忧道不忧贫。’”《论语·泰伯》：“士不可以不弘毅，任重而道远。”《论语·里仁》：“朝闻道，夕死可矣。”《孟子·尽心上》：“穷则独善其身，达则兼善天下。”“道”是儒家一直在追寻的，是世代中国儒家知识分子的终身追求。这个“道”，在儒家看来就是“仁”。儒家的最高理想就是“仁”的思想，就是实现“保民而王”（《孟子·梁惠王上》）的“仁政”。

然而，理想与现实总是有段距离，儒家忧于“仁政”的理想难以实现，忧于“与民同乐”的大道难以践行，在求“道”的路上奔走不辍。孔子为推行“仁”的主张，周游列国十四年，饱经磨难，希望君主能够行仁、施德。孟子为实现“仁政”理想，也曾多次离开家乡，游说梁惠王、宋王偃、滕文公、齐威王、齐宣王等。孟子在齐，见威王不能实现他的“仁政”主张，听说宋王将行王政，便去齐到宋。在齐都临淄，宣王问“齐桓、晋文之事”，他故意推说："仲尼之徒，无道桓、文之事者，是以后世无传焉，臣未之闻也。"（《孟子·梁惠王上》）从而趁机游说齐宣王放弃霸道，施行王道，说明宣王有施行王道的条件，并描绘了他心中"仁政"理想的美好蓝图："王欲行之，则盍反其本矣！五亩之宅，树之以桑，五十者可以衣帛矣；鸡豚狗彘之畜，无失其时，七十者可以食肉矣；百亩之田，勿夺其时，八口之家，可以无饥矣；谨庠序之教，申之以孝悌之义，颁白者不负戴于道路矣。老者衣帛食肉，黎民不饥不寒，然而不王者，未之有也。"（《孟子·梁惠王上》）

（二）忧国

《论语·季氏》："子曰：'天下有道，则礼乐征伐自天子出；天下无道，则礼乐征伐自诸侯出。'"面对社会动荡、天下无道的混乱局面，以孔子为代表的儒家开始探讨如何治理国家，如何继承传统文化，同时提出治国理政的思想主张，希冀天下有道、社会有序。

《论语·颜渊》："子为政，焉用杀？子欲善而民善矣。""政者，正也。子帅以正，孰敢不正？"《论语·为政》："为政以德，譬如北辰居其所而众星共（拱）之。"儒家主张以德治国，让民众心悦诚服。孔子曾分析"齐之以刑"与"齐之以礼"的差异，指出："道之以政，齐之以刑，民免而无耻；道之以德，齐之以礼，有耻且格。"（《论语·为政》）他认为，用行政手段主导政治，靠刑罚惩治民众，则民众会苟免犯罪，却认识不到犯罪可耻；用礼仪教化，凭道德引导民众，则民众不但知道廉耻，且能自觉纠正错误。孔子忧国，恨不能自己就位于高位，而不用"累累如丧家之犬"游走于各国之间，担忧遭受迫害，同时又放不下理想，在君王面前费尽口舌，推行其德治的思想主张。孟子提倡"仁政"，注重民本；荀子"礼乐之统，管乎人心矣"（《荀子·礼乐》）的礼乐思想，无不展现了儒家的忧国情怀，忧思国家的前途命运，推行治国理政的有益主张。

儒家主张仁政德治，并且在实践中积极践行。鲁定公九年，孔子任中都宰，行教化，劝农耕，百姓安居乐业，达到了夜不闭户、路不拾遗的安定局面。当孔子准备离开汶上到曲阜上任时，中都百姓恋恋不舍，含泪与孔子道别。《孔子家语》载："制为养生送死之节，长幼异食，强弱异任，男女别途，路不拾遗，器不雕伪，市无二价。四寸之棺，五寸之椁，因丘陵为坟，不封不树，行之一年，而四方之诸侯则焉。”孔子治理有方，政绩显赫，先后升任鲁国小司空和大司寇。《淮南子·泰族训》载：“孔子为鲁司寇，道不拾遗，市贾不豫贾，田渔皆让长，而斑白不戴负，非法之所能致也。”

陆游《病起书怀》“位卑未敢忘忧国”，顾炎武《日知录》“保天下者，匹夫之贱，与有责焉耳矣”，梁启超《饮冰室合集》“天下兴亡，匹夫有责”，儒家一直抱有忧国情怀，积极为当政者指出治国之道，提出为政以德的治国方略，劝诫君子自己要修德、行仁，劝导君主实行仁政、德治。

（三）忧民

“仁”是孔子思想的核心内容。《论语·颜渊》：子曰：‘仁者，爱人。’”孔子一生推行“仁”的主张，要求对人有爱心。《论语·乡党》所记载的马厩失火的故事，充分展现了孔子对人、对民的重视、关爱：“厩焚。子退朝，曰：‘伤人乎？’不问马。”马厩失火了，孔子只问人却不问马，彰显了孔子的人本思想。孟子在继承孔子思想的基础上，对儒家思想进行了发挥和创新，提出了著名的“民本思想”。《孟子·尽心下》：“民为贵，社稷次之，君为轻。”《尚书》“民惟邦本，本固邦宁”，民众是国家发展的基石。儒家对民极为重视，时刻关心民众的生死安危，并且提出“使民以时”的思想主张，告诫执政者要按照农时使用民力，避免影响农业生产。

儒家关心人民疾苦，反对暴政，主张轻敛薄赋，强调执政者应以自身德行影响民众，而不能靠政令来强制：“尧、舜率天下以仁，而民从之。桀、纣率天下以暴，而民从之。其所令反其所好，而民不从。”(《大学》)《论语·颜渊》中有若与鲁哀公的一段对话展现了儒家的重民思想。“哀公问于有若曰：‘年饥，用不足，如之何？’有若对曰：‘盍彻乎？’曰：‘二，吾犹不足，如之何其彻也？’对曰：‘百姓足，君孰与不足？百姓不足，君孰与足？’”执政者对人民要适时减税减负，以百姓的富足为根本。只有百姓富足了，国家才会富足。儒家爱民，反对贫富不均。《论语·季氏》：“丘也闻有国有家者，不患寡而患不均，不患贫而患不安。”自周王室东迁，战乱频仍，民众罹难，贫富不均现象严重，一边是哀鸿遍野，一边是歌舞升平。《孟子·梁惠王下》：“庖有肥肉，厩有肥马，民有饥色，野有饿莩，此率兽而食人也。”孟子对当时社会严重的经济对立分析的极为透彻，这也是他对民生最深层的忧患。当时“争地之战，杀人盈野；争城以战，杀人盈城，此所谓率土地而食人肉，罪不容于死”（《孟子·离娄上》）。孟子对当时视人命如草芥的行为极为忧虑，且忧民之赋税重，陈述赋税之害，强调保护民众利益，“不违农时，谷不可胜食也”（《孟子·梁惠王上》），主张使民有恒产；并且告诫当政者：“乐民之乐者，民亦乐其乐；忧民之忧者，民亦忧其忧。乐以天下，忧以天下，然而不王者，未之有也。”（《孟子·梁惠王下》）

（四）忧德

《大学》里讲“修身、齐家、治国、平天下”，“自天子以至于庶人，壹是皆以修身为本”。我们每一个人一生都在走“修身”之路，都在提升个人修养、提高自身品德的旅途中跋涉奋进、砥砺前行。习近平总书记在第十二届全国人民代表大会第二次会议安徽代表团参加审议时，关于推进作风建设的讲话中提到“三严三实”的重要论述，强调：“作风建设永远在路上，各级领导干部都要树立和发扬好的作风，既严以修身、严以用权、严以律己，又谋事要实、创业要实、做人要实。”总书记提到的“三严三实”首先强调了“严以修身”，提升个人素养。修身、修德是儒家反复强调、重点阐发的内容。以孔子为代表的儒家忧虑个人修养的提升，强调自省、慎独。《论语·述而》：“子曰：‘德之不修，学之不讲，闻义不能徙，不善不能改，是吾忧也。’”孔子提出通过“修德”、“讲学”、“徙义”、“改过”等具体途径进行“修身”，并且强调“吾日三省吾身”，只有这样才能成为君子，才能使自己有个“安身立命”之处。孔子对君子的很多论述都暗含着他的忧患意识。孟子忧虑当时污浊不堪、虚伪不齐的士风，将对个人修养的忧患提升到“士”这一阶层，倡导进德修身，改变士风。

三、忧患意识的认知与践行

忧患意识是儒家思想的重要内容，是中华民族生生不息的重要精神资源，是国家发展、社会前进、个人奋发的动力。忧患意识作为中华民族的优秀文化传统，一直被人们世代崇尚和传承，并逐渐内化为中华民族心理的一种向上品格，具有深远的历史意义，激励着历代仁人志士为国为民、奋发作为。

《礼记 · 礼运》："大道之行也，天下为公，选贤与能，讲信修睦。故人不独亲其亲，不独子其子，使老有所终，壮有所用，幼有所长，矜、寡、孤、独、废疾者皆有所养，男有分，女有归。货恶其弃于地也，不必藏于己；力恶其不出于身也，不必为己。是故谋闭而不兴，盗窃乱贼而不作，故外户而不闭，是谓大同。"这种守礼义、敬尊长、爱他人、讲和睦、重和谐的大同世界是儒家的最高理想，世代仁人君子为实现这一理想奋斗不息。他们奋进的动力源自儒家的忧患意识所激发出来的进取向上精神。忧患意识作为中华民族的优秀文化传统，被世代传承不息，逐渐内化为中华民族的进取心，成为激励历代仁人志士心系国民、奋发有为、积极向上的精神力量，激励着历代志士仁人忧国忧民、艰难奋进。世代仁人君子忧国忧民、砥砺前行，都是为实现天下大同的理想。

司马迁在蒙受宫刑的情况下，发奋著述，完成了不朽巨著《史记》，他在《报任安书》中，曾列举了许多先贤在忧患困苦中奋起的事例："夫《诗》、《书》隐约者，欲遂其志之思也。昔西伯拘羑里，演《周易》；孔子厄陈蔡，作《春秋》。屈原放逐，著《离骚》；左丘失明，厥有《国语》；孙子膑脚，而论兵法；不韦迁蜀，世传《吕览》；韩非囚秦，《说难》、《孤愤》；《诗》三百篇，大抵贤圣发愤之所为作也。此人皆意有所郁结，不得通其道也，故述往事，思来者。"古圣先哲都是在困厄中发奋而为，"欲遂其志之思"，周文王被拘禁而推演《周易》，孔子受困厄而作《春秋》，屈原被放逐而写《离骚》，左丘明双目失明而著《国语》，孙子膑脚而修《兵法》，等等。若没有困苦的境遇，整日沉浸在安逸享乐、优哉游哉的生活，心中丝毫没有忧患意识，不能未雨绸缪，就会丧失奋发的动力，也不会取得令后世敬仰的丰功伟绩。他们的成就正是源于儒家的忧患意识所激发出来的进取精神。鲁迅先生曾说："我们自古以来就有埋头苦干的人，有拼命硬干的人，有为民请命的人，有舍身求法的人，……这就是中国的脊梁。"司马迁所歌颂的发愤作为的先哲，鲁迅所赞扬的中华民族的脊梁，都具有强烈的忧患意识，都是为实现"大同世界"而拼命奋斗的豪杰。

“生于忧患，死于安乐。”勾践卑身事吴，卧薪尝胆，“越十年生聚，而十年教训”(《左传》)，终于转弱为强，起兵灭掉吴国，成为一代霸主。若不是身陷亡国的境地，心存“安不忘危、治不忘乱”的忧患意识，勾践也不可能灭掉吴国。勾践得以复国，源于其亡国之辱的忧患。当困难重重，人往往能显出非凡的毅力，发挥前所未有的潜能，开出一条生路。球王贝利成名后，记者采访他时曾问：“您的儿子以后是否也会同您一样，成为一代球王呢？”贝利回答：“不会。因为他与我的生活环境不同。我童年时的生活环境十分差，但我却正是在这种恶劣的环境中磨练出我坚强的斗志，使我有条件成为球王；而他生活安逸，没有经受困难的磨练，他不可能成为球王。”正是经受了忧患困苦的磨砺，才有了为后世称道的作为。

科技发展日新月异，国际竞争、社会竞争日益激烈。唯有保持忧患意识，艰苦奋斗、积极进取，我们才能不断创新、发展。忧患意识有助于我们科学判断自己，既明晰自身优势也能看到存在的不足，从而不断开创中国特色社会主义事业发展的新局面。

当然，提倡“生于忧患”，并不是让大家“杞人忧天”，惶惶不可终日；警惕“死于安乐”，并不是反对追求安乐，主张禁欲主义。对待忧患意识，我们应以“中庸”的方法论作指导，“执两用中”，防止过犹不及。《中庸》里讲：“喜怒衰乐之未发，谓之中；发而皆中节谓之和。中也者，天下之大本也；和也者，天下之达道也。”人的内心没有发生喜怒哀乐等情绪时，称之为中。发生喜怒哀乐等情绪时，始终用中的状态来节制，就是和。中的状态，即内心不受任何情绪的影响，保持平静、安宁、祥和的状态，是天下的最根本。而始终保持和的状态，不受情绪左右，则是天下最高明的道理。朱熹《四书章句集注》解释：“中者，不偏不倚、无过不及之名。庸，平常也。”《中庸》之道，就是中和之道。中庸就是“执两用中”，主张内中，外和，强调处理问题、对待事情不走极端，而应找到解决问题、处理事情的最为合适、最为恰切的方法。

时下，对待忧患意识，最为紧要的就是把握中庸之道，一方面要居安思危、防微杜渐，时刻存有忧患意识；另一方面要掌握适度原则，防止过度忧患，患得患失而得不偿失。

大学生亟待提升国学素质

杨树增

教育的本质是使受教育者成为德智体全面发展的人，换句话说，不仅使受教育者“成材”，还要使其“成人”，即不仅使受教育者有一定的知识与技能，还要有高尚的道德品质、美好的理想追求、完美的人格素养、健全的心智体魄。中国传统文化（即国学），偏重于阐述伦理道德，本有助于受教育者成人成材，尤其有助于受教育者“成人”，但由于历史的原因，国学教育长期受到冷落，大学生的国学素质普遍偏低。大学生亟待提升国学素质，如何提升国学素质？本文想就此谈点看法。

一、何谓国学？主要有哪些经典，我们应该熟悉或研读哪些经典？

“国学”一词最初见于《周礼·春官·乐师》：“乐师掌国学之政，以教国子小舞。”显然是指国家设立的学校，学生相应地称为“国学生”。国学在不同的时代，也有别称，如太学、国子学、国子监等。近代以来才指我国固有的文化学术，胡适《〈国学季刊〉发刊宣言》：“我们深信国学的将来，定能远胜国学的过去。”“国学”按字面理解，就是中国的学问，是中华民族从古到今所创造的全部的精神财富。但实际上，人们往往将国学指为中国古代传统文化。国学在海外又称作“汉学”，当然与中国历史上的“汉学”又不同，中国历史上所称的“汉学”是指汉代重于训诂解经的学问或学派，是相对宋代以义理解经的“宋学”而言的。到后来各朝各代都有汉学与宋学，汉学与宋学仅指不同的学问或学派了。海外的“汉学”并非指专重训诂的“汉学”，而是指全部中国传统文化。

国学发端于上古三代，鼎盛于周汉唐宋元明清诸朝，衰微于清末。从西周开始，我国就确立了不是以宗教信仰而是以伦理道德为核心的价值评判体系，正是这种理性的传统文化，造就了中华民族高尚的道德人格和仁爱大众济天下的人生价值观。

按照马克思主义关于精神生产的理论，国学本应包括三个层面：精神生产——精神产品——精神产品消费，但我们一般关注的是精神产品，即国学经典，因为它是精神生产的最终体现，又是精神消费的对象，所以它从主体上代表了国学。国学经典的内容包罗万象，传统上把国学经典以四分法分为经、史、子、集四大类，涉及文学、艺术、史学、哲学、政治、经济、法律、伦理、教育、军事、医学、农工、宗教等学科。广义上讲，凡是传世之作，都应是国学经典，我们应该熟悉或研读哪些经典？要从自身阅读基础、喜好、需要来确定。建议有相当阅读能力的，可以先选读如下经典：

经部：《论语》、《孟子》、《大学》、《中庸》、《诗经》、《孝经》、《左传》。史部：《史记》、《汉书》、《史通》、《文史通义》、《资治通鉴》。子部：《老子》、《庄子》、《韩非子》、《荀子》、《孙子兵法》。集部：《文选》、《古文观止》、《全唐诗》、《全宋词》、《唐宋八大家文钞》、《红楼梦》、《水浒传》。目录、类书：《四库全书总目提要》、《艺文类聚》。蒙学：《三字经》、《千字文》、《增广贤文》、《声律启蒙》。

以上介绍的经典，有的需要精读，有的可以粗读，有的还可只作浏览，或者在此基础上再进行增减，完全从个人实际出发。这里特别强调一下，至少有两部经典不能不细读，一部是《论语》，一部是《史记》。

《论语》自问世以来，就成了治国平天下的大纲，修德立身、为人处世的准则，成为中国人必读的经典，其影响力之大，乃至决定了中华民族性格、心理、习俗的特征。展读《论语》，让我们与孔子对话，在聆听孔子的教导中，思索一下自己应该做一个什么样的人，怎样对待他人，怎样对待学习，怎样对待事业，怎样对待社会。

一部《史记》，让我们知道了中华民族的根脉所在，懂得了自然与人事的区别与关联，掌握了古今社会发展变化的基本规律。《史记》是“史家之绝唱，无韵之《离骚》”，为中华文化创立了纪传体史学与传记文学，从而使史学取得独立地位，文学创作进入自觉的时代，不仅成为中国文史的源头活水，更是全人类的知识宝库与智慧源泉。

一些人常说：“很想提高国学素质，就是苦于没有研读的时间。”出版社考虑这一实际情况，邀我编写了一本《国学箴言》，从百部国学经典中精选了部分精粹的箴言。既对每一部经典作了简明介绍，又对每一条箴言作了扼要的解说。一卷在手，国学的主要经典简介已历历在目，所选箴言都以诗一样的语言，阐述着深刻的人生哲理。以《国学箴言》为起点，引起兴趣，再去读元典，也未尝不可。

二、如何研读国学经典？

研读国学经典是提升国学素质的基本途径，如何研读？从自己现有的研读水平出发，根据研读每一部经典的目的，来确定每一部经典研读的方式方法。方式、方法多种多样，一般有诵读、浏览、做笔记、写心得，甚至撰写读后感、评析文章等，因研读者的研读能力及研读目的而异。但不论采取什么方法，一定把自己“摆进去”。始终不忘通过阅读，提升自己的思想道德水准，增加知识积累，提高思维、表达等各种能力。我们就以《论语》为例，来说明如何研读经典这个问题。为什么要以《论语》为例？因为《论语》集中体现了孔子的思想，孔子的思想又是儒家思想的核心，而儒家思想又是国学的核心，所以《论语》是国学中最重要的经典。《论语》二十篇，以语录的形式集中体现了孔子的政治主张、伦理道德观念及教育原则，这里面有修身、齐家、治国、平天下的大智慧。诵读《论语》，会感受到古道热肠的孔子，如同教导他的弟子一样，在教导我们立志图强，惜时好学，向善思贤，爱人济众。他的话语，如同和风细雨，滋润着我们的心田。他的崇高人格、美好的理想、傲岸的气度、博大的襟怀、守正谦恭的修养，使我们找到了道德修养的标尺、立业报国的途径、学习的榜样与奋斗的目标。

展开《论语》，我们看到：孔子身为布衣，却心怀天下，他明确地把

“仁”当作自己的社会理想和人生理想，当作自己人生追求的最高道德境界，并具有为理想而献身的政治家的气概。他曾说：“朝闻道，夕死可矣。”（《里仁》）又说：“志士仁人，无求生以害仁，有杀身以成仁。”（《卫灵公》）还说：“君子无终食之间违仁，造次必于是，颠沛必于是。”（《里仁》）仁的内在要求是“爱人”，外在规范是“复礼”，人人能做到“仁而爱人”，人类社会就会和谐，人人都能“克己复礼”，整个社会就会建立起协调的秩序。“仁”反映着人伦关爱，富有人道主义精神，是儒家治国平天下的目标，也应该是全人类的最高精神境界。孔子的弟子曾参对这种远大志向理解较深，他说：“仁以为己任，不亦重乎？死而后已，不亦远乎？”（《泰伯》）当今有位教授，说什么《论语》主要阐述孔子的个人生命感悟，孔子追求的是心灵的和谐平静。真是“以庸人之心度君子之腹”，从学术上讲，也不是什么新“心得”，不过是照搬魏晋玄学那一套罢了——以道释儒，援佛入儒。孔子心系天下苍生，一心济众。哪里像佛家，六根清净，一心成佛；或像道人，与世隔绝，一意成仙。孔子不辞劳苦，不顾困厄，栖遑奔走于各诸侯国之间，扶危持倾，拨乱反正，不遗余力地宣传他的仁政德治学说。他哪有闲暇去感悟个人的生命价值？又哪里顾得上自己心灵的和谐安宁？他明知不可为而为之，有人甚至形容他如“丧家之犬”，“惶惶不可终日”。但他矢志不渝，无怨无悔。孔子说：“三军可夺帅也，匹夫不可夺其志也。”（《子罕》）孔子为了远大的政治理想一生不懈地奋斗着。

孔子又是一位循循善诱、诲人不倦的教育家。孔子首创私人收徒讲学的教育形式，改变了“学在官府”的旧传统，堪称中国教育史上的一大创举。孔子主张“有教无类”，使一批贫寒人家的子弟有了学习深造的机会，打破了贵族垄断文化的局面。孔子教学方法的最大特点是能够“因材施教”，对他的每个弟子的气质、心理、素养等了如指掌，了解学生，才能有针对性地施教。孔子教学的主要内容是“志于道，据于德，依于礼，游于艺”（《述而》），同时还针对弟子的兴趣与发展趋向，传授以不同的专业知识，使弟子们能扬长避短各尽其才，如“德行：颜渊、闵子骞、冉伯牛、仲弓。言语：宰我、子贡。政事：冉有、季路。文学：子游、子夏”（《先进》），这恐怕是中国教育史上“分科”的开始。在教学中孔子还善于运用启发的方法，着重培养学生学习的主动性与独立思考的能力。孔子“有教无类”的原则，“因材施教”的方法，实际是其“爱人”的观点在教学上的体现，加上他渊博的学识，使学生深受感动，颜回就曾喟叹曰：“仰之弥高，钻之弥坚；瞻之在前，忽焉在后。夫子循循然善诱人，博我以文，约我以礼，欲罢不能。”（《子罕》）不论对弟子满怀喜悦的表扬，还是严厉的批评，都显示着孔子的高度责任心与对弟子们的一片诚挚的爱心，希望他们个个都成为社会有用人才。在日常生活中，孔子对弟子也体贴入微，冉伯牛病重，孔子忧心忡忡，亲自去慰问；颜回早逝，他呼天抢地，悲痛欲绝，对学生既严格要求又无微不至地关怀。

孔子还具有执着好学、学而不厌的学者风范。孔子把学习视作完善人格修养、实现人生理想的重要途径。他有一次教导他的弟子子路说：有好的美德，必须再加上“好学”，才能发扬其美德，补救其弊端，担当起济世救民的重任，把好学与实现仁联系在一起。他的学生深解先生的思想，子夏说：“博学而笃志，切问而近思，仁在其中矣。”（《子张》）孔子把学习看得如此重要，所以他把学习当作人生大事、乐事来看待，对此乐而不倦，他说：“学而时习之，不亦说乎？”（《学而》）“学而不厌，诲人不倦，何有于我哉？”（《述而》）他要求他的弟子做到：“食无求饱，居无求安，敏于事而慎于言，就有道而正焉，可谓好学也已。”（《学而》）他主张“三人行，必有我师焉！择其善者而从之，其不善者而改之”（《述而》）。他曾向弟子们表白：“十室之邑，必有忠信如丘者焉，不如丘之好学也。”（《公冶长》）虽然过谦地评价自己，但又十分自信地认为自己是一个好学不已的人。

孔子还具有刚烈、正直的节操，不论穷达都不失其正人君子的气节。他“危邦不入，乱邦不居。天下有道则见，无道则隐”（《泰伯》）。守善道而知进退，为了维护仁，关键时刻勇于舍身，生活中的贫穷又算得了什么？孔子曾说：“饭疏食饮水，曲肱而枕之，乐亦在其中矣。不义而富且贵，于我如浮云。”（《述而》）孔子的高风亮节就如高山一样崇高巍峨而令人瞻仰，孔子所倡导的修身之道就如坦途一样平直而使人乐于去遵循。过去有人认为孔子鼓吹“中庸之道”，是不偏不倚，奉行骑墙哲学、滑头主义。实际上，孔子的“中庸之道”富含辩证法，认为凡事都有个“适度”，这个“适度”往往处于矛盾两端的“中”，把握好这个“适度”就有利于认识与解决问题，讲的是认识论和方法论。在现实生活中，孔子在大是大非面前从来都不含糊，他反对的正是不讲原则、四面讨好的“老好人”。他说：“众恶之，必察焉；众好之，必察焉。”（《卫灵公》）判断好人的标准是做人的原则而不是人缘关系，所以提倡“唯仁者能好人，能恶人”（《里仁》）。孔子坚持原则，即使对自己弟子的原则错误，也丝毫不能容忍。如冉求，孔子曾表扬他有才艺、善理政事，而当冉求帮着季氏敛财时，孔子怒不可遏，号召弟子们对冉求进行讨伐：“非吾徒也，小子鸣鼓而攻之可也！”（《先进》）孔子是一个性格刚正、办事公道、富有正义感的人。

通过诵读《论语》，孔子的形象在每个人心中可能会有所不同，但可以达成共识，概括升华为一个“万世师表”的形象，一个我们中华民族代言人的君子形象。孔子的思想与人格为全世界所敬仰，世界各地纷纷建立孔子学院就是有力的证明。孔子的和平仁爱思想是维护世界和平的巨大精神力量，如能做到“己所不欲，勿施于人”、“四海之内皆兄弟”（《颜渊》），何愁人类不能和平发展而达到大同？

诵读《论语》，在琅琅的书声中，在浓浓的书香中，见贤思齐，养浩然正气。国学经典，凝聚着我们先人几千年积累的智慧，具有震撼千万人心灵的力量，每一段精辟的话语，都会化作一粒粒精神的种子播入我们的心田，在我们的心田里慢慢发芽成长，最终结出丰硕的精神果实。我们每日与经典为伴，与大师对话，耳濡目染，我们的心灵何愁不能得到升华？我们以圣贤为榜样，“吾日三省吾身”（《学而》），我们离圣贤的距离还会远吗？

三、国学的特点

研读国学经典的强大动力，来自研读国学经典的自觉性，而提高这种自觉性，必须要了解与把握国学的特点。国学博大精深，其特点见仁见智，但大致可以概括为：

（一）国学具有强大的生命力。人类原生态的“母文化”有七种：埃及文化、苏美尔文化、半诺斯文化、玛雅文化、安第斯文化、哈拉巴文化和中国文化，其余六种古老文化，都因外族入侵或外族移入而中绝，唯有中国文化从未中断。强大的生命力产生了文化心理的认同感与归属感，直到今日，数以千万计的海外华侨，仍认同中华文化，国学就是联通世界华人的精神纽带。

（二）中国古代社会以自然经济、农业生产为主导，从而使国学中常表现出“实用——经验”的农业文化心态，重实际而少玄想的务实精神，安土乐天求稳定的生活情趣，以及天人合一、恒久循环等观念。

（三）中国古代由家族走向国家，形成一种“家国一体”的宗法体制，强调以家族为本位，家与国密不可分。从血缘亲亲观念出发，引出君臣、夫妻、长幼等一整套人际关系的处理原则。在这种宗法观念下，强调的是重国家轻家族，重家族轻个人，重群体轻个体，突出的是个人对国家、家族、群体的义务与责任，以此来维系社会制度。

（四）中国古代小农的自然经济，不能指望以商品交换来维系国家的大一统，只能依靠政治上和思想上的君主集权制，维护国家大一统常以忠君来体现。而社会稳定，常以农民安居乐业，农业生产有序来保证，农民富裕，朝廷的赋税才能得到保障。国学中既强调“民以君为主”，又强调“国以民为本”。忠君爱民相反相成，民富国强并行不悖。

（五）中国远在周代，就将伦理道德作为社会的主导意识形态，使神学宗教的观念丧失了主导的地位，显示了中国文化的理性特征。所以在中国几千年的文明史上，未出现过神学占思想统治地位的时代。

（六）国学以人为核心，乐以成德，文以载道，追求人的完善、人的理想、人与自然的和谐，表现了鲜明的重人文、重人伦的特点。但对自然界本身的认识和改造方面，相应地受到忽视。关于严密逻辑结构的理论，关于技术性控制的实验，以及二者之间相互联系的操作等等，没有得到重视和发展，这不能不说是国学的缺憾。

（七）中国的文化属伦理性文化，不论先秦诸子之学、两汉经学、魏晋玄学、隋唐佛学、宋明理学、清代朴学，在中国文化与学术发展过程中，儒学始终是其主流，一切意识形态都笼罩在儒家经学的氛围之中。

以上简要地概括了一下国学的特点，下面再比较深入地讲一下国学中主流意识的特点。国学的主流意识一直以儒家学说为标志，儒家学派由孔子创立，它以三代的六经为经典，以仁义为旗帜，以实现天下为公的大道为己任。

思想博大精深，概括起来就是：体仁、中庸、修礼、行道。

体仁，就是躬行“仁”。仁就是爱人，这是儒家追求的最高的道德标准，这一理念确立了，才能去躬行仁道。体仁的基本内涵是“内圣外王”，首先使自己成为具备爱心的“内圣”，通过体仁的途径，即治国平天下，使自己成为能够爱人的“外王”，“外王”只是“内圣”的外在体现。孔子认为“孝悌”是“体仁”的起点或基础，因为“孝悌”是人的最基本的血亲之爱，只有爱其亲才能扩展到爱他人，由家族血亲延展到更广泛的民族亲、人种亲，或说是将亲爱从家庭扩大到社会。孟子理解爱之所以扩大化与普及化，是因为爱人的人与所爱之人，“人性”属于同类。宋代张载在《西铭》中说：“民吾同胞，物吾与也。”把仁解释成泛爱一切人和物，大大扩大了“同类”的内涵。儒家以“仁”来阐述其人道主义和民本思想，让每一个人的价值与权利都得到社会的认可，让每一个人都得到社会的应有关怀。

如果说“体仁”是儒家的重要政治伦理思想，那么中庸，则是儒家认识、解决一切问题的最高智慧，做人处事甚至审美的基本原则。孔子把它视为一种至高的德行，他说：“中庸之为德也，其至矣乎！”（《论语·雍也》）凡做人做事甚至审美都要追求适量、守度、得当，不偏不倚为宜，无过无不及最好。牢牢把握正确的“度”，防止出现两极偏差。这是一种正确的辩证方法，要考虑矛盾的双方，不能实行“单边思维”，只考虑矛盾的一端。在矛盾双方的比较中，去求那个中正、中和、稳定、和谐的“点”，即那个符合事物性质或真理的“中”，当理想化的“中”不可求时，在多项选择中选“优项”，从比较中推寻出现实中接近真理的“临界点”。

修礼，即施行礼仪教化，要求人们一切言行符合礼仪制度的规定，从而实现礼治社会。礼的灵魂是仁，礼只是爱人的具体体现。礼对不同的人有不同的要求，正体现了人与人之间不同的亲爱。如果仅从爱人这一点看，儒家与墨家没有大的本质区别，其区别主要是儒家提倡修礼，而墨家反对的正是“繁饰礼乐”。儒家的主张比墨家更符合历史发展规律、顺应历史发展潮流。墨家侈谈兼爱，不偏富贵，不避贫贱，无视亲亲尊尊，显然是脱离现实而耽于理想。有人认为儒家的修礼就是为了巩固不平等的尊卑、等级制，实际上并未真正体味儒家的用心。面对社会现实，儒家只能采用礼来约束不同的等级，限制个人利益的无节制膨胀，从而达到社会稳定。因为僭越本分的争夺，只能引起社会动乱，而社会动乱，民不聊生，无疑是最大的不仁。孔子说："克己复礼为仁。一日克己复礼，天下归仁焉。"（《论语·颜渊》）礼就是通过"克己"来爱人，人人都以礼来约束自己的言行，社会才能和谐有序。

行道，即实践儒家学说，就是治国平天下。通过仕途，服务于社会，济世救民，努力实现"老者安之，朋友信之，少者怀之"（《论语·公冶长》）。儒家行道的动力，源于远大理想，大道之行，天下为公，实现大同世界，是儒家仁学最彻底最完全的体现。在这个大同社会里，贤能掌权，亲疏一视同仁，敬老爱幼，亲如一家，人人能得到应有的社会保障，无处不温馨；人人具备为公的社会道德，对社会财富十分珍惜，憎恶一切浪费现象，反对私自攫取任何社会财富；人人各司其职，尽其所能，反对将劳动变为谋私的手段，劳动已经成了人们高度自觉行为，劳动成了实现大同世界的物质源泉；和谐优越的生存条件，人们以高度的自觉劳动回报社会，自然树立起高尚的道德、完美的人格以及人人相爱没有损人利己的社会风尚，这是儒家设想的最美好最合理的社会及人们的最高精神境界。千百年来，儒家的大同思想鼓舞着无数仁人志士为之不懈的奋斗。从康有为写就《大同书》，孙中山提出"天下为公"，直至我们共产党人的社会主义、共产主义学说，都受到儒家大同思想的启发。

儒家学说的这些特点，在创始人孔子那里就已形成。孔子之后的孟子，在人本或民本观念方面对孔子思想有许多创新与超越，而人本主义或民本思想恰是儒学的精华。孟子政治思想的核心是"仁政"，特别强调统治者行义。孟子说："仁，人心也；义，人路也。"（《孟子·告子上》）将义与仁相提并论，将义提高到儒学体系的重要位置上来。孟子强调义而不是宽泛的礼，主要是针对统治者行仁政而言，义即合理、适宜、公平之意。孟子认为，统治者施行仁政即行义，首先使全体人民能得到温饱，使人民有生存的物质条件。孟子的仁政思想取决于他对人民历史作用的正确认识，他认为人民决定着天下的得失，也决定着国家的兴亡，提出"民为贵，社稷次之，君为轻"（《尽心下》），这种重民思想达到了封建时代的最高峰。孟子"仁政"学说的哲学基础是"性善论"，他认为人性原本都是善的，凡是人都具有天赋的四端——仁、义、礼、智。孔子重在伦理原则和教条的阐述，罕言"性与天道"，缺乏从本体论上论证儒家思想的合理性与必然性，孟子从“四端”说出发，对“人性”作了初步的思辨性和理论性的论证。

孟子之后最有影响的儒学代表是荀子，如果说孟子侧重继承和发展了孔子的“内圣”说，也就是发展了孔子关于“仁”的思想，注重个人知性养性的修身，强调统治者以善心体恤民众，以达到仁政。而荀子则主要继承和发展了孔子的“外王”说，也就是发展了孔子关于“礼”的思想，注重治国平天下的礼义制定与执行，强调民众对礼法的尊重与服从，主张礼法兼治、王霸并用，以推行王道。荀子反对孟子的“性善论”，针锋相对地提出了“性恶论”，重视对人的教育改造作用，从本质上说，依然是同孟子一样的先验的人性论。荀子对孟子的批判，并不是放弃儒家的仁义原则，而是顺应政治大一统、思想大融合的潮流，批判性地吸收了诸子百家的精华；对儒学理论体系作进一步的调整、完善和发展。

儒家总结、继承了三代优秀文化，使华夏传统文化得以传承，并在此基础上，创立了自己学派的思想文化，它顺应、推动了当时生产力发展、农奴解放、地主阶级兴起、社会转型的历史潮流。在所有的诸子之学中，最得人心，成为当时的“显学”，不久就代表了中华民族的主体文化，成为中华民族的思想文化宝库和精神家园。

秦帝国统一中国后，确立了政治、经济、军事等大一统的体制，但没有选择好大一统的思想文化，它逆中国文化发展的趋势，习惯于经验，仍以吞并天下时所采取的法家的“霸道”思想为指导。在政治思想上，采取高压政策，对以儒家为首的其他学派的不同意见进行排斥打压。在经济上，对广大人民横征暴敛，结果迅速激化了社会矛盾，给大一统的封建帝国带来毁灭性的后果。

汉初，黄老之学盛行，至武帝时，国力强盛，武帝顺应历史发展，变“无为”为“有为”。他采纳董仲舒建议，“罢黜百家，独尊儒术”，儒学由显学提升为经学，由原来学派理论变为国家的政治、经济、文化生活遵循的准则，具有了不可违背的法典式的性质。儒学成为独霸意识形态领域的经学，取代了百家争鸣，应该说这也是一种文化专制。从此，儒学缺少了先秦时期那种生气勃勃的原创力。

但是儒学要想生存、发展，它不能不吸收、采纳其他诸子可利用的思想资源。就是董仲舒建立的新儒学，也吸收了道家、阴阳五行家等的思想资源，才确立了他的以“天”为核心的宇宙本体论。在董仲舒看来，天是宇宙的本原与主宰，人是由天的意志而形成的，天子受命于天，天以吉祥或灾异的征兆干预人事，这就是“天人合一”、“人副天数”、“君权神授”、“天人感应”说的主要内容。经学赋予“天”以神性，使儒学神学化，是对孔孟儒家理性传统的一种背弃。但是重构后的经学具有了形而上的理论色彩，思维空间更加广阔，成为立法、执法、理政的理论依据、社会教化的内容、选用人才的标准，经学支配了整个社会生活。西汉后期，神学化的经学，又被谶纬所毒化。到了东汉后期，随着大一统的崩溃，经学也衰微了。到魏晋时期，有人用道家思想来解释儒家经籍，号为玄学。何晏、王弼认为“名教出于自然”，阮籍、嵇康主张“越名教而任自然”，裴頠提倡“崇有论”，郭象兼容贵无论和崇有论提出“独化论”。东晋后，玄学又大量掺杂佛学理论。总之，由于引入佛、老思想，儒学中入世的精神削弱，抽象的思辨增强。

隋唐时玄学渐衰，佛、道二教渐盛。以韩愈为代表的儒家人物，辟佛排老，提倡复兴儒学。出于治理国家的需要，统治者也纷纷下诏提倡儒学，但同时还想利用佛、道二教，唐玄宗亲自注疏儒家经典《孝经》、佛家经典《金刚经》、道家经典《老子》，最能代表皇权对三教兼容并蓄的态度。佛学在东汉时期已渐入东土，到了魏晋南北朝，其所具有的思辨哲理，已风行于士林。隋唐时期，佛教把佛性心性化，或者说是中国化，标志着中国佛教的成熟，也标志着中国佛教发展达到了鼎盛。道教创立于东汉，是中国本土产生的宗教，它一方面利用中国传统的鬼神崇拜迷信习俗，一方面吸收道家、儒家、佛教等各种理论来建构自己的宗教理论，当发展到隋唐时，道教的理论也达到系统化与成熟化。中国从此确立了以儒学为主体，以佛、道为两翼的新的传统文化体系。

在三教并行、冲突、融合中，儒学在思辨性和理论性方面存在着的缺陷暴露无遗。宋元明时期，儒家学派汲取佛、老的有关理论，以宇宙本原、万物生成、天人关系、人性、封建伦常等新理论重构儒学体系，史称宋明理学。如北宋的周敦颐认为万物的本体为“太极”，张载以为是“气”，程颢、程颐以为是“理”，分别论述宇宙生成和万物的化生，将董仲舒神学化天人之学上升到理性的本体论的高度。而南宋的朱熹虽也以“理”为宇宙根本，但认为“气”依“理”而共存，理先而气后。理不逆天谓天理，天理即道德规范的“三纲五常”，强调“存天理，灭人欲”，通过学习，先知后行，由化（量变）而变（质变），恢复人原有的纯善本性。朱熹一生著述颇丰，其中《四书章句集注》，成为后世科举考试的教科书。朱熹是理学家的集大成者，在儒学发展史上的地位仅次于孔子和孟子。与朱熹同时期的陆九渊，创立理学中的“心学”派，提出了宇宙根本是“吾心”，以“发明本心”为宗旨。明代的王守仁，提出事物之理取决于心之理，创“致良知”说，通过存理灭欲而得“良知”。宋明理学将道德信条式的传统儒学改造成为哲学理论体系，使儒学更为思辨化，体现了宋明理学家们的哲学智慧，它深深影响了中国古代社会后半期的社会发展和文明走势，至今仍有巨大的影响力。

现在大学里面，诵读的国学经典多是文学作品，下面就结合这种情况，讲一下国学中的重要部分——中国古代文学经典的特点：

（一）具有强烈的爱国意识。中国是一个多民族同源的大国，早在司马迁的《史记》中，就明确了黄帝、颛顼、帝喾、尧、舜及夏、商、周、秦、楚、汉的中华正统序列。中国人都是炎黄的子孙，维护大一统国家的利益就是维护每个同胞的利益，这是最高尚的善德与仁义。《吕氏春秋·务大》中说：“天下大乱，无有安国；一国尽乱，无有安家；一家皆乱，无有安身。”无国即无家，卫国才能保家，个人及家庭的命运与国运紧密相关。歌颂与宣扬爱国意识，一向是中国古代文学的重要主题，爱国者的形象一直是人们最崇尚的艺术形象。

（二）饱含深挚的忧患意识。中国古代文学主体上是士林文学，中国古代作家往往身兼官职又命运多舛，他们的创作多出于自觉。由于他们关心国家命运、人民疾苦，心怀美好理想，不满黑暗现实，便“发愤著书”、“不平则鸣”，忧国忧民、愤世嫉俗成了他们作品中的主旋律。

（三）崇尚善德。真善美是文学审美的标准，但三者之间更强调哪一方，各国各民族的文学审美追求并不统一。中国古代文学往往把善放在第一位，在其作品中，所塑造的典型，往往是具有高尚道德的“善人”，注重揭示的是人物的心灵美而不是外表美，感动读者的是人物的人格魅力。

（四）讲求含蓄性。中国文人以“中庸之道”为最高原则，待人讲究温文尔雅，不张狂。审美以“中和之美”为最高境界，表现在文学作品上，有一种含蓄的美。充分运用语言的启发性和暗示性来唤起读者的联想，让他们自己去体会和发现作品中的言外之意。常以小而见大，以言近而达旨远，以含蓄而表达深邃的意蕴。

（五）呈现着地域性特点。我国幅员辽阔，各地自然条件、风俗习惯和文化习俗都有一定的差异。文学的地域性是历史发展形成的，从大的方面看，主要表现为南北两大地区的差异。中国文学一方面具有大致统一的民族特性，一方面又呈现出丰富多彩的地域性与多民族性的特点。这一特点丰富了中国文学的风格与表现手段，各地域文学的互相融合更为中国文学的发展提供了强大的动力。

（六）多种文体“诗歌”化。中国诗歌产生和成熟的时间比较早，对中国多种文体有相当大的渗透力，如小说，有诗歌秀异的意绪、瑰奇的想象、丰赡的词采、清新的风格，还往往有诗歌穿插其中。散文那种情真意切、精炼旨远的特点，就是融合诗歌优点的结果。至于中国传统的戏剧，说到底，就是一种诗剧，其唱词就是一种诗歌，离开诗歌就没有中国的传统戏剧。中国文学的各种文体都有一种“诗化”的倾向。

（七）中国小说“历史”化。西方最初的史诗及小说的素材多来自神话，而中国封建社会的早熟，意识形态的巨变，使原有的神话大量湮灭或改造成史料。在失去了丰富的神话这一“武库”与“土壤”的条件下，史传文学便应运而生了。史传采用文学手法讲述历史，直接影响了中国小说的产生与发展，中国古代小说从书名、结构到叙述方式都有“史”的特征。

四、国学的历史作用与现实价值

在我国的历史上，曾出现过几次骄人的盛世，处于盛世时期的中国，不仅是当时世界经济发展的中心，也是当时世界政治、文化的中心，国学显然起了盛世的精神支撑作用，国学对中国乃至对人类的发展曾做出过巨大的贡献。不能正确地评价国学的历史作用，就是不能正确地评价中华民族；否定国学的历史作用，就是否认中华民族的贡献，就是否认中华民族本身。世界上还从来没有一个漠视自己的传统文化，乃至弱化自身民族意识的民族，能够立足于世界民族之林。

我们不仅要认识国学的历史作用，更应该认识它在当今中国乃至世界中的地位和现实价值。在当今世界先进的科学思想与文化学术和谐共生，并成为社会的主流意识，但这丝毫不能降低国学的地位和价值，国学具有超越时空的精神作用。

首先，国学具有强大的同化力、融合力、延续力和凝聚力。强大的同化力，指域外文化传入中国后，只有逐步中国化，成为国学的一部分，而决不会改变国学的性质，所以国学始终是世界文化的重要部分。融合力，指长期以来，在汉民族文化基础上，吸收境内各民族各地域的文化，形成内涵十分丰富的国学，使国学永远呈现出勃勃的生命力。延续力，指国学几千年来持续发展至今而未中断，历久而弥新。凝聚力，指国学的文化心理认同感，这是促进祖国统一、各民族团结的强大精神动力。

其次，国学是一个开放的体系，在它的长期发展过程中，吸收了其他国家、民族的文化精华，它本身对其他国家、民族也发生了重大的影响，乃至形成了一个超越国界的“汉文化圈”。随着我国国力的强大，各国更加关注中国，让世界了解国学是了解中国的重要途径之一。过去有过“西学东渐”，而“东学西传”在今日已成为世界的潮流。

第三，中国现代化建设，理论是经济腾飞的精神先导，文化是强国的要素之一。加强文化的软实力，对我国的现代化建设具有重大的现实意义。而发扬传统文化的优秀传统，正是加强文化建设的重要内容。中华民族每一个人都需要洁净、高尚、美好的精神家园，国学对塑造完美的人格，提升人们的精神境界，增长人们的聪明才智，增强民族的自信心与自豪感，特别是弥补当代人的精神缺失，解决当代人的信仰危机，意义重大。

第四，国学是中国现代先进的科学思想及文化学术产生的基础，即便顺利地完成了现代文明对传统文化的传承和对接，国学的优秀遗产仍可以不断地为现代精神文明建设提供可借鉴可利用的精神资源。在历史上国学是中国创建盛世的强大精神动力，如今它也可以转化为建设社会主义社会的精神财富，激励我们满怀信心地去建设社会主义。

国学是客观存在的精神成果，本身无所谓热不热，所谓“国学热”，主要指“精神产品消费”这一环节出现了“热”，即消费出现规模化（消费普及率高）、深入化（消费质量高）的现象。我们的先人创作了数以万计的典籍，但由于种种历史原因，亡佚了很多，现存的典籍也有错乱讹误的现象，为了正确“消费”，需要对这些典籍进行校勘、辨伪、辑佚等整理工作。但仅有这些整理工作还不够，因为古籍是前人的精神产品，与我们已有了“代沟”，尤其语言上更存在着隔世的陌生感，这就需要对原典进行新的注释、评析，利于大范围的读者群的消费，即帮助一般读者对原典的有效学习与利用。新时期以来古籍整理投入的人力、财力之多，整理出版的古籍数量之多，都是空前的。从20世纪80年代以来兴起的经典鉴赏热，经久不衰。近年来中央电视台举办的“百家讲坛”，各高校举办的“中华经典诵读”等活动，利用先进的传播媒体，生动地讲解国学经典，深入浅出地介绍国学知识，就是国学热的具体表现。经典传播热推动经典诵读热，经典诵读热又拉动经典传播热，二者互动，将国学知识向社会更大范围普及，这是最具标志性的国学热。

然而回顾历史，国学与中华民族一样，也曾遭遇过种种罹难。近代以来，封建统治者的腐败，帝国主义的侵略，使我国沦为半封建半殖民地社会，一个东方文明大国变成了人们所谓的一穷二白的“东亚病夫”。但仔细想来，穷是事实，“白”却不尽然。诚然，我们的国学经典曾遭到帝国主义列强的大肆掠夺与焚烧毁坏，仅1900年，八国联军洗劫了包括《永乐大典》在内的清宫廷收藏的古籍与文物，此年敦煌藏经洞内的文献文物又被帝国列强的探险队发现并盗走。据不完全统计，现在国外47个国家的200多个博物馆中，有不下百万件中国文物，其中就有大量的古籍。尽管如此，我们几千年形成的中华文化传统还在，几千年流传的主要国学经典还在。国学经典令世界各国所羡慕，都把它视为无价之宝，从这一侧面，也可证明我们国学的价值。

帝国主义列强一方面大肆掠夺我国宝贵的文化资源，一方面为了配合其对我国进行的军事、经济等方面的侵略，极力否认国学曾为人类做出过巨大贡献，极力贬损国学的价值，极力挫伤甚至妄想泯灭中华民族的自信心。历史证明：从精神上心理上征服一个民族，就是从否定这一民族的文化开始的。帝国主义列强的“精神侵略”，使我国一些人产生了民族自卑感，自我否定国学的论调时有发生，诸如“汉字是亡国的根由”、“打倒孔家店”、“桐城谬种，选学妖孽”等，曾几何时是多么时髦的理念与口号！在某种意义上讲，帝国主义的精神侵略并不可怕，可怕的是我们中国人所产生的这种民族自卑感。怀有自卑感的中国人中，除了少数帝国主义的走狗、汉奸外，多数人是从列强的坚船利炮中看到了中西方国力的差距，在对西方现代文明顶礼膜拜之下对自己的传统文化进行了反思与鞭挞，这正好也顺应了当时“西学东渐”的潮流。他们欢呼西方资本主义自由、民主、科学的新观念涌入，决心打破中国封建主义的长期禁锢与封闭，从而吸纳西方的先进文明这种做法固然有其历史进步的一面，但同时也带来了极大的负面影响，这就是对自己的传统文化即国学做了过分的否定。之所以说这种自我否定比帝国主义列强的文化侵略还可怕，就是因为这种思潮长期的存在，几乎中断了我国传统文化向现代化的转化，至今还残留着轻视国学的后遗症。

国学是历史的产物，但它的精神却是鲜活的，它的价值是永恒的。国学的价值集中于“齐家、治国、平天下”，它的精神核心就是“和为贵”，强调人与人之间的和睦，人与自然的协调，它关注的重点是社会、民生，这恰是建立和谐社会、稳定社会秩序、建设现代化国家所需要的精神指导，也是治疗在市场经济体制中一些人只追求物质财富而精神信仰空虚的良药。当然，国学既是历史的，它必然存在着历史的局限性，精华与糟粕并存，我们要用理性的眼光来对待国学，要批判地继承，使其精华转化为当代需要的资源。国学是中国人的智慧，是中国人感情的流露，是中国人心灵的阐释，比起西方文化来，国学从内容与形式上，都更乐于为当代中国人所接受。我们研读国学经典的目的是尽可能地将国学的有用部分转化为现代文明建设的资源，从而提高我们的民族自豪感与自信心，激励大家充满信心地去参与社会主义现代化建设，使我国早日成为世界强国。

五、贵在坚持刻苦研读

据了解，大学生普遍有研读国学经典的愿望，但一接触经典，就产生了畏难情绪，有人认为自己学历低，功底浅，不是国学方面的研究生，啃不动那博大精深的国学经典。

学历大致标志着刚取得学历时的学识及能力，但国学研读能力的提高是靠长期研读实践获得的。大家知道学界公认的国学大师钱穆，他一生著述56种，共1500万字。我再举两位学历低但终成国学大师的人物，一位叫夏承焘，他是我硕士生导师刘乃昌的导师，毕业于温州师范学校，当过中小学教师，后来坚持自学，成为杭州大学教授，治词在国内外极有影响，被誉为“一代词宗”。另一位是我的博士生导师杨公骥，虽曾入过武昌的中华大学，但只上过一个学期的课，17岁就奔赴延安参加革命，在极其艰苦的环境中坚持自学，被学界评价为“用马克思主义研究中国古代文学的第一人”。以上所举的例子，这几个人都没高学历，这充分说明国学研读能力的获得主要靠自己持之以恒的刻苦研读。

也有的人认为，现在生活节奏快，人们心情浮躁，难得有静心研读国学的环境、氛围与条件。此观点也不对。我再举一个熟人的例子，他叫孔凡礼，是北京市一所中学的老师，我与他20世纪80年代初相识时，他住在北京西城区育德胡同一个做煤球的大杂院里，每日生活在冲压机的噪音与煤粉尘的污染中，就是在这种环境下，他几十年坚持研读国学，完成了《全宋词补辑》、《范成大年谱》、《苏轼文集》等文献的整理与研究工作，要说他的条件，实在是差，但他却能静下心来研读国学，不断取得骄人的成果。由此看来，学历、环境都不是影响研读国学的原因，根本原因还在于我们是否对国学有正确的认识，以及是否肯在研读中付出应有的辛劳。

我们并不要求每个大学生都立志成为国学专家，但通过研读国学经典，可以提高自身的思想、学识素养，增强各种能力，成为国家的有用人才。

孔裔谈孔

文宣公孔宜对儒家入世哲学的运用

孔祥金

入世与出世是儒家与佛家处世哲学的根本区别，出世能修身养性、与世无争；入世则积极进取、实现人生价值。作为曲阜“中兴祖”孔仁玉的嫡长子，孔宜在复杂的社会环境中，以其所作所为及取得的成绩，践行了儒家“修身、齐家、治国、平天下”的人生追求，充分彰显了儒家入世哲学对建设社会的积极作用。本文拟对孔宜在江西省星子设县立府过程中所起的作用进行相应探讨，进而对儒家思想的积极意义作一肤浅的思考。

一、儒家学说的传统地位和孔宜的特殊身份对其人生态度的影响

（一）集国学与家传于一身的特殊身份

在中国古代两千多年的历史上，儒家学说对于统治阶级而言，是其维护自身统治的核心思想；对于社会，是维护社会和谐的核心价值；对于个人，则是立身处世的行为规范。儒学的代表人物孔夫子，就是全民的精神偶像。孔宜，山东曲阜人，是孔子第四十四代嫡传长房长孙，封为“文宣公”，即后来的“衍圣公”。孔子后裔中的代表人物。

自汉武帝“罢黜百家，独尊儒术”以后，儒家思想一直是历朝历代的统治思想，即正统的意识形态。儒家思想文化至今依然融化在中华民族后人的血脉之中，成为中华民族的文化基因、道德基石。在孔夫子故里——山东曲阜，其后裔当中历代长房长孙，作为传承儒家学说的代表，都享受朝廷的优待。自

西汉元始元年（1），汉平帝封孔子后裔为“褒侯”之后，历朝历代都予以加封，封号也各不相同。孔宜是被宋太宗赵光义封为“文宣公”。到了北宋仁宗至和二年（1055），孔子后裔封号改为“衍圣公”。

孔宜作为山东曲阜孔子后裔当中的嫡传长房长孙，并不是一开始就具有特殊地位和显赫身份，而是通过自己的不懈努力，才为孔家和自己赢得社会声誉和当政者的尊重。

（二）生于乱世而不忘修身齐家的个人品德

孔宜恰巧生于中国历史上五代十国这样一个动荡不安的历史时期。其父孔仁玉在蹒跚学步时就差点被恶奴孔末所害，因有奶娘张姥姥以亲生骨肉相换，才得以保全性命，上演了一出孔府版的“赵氏孤儿”。

孔宜自小在曲阜长大，在父亲“中兴祖”孔仁玉的教导下，在孔府特殊环境的熏陶中，遵照儒家先祖留下的传统，不顾外面世界的纷繁乱象，自小就有志于学，长期注重修身，及至成人，又帮助父亲治家，继而担任曲阜孔府主祭。几十年的历练，使孔宜具备深厚的文化修养和完备的人格素养，为后来走上社会、建功立业打下了扎实的基础。

（三）适逢盛世积极进取的人生态度

五代十国，社会混乱，政权更替如走马灯一样频繁，文化纲常自然无人顾及。宋代女词人李清照是这样评价这一历史时期的：“五代干戈，四海瓜分豆剖，斯文道息。”这一时期，孔子后裔遭受朝廷冷落也就不足为奇。北宋初期，百废待兴。宋太祖赵匡胤本是一介武夫，靠陈桥兵变“黄袍加身”而取得统治权。所以立国之初，赵匡胤不重儒学。这并不是说宋太祖赵匡胤不知道核心文化对治理江山的重要性，而是因为此时北宋立足未稳，天下尚未统一，还在忙着打仗。在北宋建立之前，后周政权曾废除曲阜孔子长房后裔免税特权，赵匡胤仍延续旧制。此时孔宜已从父亲手中接过曲阜孔府主祭一职，但未能袭封文宣公爵号。这个时候，孔子后裔就面临着一种选择，是这样默默无闻地苟活于世，还是通过自己的努力重振孔府雄风。孔宜选择了后者。孔宜选择与莘莘学子一道进京应试，走科举之路。历史上有很多有才华的人都不大会考试，孔宜也一样，第一次参加科举考试就名落孙山。但孔宜没有放弃，他大胆上书宋太祖赵匡胤，述其家世，要求太祖重视儒学，恢复孔家封号。太祖破例召见了孔宜，口中虽说“复其宗”，但是仅仅赏孔宜任曲阜县主簿，主掌孔府祭祀，仍不封爵，孔宜只好回家，但从此引取了皇帝的注意，进入了朝廷的视野。

二、治国平天下的参政意识对孔宜在星子大胆启奏的决定作用

（一）胸怀大局使孔宜具备超人的眼光

翻开清同治年间所纂《星子县志》，在《名宦》一章中，将孔宜列为第一，并注：“太平兴国三年，紫阳《纲目》载以孔宜袭封文宣公。考星子初升为县，自太平兴国三年始。孔公之知星子亦于是年，立县之初，幸得圣裔司牧此地。”评价如此，崇敬之情跃然纸上。

如前所述，孔宜任曲阜主簿，主掌孔府祭祀，虽未封爵，但孔宜还是兢兢业业，在一个低层次的位置上显露出他的人品和才华，引取了当政者的注意。朝廷看到孔宜的才能，就外放为官，任其为黄州（今湖北黄冈）军事推官。由于工作出色，宋太宗赵光义亲自召见孔宜，调任司农寺丞，掌管江州德化县（今九江县前身）星子镇市征。就这样，孔宜背井离乡，千里迢迢来到处于庐山与鄱阳湖之间的星子镇。

孔宜秉承圣祖“修身、齐家、治国、平天下”的儒家经世哲学，尽管官职低下，但胸怀大局。他一到星子，就有一个重大发现。中国古代南北交通主要靠水运。自隋炀帝开通京杭大运河之后，中国南北的五大河流就沟通了，连成了一个水运体系。远在广东的人，可以坐船从赣江入鄱阳湖，经星子，入长江，转运河北上。星子背靠庐山，面临鄱阳湖，得名山大湖之利。鄱阳湖古称彭蠡泽，彭者，大也；蠡者，瓢也。说明鄱阳湖是个葫芦形。而星子恰好就卡在这个葫芦颈部，处在江南水路要冲，故史称“南国咽喉，西江锁钥”，为南北水运的咽喉要道。无论是和平时期的交通运输，还是战争状态下的攻防转换，星子的地理位置都非常重要。

（二）心忧天下让孔宜大胆谏言献策

孔宜发现星子独特的地理位置对于全国的重要性，便做出了一个大胆的决定。北宋太平兴国三年（978），孔宜上表朝廷，言“江右初平，星子据江湖之要，宜设军治以镇之”。请升星子镇为军（同府治）。这不是一封普通的奏表，这封奏表彻底改变了星子的历史。

所谓“江右初平”，是指北宋在太平兴国三年刚刚吞并盘踞在今天福建、浙江一带的两个割据政权——漳泉、吴越，实现了南方的统一。要想长久统治江南，必须要有长远规划。“星子据江湖之要，宜设军治以镇之。”星子处在南北水运的咽喉要道上，所以孔宜提请直接设军治，就是府一级的行政单位来镇守这方要地。换言之，守住了星子就守住了江南的交通命脉。这封奏表引起了朝廷的高度重视。在这件事情的处理上朝廷颇费了一番周折。朝廷采取分步走的办法，以星子“地狭人稀，商贾不稠”为由，只准升县治，孔宜就任知县。先设个县，孔宜就地提拔，设军治一事后面再说。以星子县为依托，割吴章山，北属德化县，山南属星子县，星子县从此作为一级行政单位登上历史的舞台。

（三）勤奋工作为孔府重新赢得地位和荣誉

孔宜在星子首任知县位子上勤奋工作。三年期满卸任，回朝复命，除述职外，更献文、赋数十篇。宋太宗龙颜大悦，认为孔宜“言忠行笃，守法奉公”，即擢升孔宜为太子右赞善大夫，留在京城。同时恢复孔氏世袭封号，孔宜袭封文宣公。（这一点与同治《星子县志》记载相差三年，待考）太子赞善大夫分左、右，一般为六品官，其主要工作是为太子服务，掌传令、讽谏、赞礼仪、教授太子经籍等。孔宜离开星子后一年，即太平兴国七年（982），朝廷实施了孔宜当年奏表所言之事，即在星子设南康军治，辖星子、都昌、建昌三县。南康军（府）治自此共计延续了932年，直至民国初年（1914）始废，维持了近千年的“府县同城”的行政格局。星子设南康军治的次年，即太平兴国八年（983），朝廷终于认识到孔子后裔的优秀和儒家思想的重要，着孔宜奉诏修曲阜孔庙，孔宜重振孔府雄风的愿望变成现实。

后来宋太宗为了统一北方，北伐征讨辽国，孔宜奉诏督粮饷，负责后勤保障，“出师未捷身先死”，过拒马河（今河北省西部大清河支流）时溺水而亡，在“平天下”的征途中为国捐躯。

三、孔宜事迹对今天的借鉴意义

（一）修身齐家是安身立命的前提

孔宜生于乱世，且家道中落，倘若他随波逐流，自我放纵，也不会引起朝廷的注意和重视。儒家的“修身齐家”是每一个人尤其是具备一定文化素质、具有一定才能的人所必备的基本素养。当今社会，“修身”这种自我完善、不断提高的基本修养，还是决定一个人今后的人生作为和最终结果的根本前提，也是每一个人的立身之道。当代许多大学生面对社会常常显得手足无措，其根本原因是自身修养的欠缺，在“识事务”、“明事理”、“兴事业”等方面的修养不够，融入社会的能力、被社会接纳的品质不够。

“齐家”也是影响一个人的重要因素。虽然现在人们所说的“齐家”已不是当初圣人所讲的“家”，但是从字面上理解，将其定位于每一个家庭，更有现实意义。

（二）治国平天下是实现人生抱负的动力

孔宜如果没有参与治国的愿望，也不会孜孜以求，自然也就做不出一番青史留名的事业。

从现实情况来看，不可能每个人都能身处高位，参与到安邦治国的决断之中。但“治国”的理念还是适用于每个人的工作和生活当中。治国，首先要有一个明确的参与意识。要以主人翁的态度去关心国家大事，注意关注民生、关心社会，积极参与到建设社会和维护国家利益当中；其次要有一种积极作为的意识。戒除空谈，身体力行，以自身的实实在在的行动，服务于社会，以自身的模范作用引领社会风气，以勇于担当的责任感和使命感维护社会的公平公正。“平天下”，即树立“天下兴亡，匹夫有责”的人生信念，在大是大非面前，在关系到国家的前途与命运的关键时刻，挺身而出，不计个人荣辱。

以治国平天下作为自己的人生抱负，就会高瞻远瞩，善于发现问题；就能勇于进取，开拓创新。

（三）事业的成功必然带来家庭的幸福和家族的兴旺

当北宋政权登上历史舞台时，孔宜想恢复孔府的地位，恢复儒家思想的声誉，重新赢得社会的尊重，然而事与愿违。但孔宜并不气馁。当他背井离乡千里迢迢来到处于庐山与鄱阳湖之间的星子镇时，并不以自己的地位低下而安于现状、庸庸碌碌、无所作为。孔宜当时只是一个管理小镇的官员，但他却站在治理全国的高度来思考问题。视野开阔必能高瞻远瞩，考虑问题自然胜人一筹。思路决定出路，所以他一到星子，就看到了星子地理位置对于全国的重要性。同时，他不顾自己地位低下，敢于将自己的想法大胆向朝廷上奏，并且一语中的，让皇帝欣然接受。这其中孔宜巧妙地利用了自己为孔子嫡传后裔的独特身份，使他的言论不致泥牛入海，能够摆上皇帝的案头，引起朝廷的关注和重视。正是由于孔宜对事业的追求，以一个人的力量，从太平兴国三年到太平兴国八年，短短五年时间里，先是一个管理小镇的八品官，接着升任七品知县，接着又升任六品太子右赞善大夫。同时，朝廷恢复孔氏世袭封号，孔宜袭封“文宣公”。接着朝廷又下诏修复曲阜孔庙。在这五年时间里，无论是对国家还是对孔氏家族，孔宜都做出了重大贡献。他践行了儒家“修身、齐家、治国、平天下”的人生追求，充分彰显了儒家入世哲学对建设社会的积极作用。

曲阜世泽长，淳邑家声远

孔德华

元代中期，南京采石书院山长、孔子第五十四代孙孔文昱由溧阳迁徙高淳漆桥开基建村。700多年来，繁衍72村，近3万之众。孔子后裔恪守“诗礼传家、忠孝仁义”的祖训，为官清廉，廉洁奉公，忠于国家，感恩圣哲。历次编撰的家规中“崇儒重道、好礼尚德，勿嗜利忘义”等条文，成了历代嫡孙们为人处世的座右铭。现介绍三位典型代表：

据民国七年《高淳县志·好义》记载：孔宪迟，号春晖，例贡生，固城县马宕人，生性仁厚，好行善事。清咸丰兵燹，固城百姓纷纷逃离家乡，许多平民死于战乱，无人收敛。战乱平息后，孔宪迟于同治六年返回家乡。他看到固城一带满目疮痍，田园荒废，处处白骨累累，惨不忍睹。于是，孔宪迟善心大发，自掏银子300两，购买棺木，选择山地一块，收敛安葬无名遗骨，同时建造义冢祠一座，祭祀超度无辜的亡灵，此举誉满十里八乡。

固城集镇胥河对岸有一圩，名“德成”，东临秀山港、西濒固城湖，围筑于清代初年，内有良田1400多亩，是固城、秀山、煤场等村800余人赖以生存的耕地。清道光二十九年（1849），高淳遭遇特大洪水，单薄的德成圩在狂风巨浪的冲刷下全部坍塌，圩围废弃了40多年，当地百姓无田可种，被迫逃荒要饭，过着饥寒交迫的生活。清光绪二十年（1894），时任高淳知县的李普润经过实地勘察，听取民众意见，决定重筑德成圩，让百姓有田可种，解决百姓温饱。然而，这项工程由谁来领头呢？

生性好善的孔宪迟自告奋勇担任圩董，他首先捐献银子500两，作为开工经费，组织父老乡亲复筑此圩。他从放样施工到督查质量，一连五个月，孔宪迟天天在水利工地上忙忙碌碌，奔波不停，男女老少无不敬佩。德成圩重筑工程告竣后，知县李普润巡视此圩，见百姓安居乐业，甚为喜悦，特赠孔宪迟“有功桑梓”匾额一块，以示褒奖。孔宪迟的夫人唐氏也是一位深明大义的贤妻，每天烧茶煮饭送到工地，积极支持丈夫的善举。夫妻俩“好礼尚德”的家风美德，详载于清《江宁府志》，名垂青史。

孔昭云，固城亢家人，生于清嘉庆十五年（1810），字升阶，晚年自号固湖逸叟。清光绪《高淳县志》评价孔昭云：品行端正，性情温厚和平。道光十年（1830），孔昭云获贡生功名，职授教谕，官至八品。他二十年如一日，兢兢业业创书院、办文塾、授礼仪，移风易俗，教化百姓，大批人才脱颖而出，30余人成为朝廷命官，向来默默无闻的高淳，在全国一举扬名。知县许心源顺从民情，题赠孔昭云“名世贞儒”匾额。

道光三十年，孔昭云赴山东曲阜祭祀孔庙，谒见衍圣公。衍圣公赠他龙头拐杖、朝珠等。晚年孔昭云总管孔氏宗祠十四年，公正无私，两袖清风，宗亲父老无不佩服，合族敲锣打鼓将“老成廉仁”牌匾送到他的家中。

清咸丰兵燹，湘军、太平军几十万大军在高淳和苏皖等县交战，战争持续十余年，当地经济遭到毁灭性破坏，教育也难以幸免。1865年战火平息，百废待兴，县衙财政极度困难。孔昭云自捐俸禄家产，主持复建学山书院，重修文武庙、明伦堂、聚星阁、保圣寺等多项工程，殚精竭虑，备受辛劳。正是他的奉献努力，瘫痪十多年的高淳文化教育事业终于恢复了生机。

孔昭云家住固城湖畔，烟波浩渺的固城湖客船、货船、渔船川流不息，夜晚行船往往难辨航道，迷失方向，导致水上事故频发。素有仁爱之心的孔昭云自捐家私，在湖口建造高三丈的灯台一座，为夜行船舶指路导航。孔宪迟一生克己秉公的言行举止，使孔氏家族的祖训得到了弘扬光大。

孔宪汉，固城桥头村人，终身践行孔氏家族“勿嗜利忘义”的祖训，开动脑筋，不辞辛劳，兴办学校，培养人才。1924年，一贯热心公益的乡绅孔宪汉自费聘请先生，在本村孔氏公堂设馆，办起一所私塾，本村30余名农家孩子免费在此读书，学杂费由孔氏公堂补贴。1926年，受民国新教育的影响，他又想方设法募集经费，在秀山南麓新建校舍7间，创办了高淳最早的秀峰初级小学，招收学生45人，聘请老师2名，扩大教学规模。为了使学校正常办下去，孔宪汉成立由七位地方先生组成的校董会，负责学校的日常工作。根据校董会的决定，将秀山 2000 多亩山地栽上松树，严加管理，山上的茅柴和修剪的树枝均为学校所有，学生免费上学。

1929 年春，孔宪汉借花山地区建造万寿庙的机会，从中划拨建材再建校舍 7 间，又划拨田地 10 亩，捐给学校收租，作为办学经费。当时，秀峰初级小学在高淳农村可算一所上档次的新型学校。学校一直保持 2 个班、3 名教师、80 多名学生的规模，还有 1 名炊事员负责烧饭、种菜、打扫卫生，学校管理井井有条，一大批农家孩子能够就近读书，有了出人头地的机会。

1939 年，日军侵占高淳县城，秀山一带属非沦陷区，新四军第二支队在此驻扎，日伪军不敢来，较为安全。孔宪汉主动接收一批县城学生来校读书，学生增加到 120 多人。1943 年，昆山区抗日民主政府区长蒋贻常与孔宪汉商量，准备将秀峰小学更名为双山乡中心小学，为新四军培养一部分有文化的卫生员、通讯员，仍聘请他担任校董。孔宪汉爽快地说："国难当头，匹夫有责。只要抗日救国，不管改什么名字，都行！我愿为抗日效犬马之劳！"在此后的两年中，孔宪汉说到做到，不计个人得失，尽心尽力为新四军培养人才，并将爱国主义作为主要课程进行宣讲。抗日民主政府军政干部们一致称赞孔先生是深明大义的爱国乡绅。

曲阜世泽长，淳邑家声远。在江南高淳孔氏家族中，像孔宪迟、孔昭云、孔宪汉这样的乡贤、乡绅，真是举不胜举。正是他们的宽广胸怀，高尚善举，为成就一个名门望族夯实了根基。

追考平阳儒学曾有的辉煌

孔繁培

一、平阳县在儒学方面曾走在温州各县之首

据有关史料记载，平阳在儒学方面曾走在温州各县之首列。从宋哲宗绍圣四年至度宗咸淳十年（1097—1274）170多年间，平阳有据可查的贡举进士（俗称文科进士，包括特奏名进士）375人（北宋16人，南宋359人），武举及第者（习称武进士）296人，两者相加为671人次，其中“武换文”18人，实际考中进士、武进士有653人。此外，上舍释褐27人；诸科中选者17人；上书补官5人；荐举1人。如此，宋代平阳通过读书得以授官的有700多人，占温州同类人才总数三分之一强，居温州各县之首，其中有2名文科状元、13名武科状元，是名副其实的状元之乡。[1]

又据光绪三十二年（1906）统计，在浙江省普通学堂里，平阳占有43所，是温州属下各县中最多的，学生人数2032人，也是各县之首，居全省第二。[2]

不仅如此，据刘绍宽主编的《平阳县志·经籍志》记载：宋代至清代的各种经籍，按经、史、子、集四部分类，共收各类图书501种，约2136卷。其中宋代最多，计1017卷，约占48%，其中有19种45卷系异县人著，纯为平阳籍人编撰的为2091卷。[3]

以上数字足可说明当时平阳人文鼎盛、著述繁复和文化教育的发达的史实。

---

[1] 平阳县档案局编：《平阳历史图鉴》，方志出版社2013年版，第90页。

[2] 校本教科书编写组编：《千年学宫》，2008年版，第43页。

[3] 平阳县志编纂委员会编：《平阳县志》，汉语大词典出版社1993年版，第937页。

二、追考成因：平阳有四早

宋代，平阳仍属僻远下县，阻江临海，为什么会在儒学方面超越其他州县？这除了宋室南渡外，还与孔裔入平、当地尊孔有关。

平阳是孔裔入居最早、建孔庙（学宫）最早、建孔子家庙最早的地方，也是儒学传播最早的地方。

（一）平阳孔庙是浙江最早的学宫

平阳县学是官办的地方学校，是培养科举人才的摇篮，元代曾一度升为州学。元明清时或称儒学。平阳县学学宫始创建于西晋太康年间（280—289），唐初设在县治证真院南，即今东岳道观后侧。宋元祐七年（1092），凤凰山陈族六世孙陈舜韶把县城南隅凤凰山麓的土地约50亩左右捐献给学宫和孔庙作地基，率领族人迁居到莲池，县令沈悚迁学宫于此。除绍兴年间（1131—1162），一度迁至县城南10多里的安阳外，自两宋历元而明清，凤凰山麓一直是县学驻地。民国以后，这里又作为平阳中学学址，直至2006年9月，平阳中学整体迁移新址，原址为平阳县实验中学校址。[1]

1. 六载联标两状元

宋代贡举常科进士科一般三年一举，六年两举。理宗嘉熙二年（1238）平阳周坦状元及第，理宗淳祐元年（1241），又是平阳徐俨夫状元及第，这在中国科举史实属罕见，震动朝野。传称县学“学”字“子”文嘉熙二年裂，淳祐元年再裂。

周坦（1218—1273），县城东郭柏垟（今白垟）人，母孔氏，为孔子世家平阳派始迁祖孔桧后裔51世孔庆夫的胞妹，周坦为其外甥。周坦童年时父卒，母亲适为瑞安周姓，周坦随母为其养子。后由舅父孔庆夫抚养，授以经业。嘉熙二年（1238）会试及第，廷对第一，名列榜首，得中状元。周坦后知安吉州、徽州，累官至刑部尚书，进光禄大夫，卒谥文肃。据乾隆《平阳县志》记载，周坦墓在万全吴岙。

[1]　平阳县档案局编：《平阳历史图鉴》，第90页。

徐俨夫（？—1260），桃湖（今苍南县观美乡）人。宋理宗淳祐元年（1241）状元及第。状元及第后被朝廷授予官职。他为官清正，因与奸相丁大全不合，曾毅然辞官回家，闭门不问世事。后丁大全死，景定元年（1260）起用为抚州知州，又召为礼部侍郎。未几病卒。著有《桃渚集》。

2. 武科魁名夺三成

武举，又称武科，是古代科举中专为选取武举人才而设置的科目。南宋时期，平阳武进士约占全国四分之一，武状元则占三成，这是科举史上空前绝后的盛事。平阳武术代代相传，是名副其实的武术之乡。据《宋登科记考》，南宋武举考试共举行 46 次，武举状元姓名可考者 45 人，籍贯可考者 39 人，其中平阳士人夺魁 13 次，另有 5 位榜眼，6 位探花。[1]

3. 祭礼胙肉奖莲池，成就莲池进士村

北宋哲宗七年（1092），陈舜韶献地建学宫，有功于桑梓。乡人和官府都没有忘记陈家的贡献，为了表彰陈家的贡献，在这之后的 900 多年中，每逢孔庙春秋祭祖，县衙都赐胙肉作为陈姓祭祖的礼品。而陈姓祭祖之后，将胙肉奖励给在学宫读书的子孙。凤凰山陈氏谱中保留了《荆山公学宫领胙规》，其中说："学宫献基胙肉今后惟读书入泮者特与端领。"同时对陈家子孙还有优惠政策：在荒年可以减免赋役，考中生员后还可以免费入学。这一制度一直沿袭到民国初期。由于陈氏族人对学子的重视，绛里陈氏从北宋宣和三年（1121）到南宋咸淳十年（1274）150 多年间，共出文进士 9 名，武进士 3 名，有时还出同榜双进士，是个名副其实的进士村。

陈舜韶四个儿子均是有名的读书人，其中次子陈彦才中进士后，为官以方正廉洁著称。莲池也因为这些走进泮池、举进士后入仕为官者穿红着绿来往而称绛里，又称陈绛里，现称陈绛殿。

以上史实，足可说明平阳孔庙（县学）是平阳培养人才的摇篮，更是平阳文化的发源地。

---

[1]　平阳县档案局编：《平阳历史图鉴》，第 91—92 页。

（二）孔桧是温州传播孔学第一人

孔桧，字圣植，号晦堂；孔子四十二代孙，居孔子故里曲阜阙里，为文宣公策之曾孙。唐天祐时明经，授秘书郎，任兖州参军。当时，孔墓洒扫户孔末（原刘姓），见孔子子孙人丁不旺，杀死孔桧堂兄、宣公孔光嗣，冒充孔子后裔，窃取世爵，出任县令。当时在曲阜的孔子成年后裔，只有孔桧和孔庄，两人便结伴南逃。到了汴州，又走失了孔庄。孔桧继续迁徙吴越，以教授生徒为业。至后唐同光二年（924），遂定居于平阳县城白石巷。从此，以曲阜为根据地的孔学，在平阳建立了一个江南传播中心，这是温州孔学的发端，故而宋元时平阳有“东南小邹鲁”之称。[1]

孔桧是温州的孔学发端人应该是无疑义的，因为他本是教授，又是明经，一生以教授生徒为业，在平阳县城留居 16 年。至公元 940 年，携带第三子泗迁居安固太日里。孔桧在平阳的 16 年是否在学宫里讲学，是否办过书院，目前尚未找到可靠证据，但孔桧的子孙都继承了他的衣钵，从事教授、教谕、训导、学正、书院山长等职业。

孔子后裔在孔桧的带领下，形成一个庞大的教育传播群体，在平阳、温州及全国各地从事孔学的教授传播。

（三）孔子世家浙江平阳派入平最早

《孔子世家》为汉司马迁《史记》中之一篇，记录了孔子生平，清康熙二十三年孔尚任主编家谱时始用，沿用至今。孔子后裔称孔子世家，主要是区别孔子后裔和非孔子后裔，即“内孔”和“外孔”。

孔子世家浙江平阳派所指孔桧后裔。孔桧为三十九世孙文宣公孔策之曾孙，四十二世孙文宣公孔光嗣的堂弟，文宣公、中兴祖孔仁玉的堂叔。孔桧于后唐同光二年（924）举家来到平阳县城白石巷，有三子：演、涣、泗。在平阳生活 16 年后，携三子泗移居安固（瑞安）太日里，孔桧一生以教授生徒为业，逝后坟在太日静水山上洞。

孔桧为浙江平阳派迁始祖，与山东阙里孔在血缘上最近，孔桧与文宣公

---

[1] 平阳县档案局编：《平阳历史图鉴》，第 76 页。

光嗣为堂兄弟，是中兴祖仁玉以前外迁的12大派的第一大派，位谱系之首。来浙江又最早，较衢州孔裔早204年入浙，因此浙江儒学的发源地在平阳。孔桧是浙江儒学的开拓者。

孔桧来平历经1091年，已繁衍人丁近20万之多，第五次修续谱中上谱150391人（包括已逝）。

（四）平阳派孔子家庙建设最早

据民国《平阳县志》记载：孔子家庙，旧在西门外白石街巷内，名孔夫子堂巷。宣圣四十二世孙桧，唐文宣公策之曾孙，避五季乱，同光二年徙居平阳，子孙建庙于此。

在家谱中明确记载孔子家庙受皇恩修建的有3次，四十六代奎、五十三代景行和七十代广惠。

四十六代奎始建，时在宋仁宗天圣五年（1027）访江南孔氏嫡子孙，孔桧四世孙孔奎，字宗闵，特赐同学究出身，历仕终司卿农小卿护军，仙源县开国男，食邑三百户。孔奎立朝十载，清正不阿，学问宏博，善于诗文。宋仁宗遂赐立家庙。（参见温州四甲《孔氏家谱》、《孔氏归科林庙事状》）这是平阳孔子家庙的肇建时间和人物，虽然县志上未有据，但可信度仍比较高，因是宋仁宗亲访，先赐官，遂赐立家庙，十分清楚。

五十三代景行续建，“宋南渡五十三世孙景行公授礼部架阁具疏敕建家庙”，“景行，字宗成，宋太学上舍，度宗临雍赐进士出身，授修职郎，庆元府教授，从事郎”。礼部、兵部架阁子，续建时间于宋南渡后咸淳年间，该次修建无疑，家谱与县志中均有记载。

七十代广惠，清宣统庚戌（1910）家谱记载：“广惠，字金山，钦耆，咸丰十年受皇恩”，“秉性刚直，凡事不徇私，不曲从”，“每有义举，无不挺身，如道光年间，公与兄弟三人独出制钱三十贯，道光甲辰（1844）始择吉建造，续因度不支不给，公又与兄弟出已出资以竣其事”。该家庙建于陈绛殿，同时受官田13.5亩。咸丰十年（1860），清政府仍关注偏居陈绛殿的孔裔，足见当时朝廷的关心。

平阳孔裔的家庙，内设“诗礼堂”，传承孔子学说和思想，家庙还有家规、家训，十分严整，对子女教育等方面也是起表率作用的，对社会的影响也是正面的。直至中华人民共和国成立后，在陈绛殿读书的启蒙学生仍带四样“葱、蚕、粽、状元糕”来拜孔子像，以求读书聪明。

据上综述，平阳儒学在宋元时期十分兴盛的原因有以下几点：建孔庙最早，孔裔入居最早，传播孔学最早，建家庙最早。归根到底，是平阳尊孔历史较早，是平阳县历代政府和人民尊敬、传承孔子文化的结果。简言之，平阳儒学的兴盛是当地人民推崇孔子思想的结果。

孔氏昌弼公后裔迁徙及融入藏族演变过程初探

孔繁禄　孔祥荣

孔氏家族历经二千五百六十多年，传承八十余代，孔氏后裔目前主要聚居在以曲阜为中心的山东地区，同时又有大量孔氏后裔迁居全国各地，甚至移居海外。根据史料和岭南派《孔子世家谱》记载，孔子四十一代孙昌弼公后代先后迁居广州、惠州、甘肃、青海等地，其中部分宗亲定居甘肃天祝县，并入乡随俗，逐渐演变为藏族。但他们始终传承儒家思想，尊师重教，培养人才，成效显著。

一、几经迁徙到天祝

孔氏藏族主要集中在青海省门源县、民和县、互助县和甘肃省天祝县。历史上青海省一直由甘肃省管辖。这四地藏族后裔都有关系而且同根，均属岭南派。

根据门源孔氏祖传家谱记载：唐光化三年（900），宰相徐彦若奉命出征岭南，四十一代孙昌弼公随之入粤，并在南雄府保昌县平林村定居。宋太祖太平兴国二年（977），四十三代祖承休（昌弼之孙）自保昌县珠玑巷石井头迁居广州彩虹桥（教书）。四十四代祖恪及子闰从广州迁居惠州。宋末元初（约1265—1286）五十三代祖秦、举、奉、春、眷自惠州流寓甘肃皋兰县西颜家湾、土门墩（现兰州市区）一带。后来树大分枝，又陆续从皋兰县土门墩、颜家湾迁往甘肃的永靖县、永登县、榆中县、靖远县、景泰县、西固区、安宁区、红古区，青海的西宁市、门源县、互助县、大通县、乐都县、湟中县，宁夏的固原等地区。清朝中后期到民国年间，由于战乱，躲兵、避灾、逃荒等原因，上述地区的部分孔氏族人又先后迁徙到了天祝藏族自治县定居。

天祝县天堂孔氏后裔祖上五十五代克源（原名濬源，秦之孙）就是从颜家湾移居西固杏胡台的。据青海互助山城《孔氏家谱》记载，六十六代祖兴和、兴全从杏胡台迁徙青海互助山城村。七十二代祖宪德因躲避马步芳抓兵和德兴海商号逼债，于1946年携全家自互助山城逃到了天祝天堂寺属地业土沟，第二年搬到天堂寺查干沟定居。

天祝县哈溪和朵什部分孔氏后裔也是在清同治二年，因青海门源等地回汉百姓相互冲突，由六十九代祖继发携家眷星夜逃离门源，经青海互助、大通、民和，甘肃永登、连城、大川、小川和天祝极乐寺、鸳鸯池、柳条河到达古浪西山居住。继发公和家人们这次逃难长达数年之久，边行乞讨饭，边打工扛活，历经千辛万苦，终因天祝红沟寺活佛的相助和指点，落脚在哈溪大圈滩，加入当地“措哇”，开始垦荒种地，养殖牲畜。几年间家境渐裕，人丁兴旺。七十代广繁继续留居大圈摊，广积移居哈溪尖山台，广衍、广忠、广增迁往天祝朵什乡的窑洞湾、石沟、任庄沟等地。

二、融入藏族

1914年，甘肃省裁庄浪茶马同知，设庄浪茶马理番委员，由平番县（今甘肃省永登县）县长兼任。1936年，甘肃省政府取天堂寺和祝贡寺首字，在永登县设置天祝乡。天祝历史上就是一个以藏族为主体的多民族聚居区，实行部落制度，藏语称“措哇”。各民族经过长期的融合演变，形成了以吐蕃为主的华锐藏族。明朝末年，天祝境内有藏族部落52个，各族民众3万余人。据《五凉考治六德集全志》记载：清乾隆十四年（1749）古浪、永登（含天祝）二县的藏族共13280人。同治五年（1866）因兵乱灾厄，人口锐减至千人左右，后经光绪十四年（1888）招垦，逐渐达到460多户，宣统元年（1909）庄浪藏区人口达到1306户，4377人。民国十六年（1927），武威、古浪大地震，翌年大旱，四邻灾民纷纷移居天祝。民国二十五年（1936），据永登县统计，天祝共有1190户，7843人。清末和民国时期迁居天祝的主要是青海互助、门源、乐都、民和、化隆和甘肃武威、古浪、永登等地的各族民众，通过长期的繁衍生息，逐渐形成了14寺，36族（措哇），加上1956年从永登县划归天祝的连城鲁土司管辖的8寺8族，全县共有22个寺院，44个族（措哇）。中华人民共和国成立前，天祝实行政教合一的管理体制，由寺院管理“措哇”及地方事宜。

从各地迁移到天祝的孔氏后裔，主要居住在哈溪、大红沟、毛藏、天堂、朵什、西大滩、安远、打柴沟、抓喜秀龙、松山、华藏寺等十多个乡镇。有的宗亲为了躲兵役迁来天祝，有的为避战乱来到了天祝，有的是为了逃荒投亲靠友搬到了天祝。天祝历史上就是一个由寺院管理的少数民族聚居区，中华人民共和国成立前，无论是何时、何地、何种原因迁移到天祝的孔氏后裔，由于生活所迫，基本上都加入了所在地的“措哇”，演变成了藏族。随着时间的推移，周边地区迁来天祝的孔氏宗亲越来越多。即便是没有加入“措哇”的宗亲，也难免与当地藏族同胞发生通婚、过继等现象，这部分宗亲也逐渐演变成藏族了。还有个别的由于婚嫁等原因演变为土族。天堂孔氏后裔迁居前山莫科“措哇”的查干沟后，为了养家糊口，不得不租种天堂寺赛义囊耕地。当时天堂寺规定：凡居住在天堂寺领地并租种寺院耕地，已加入“措哇”的农户，可与寺院伙种耕地，收益五五分成，同时家人亡故后可在当地埋葬；未加入“措哇”的农户，收益农户与寺院四六分成，家人亡故后不得在当地埋葬，同时迁走时不能拆除房屋。为了生存，天堂孔氏后裔选择了加入“措哇”，成为前山莫科族的一员和天堂寺赛义囊的庄头（佃户），从此自然也就演变成藏族了。几十年来和当地各族民众和睦相处、和谐共存，家族兴旺，已繁衍至七十六代。由于工作、婚嫁、经商、求学等原因，现主要分居在天祝县城华藏寺和天堂、武威、兰州、西安等地。

1950年，政务院（国务院）批准天祝建县以后，国家尊重和承认天祝境内众多农牧民加入“措哇”，成为藏族的事实，并先后在商品供应（计划经济时代）、子女上学、计划生育、招工招干、干部提拔任用等诸多方面，对少数民族群众给予了优惠和照顾，全县藏族人口随着政策的变化又有了大量的增加。目前，全县藏族人口达8.26万人，其中孔姓藏族人口5000多人，占全县藏族人口的6%左右，是甘肃省武威市孔姓人口最多的县，也是全国乃至全球孔姓藏族人口最多的县。

民族融合是人类社会的必然现象。各地移民加入“措哇”演变为藏族后，包括孔氏后裔在内，在生活习俗、生活方式等诸多方面也随之发生了变化，既保留了原来的生活方式，又不自觉地吸纳了藏族的生活习俗。在饮食上，吃手抓羊肉，拌青稞面糌粑，喝酥油奶茶；在服饰上，穿“盘袄”、“僧派”，戴金边帽，勒腰带；在语言上，有的会说藏语并会写藏文，有的会听不会说；在信仰上，每逢初一、十五到寺院煨桑、上香、点灯、磕头、拜佛，挂经幡，放隆达，祈求神灵保佑；既过春节，也过藏历年，逢年过节杀猪宰羊，猜拳喝酒，载歌载舞；等等。不管演变成什么民族，但孔氏后裔的血管里流淌的是圣祖的血，在重要的人生礼仪上，还是保留了汉文化和孔氏家祖的文化因子，例如，世世代代保持着汉族传统土葬的习俗等。基于此，天祝孔氏后裔认为自己是圣祖后代的信念始终没有变。直到现在，他们依旧按行辈起名，按辈分称呼。遇到外地孔家人该叫长辈的一样叫长辈，并且与外地孔家人一见如故并热情接待。

三、尊师重教出硕果

“圣裔行西北，《论语》话四方。”孔氏族人无论走到哪里都会把尊师重教的优良传统带到哪里；无论条件多么艰苦，都要供孩子上学。天祝孔氏家人用“家长苦供，子女苦学”的实际行动，不但改变了自身的生活轨迹，而且影响和带动了当地文化教育事业的发展，成为天祝读书人和出人才最多的家族之一，涌现出了一些藏学研究专家和学者。

民国时期，天祝乡乡长孔继周为了改变当地没有学校的落后状况，不仅拿出自家十亩地做校址，而且还拿出一百亩土地和一万元资金用于创办乡学（现天祝县第三中学），造福桑梓，惠及后人。

天祝县哈溪、朵什孔氏后裔中有的成为学者或教师，有的当了干部或领导。

天祝县天堂孔氏后裔同样受儒家思想的熏陶，秉承诗礼传家之家风，勤耕苦读，努力上进，并取得了显著的成绩，为天祝孔氏家族赢得了荣耀。

作者信息

牟钟鉴：中央民族大学哲学与宗教学学院教授
晁福林：北京师范大学历史学院教授
王中江：北京大学哲学系教授、中华孔子学会会长
孔德墉：中华孔子学会孔子后裔儒学促进会会长
张立文：中国人民大学哲学院教授
李存山：中国社会科学院哲学研究所研究员
骆承烈：曲阜师范大学孔子文化研究院教授
杨朝明：中国孔子研究院院长、教授
赵法生：中国社会科学院世界宗教研究所副研究员
颜炳罡：山东大学儒学高等研究院副院长、教授
陈延斌：江苏师范大学伦理学与德育教育中心主任、教授
钱　杭：上海师范大学历史系教授
孔祥林：中国孔子研究院原副院长、研究员
孔德立：北京交通大学文化教育中心主任、教授
房　伟：中国孔子研究院助理研究员
刘　敏：中国孔子研究院助理研究员
宋冬梅：中国孔子研究院副研究员
管　蕾：中国人民大学博士生、中国孔子研究院助理研究员
孔庆国：中共曲阜市委党校党委书记、常务副校长
胡亚军：中共曲阜市委党校教研室主任
杨　阳：北京师范大学国学经典教育研究中心助理研究员
黄怀信：曲阜师范大学孔子文化研究院教授

罗安宪：中国人民大学哲学院副院长、教授
刘　伟：曲阜师范大学历史文化学院教授
孙少华：中国社会科学院文学研究所编审
马士远：曲阜师范大学孔子文化研究院院长、教授
刘续兵：中国孔子研究院副院长、副研究员
孔　丽：中国孔子研究院助理研究员
李景林：北京师范大学哲学与社会学学院教授
任蜜林：中国社会科学院哲学研究所副研究员
李勇强：中国人民大学孔子研究院研究员
李海东：山西农业大学信息学院通识课教学部教师
宋振中：中国孔子研究院助理研究员
杨树增：曲阜师范大学孔子文化研究院教授
孔祥金：江西省九江市儒学文化研究会副会长
孔德华：江苏省南京市高淳区慈善总会会长
孔繁培：浙江省平阳县工商局退休干部
孔繁禄：甘肃省天柱县发改委退休干部
孔祥荣：甘肃省武威市中级人民法院退休干部

《诗礼传家》稿约

《诗礼传家》是由中华孔子学会孔子后裔儒学促进会主办的学术辑刊，本刊为不定期学术辑刊，拟由商务印书馆出版。为了便于编辑，来稿请注意以下事项：

一、来稿字数以 6000—10000 字为宜。

二、来稿引文和注释格式，采用页下注，引文请务必仔细核对原文。引用期刊论文依次注出作者、论文题目、刊名、出版年和期刊号；引用著作依次注出作者、书名、出版社、出版年、引文出处页码。页下注格式为 [1]，每页重新编号。页下注为小五号宋体。标题为二号宋体，正文为五号宋体，单倍行距。

三、来稿请发电子稿。电子邮箱：kzsj@vip.126.com。邮件主题请注明：《诗礼传家》学术辑刊投稿。

四、来稿请在文后注明作者单位、职称、详细地址、邮政编码、联系电话及电子邮箱，以便及时联系。

五、编辑部对来稿有删改权。

《诗礼传家》竭诚欢迎大家积极投稿。

《诗礼传家》编委会

2019 年 6 月

编后记

呈现在读者面前的这本文集，是儒促会发起的以“家”文化为主题的全国学术研讨会的成果。作为2016年召开的学术研讨会，文集现在才正式出版，显得有些迟了，但作为纪念孔子诞辰2570年的一份心意，正合时宜。

太史公著《孔子世家》，记载了孔子的生平事略、为政、教育、整理典籍等贡献，不但给后人留下了第一本孔子传记，也给孔子及其家族标注了“世家”的头衔。“世家”本为《史记》记载诸侯级别的人物传记，其后逐渐成为累世大族的称谓。因孔子有功于中国文化，其后裔子孙，特别是嫡长孙，自汉代以来也相应地受到国家优渥。因孔子教孔鲤学诗、学礼，“孔子世家”遂有“诗礼传家”之风。

诗礼传家，以礼仪教养为教人之先，“行有余力，则以学文”，“尊德性而道问学”，“知所先后，则近道矣”。从本质上来说，诗礼家风是以修身为基础的立德树人的家庭教育文化，因此，诗礼家风集中体现了儒学的精神，之于移风易俗的价值自不待言。

曲阜孔府二门后廊东面，现存一通明代开国皇帝朱元璋与孔子五十五代孙、衍圣公孔克坚的对话碑。碑文实录了朱元璋对孔克坚的期待：“我看你是有福快活的人，不委付你勾当。你常常写书与你的孩儿，我看他资质也温厚，是成家的人。你祖宗留下三纲五常垂宪万世的好法度，你家里不读书是不守你祖宗的法度，你老也常写书教训者，休怠惰了，与我朝代里你家再出一个好人好不好？”可见，皇帝希望孔家坚守诗礼传家的祖训，以读书教育为先，又可见，孔家的荣耀来自于国家对孔子思想的尊崇程度。

近代以来，宗法制度逐渐解体，孔氏家族也不例外。在宗法制度下，大家族的家训家规对于族人有强制约束力，后宗法时代，所有人均是国家的百姓，均以法律为活动底线，因此，传统的家规、家训以及家风，对于当代家庭建设、社会风俗还有没有意义？如果有，意义怎么样才能发挥出来？把历史传统的资源转为现实需要，既需要专家学者的理论研究，又需要对传统与现实转变过程中有所体悟的群体的参与。孔子后裔与学术界一起研讨，可能是一条可行的文化研究与建设之路。

本文集出版之际，特别感谢牟钟鉴、张立文、晁福林、王中江、李存山、李景林、骆承烈、钱杭、黄怀信、杨朝明、颜炳罡、赵法生、陈延斌、罗安宪等先生，以及中国人民大学孔子研究院、中国孔子研究院、曲阜师范大学孔子文化研究院等学术单位给予的鼎力支持。本文集的初编得到孙少华、任蜜林两位先生的友情支持，启动出版程序后，孔丽、孔瑶瑶协助编委会做了大量的基础工作，商务印书馆编辑同志严谨审读书稿，付出了大量辛劳，在此一并致以诚挚的谢意！

2019 年 6 月 7 日端午节